내 손으로 직접 번식시키는

꺾꽂이
접붙이기
휘묻이

다카야나기 요시오 지음
야바타 기쿠오 감수
김현정 옮김

Green Home

식물을 번식시키는 즐거움

일반 가정에서도 현관문 주변, 대문과 연결된 통로, 펜스 옆면을 화초로 장식한 모습을 흔히 볼 수 있습니다. 많은 사람들이 식물재배를 좋아한다는 것을 알 수 있지요. 식물은 재배하는 사람의 눈을 즐겁게 해주고 지친 마음을 위로해 주기 때문입니다.

식물을 재배하면 아름다운 꽃을 피우고 열매를 맺도록 돌봐주고 관리하는 것도 즐거운 일이지만, 식물을 번식시키는 즐거움도 있습니다. 자신이 심은 씨앗에서 싹이 나올 때의 기쁨, 친구에게 받은 가지 1개를 꺾꽂이해서 뿌리를 내리게 하고 꽃을 피워냈을 때의 충족감도 맛볼 수 있습니다.

식물의 번식방법에는 종자번식이나 꺾꽂이, 접붙이기, 휘묻이, 포기나누기 등 다양한 방법이 있습니다. 이 책에서는 〈PART 1 번식의 기본 테크닉〉에서 이러한 식물의 번식방법을 누구라도 쉽게 따라할 수 있도록 사진과 일러스트로 소개했습니다. 〈PART 2〉부터 〈PART 6〉에서는 갈잎나무, 늘푸른나무, 과일나무 등의 나무 종류와 관엽식물, 분화식물(관화식물), 산야초, 허브까지 가정에서 재배할 수 있는 식물을 최대한 많이 실어서, 번식방법 중심으로 관리 포인트 등을 직접 보면서 이해할 수 있게 일러스트로 설명했습니다.

감수와 사진촬영을 맡은 야바타 기쿠오씨는 오랜 기간 고등학교에서 교사로 일해왔고 현재는 육종가로 활동하여 동시에 일반인 교육에 힘쓰고 있는데, 초보자도 쉽게 번식시킬 수 있도록 번식의 기본과 요령을 실제로 보여주면서 설명해주셨습니다.

번식은 손이 많이 가고 기술적으로 어렵다고 생각하기 쉽지만 실제로 해보면 어렵지 않습니다.

여러분도 꼭 도전해보시기 바랍니다. 자신이 좋아하는 식물을 번식시키는 기쁨은 각별합니다. 이 책을 통해 번식의 즐거움을 만끽하시기 바랍니다.

저자 다카야나기 요시오

세상에 단 하나뿐인 오리지널 품종 만들기

「감이 맛있어서 그 씨앗을 심었다」는 말을 자주 듣습니다. 씨앗을 심는 것은 정말 멋진 일입니다. 작은 씨앗에서 싹이 나오고 나무가 무럭무럭 자랍니다.

그러나 몇 년이 지나고 겨우 열매를 맺기 시작할 때가 되면, 그 감나무가 너무 크게 자라서 애물단지 취급을 받게 된다는 이야기도 자주 듣습니다.

이럴 때 접붙이기 기술을 마스터한 사람은 다릅니다. 그 기술을 살려서 이미 열매를 맺은 감나무의 끝부분에 씨모의 접수를 접붙이면, 2~3년 뒤에는 자신이 씨앗을 심은 감나무의 열매를 맛볼 수 있습니다. 대부분의 경우 어미나무와 완전히 같은 열매를 맺지는 않습니다. 그렇기 때문에 처음 그 과일을 맛볼 때는 가슴 두근거리는 설레임이 있습니다. 그리고 당신이 마음에 든 감나무를 미리 씨앗을 심어 준비해둔 바탕나무에 접붙이면, 세상에서 하나뿐인 당신만의 오리지널 품종이 완성됩니다.

저는 2년 동안 군마현 오이즈미마치에서 생활했는데, 그곳의 가로수는 꽃산딸나무였습니다. 보통은 붉은색과 흰색 원예품종을 번갈아 심는 경우가 많지만, 그 마을에는 씨앗부터 재배한 나무들이 늘어서 있었습니다. 씨앗으로 재배한 나무들은 붉은색부터 흰색까지 색깔에 미묘한 차이가 있어서, 일요일이면 그곳을 산책하는 것이 큰 즐거움이었습니다. 마음에 드는 꽃을 찾아보곤 했는데, 자꾸 다른 꽃이 눈이 들어와 쉽게 결정하기 어려웠습니다. 산딸나무 같은 큰 나무의 품종을 직접 만들어보지는 않았지만 그곳에서 품종을 만든 사람의 마음을 느낄 수 있었습니다.

품종 만들기에 흥미를 갖게 되면 다양한 아이디어가 떠오릅니다. 히비스커스와 무궁화의 교배, 베고니아와 베고니아 그란디스의 교배, 바나나와 파초의 잡종 등 내한성을 높이기 위한 품종 만들기도 많이 진행되고 있습니다. 어느 유명한 육종가는 「나를 이 세계로 끌어들인 것은 히비스커스의 내한성을 높이고 싶다는 바람이었습니다」라고 말했습니다. 세상에는 이와 비슷한 생각을 하는 사람이 많은데, 사실 저도 그중 한 사람입니다.

히비스커스와 무궁화의 교배는 성공하지 못하는 이유가 있으며, 아직 성공했다는 소식도 없습니다. 그런 만큼 보람도 있어서 「내가 세계 최초의 육종가가 되어보자」라고 의욕을 불태우게 됩니다.

종자번식, 꺾꽂이, 접붙이기, 휘묻이, 포기나누기 등 식물의 번식방법은 여러 가지가 있는데, 가장 먼저 번식시키는 목적을 생각해야 합니다. 좋아하는 꽃을 원래대로 아름답게 꽃피우고 싶다, 좋아하는 과일을 원래의 맛 그대로 열리게 하고 싶다, 많이 번식시켜서 원하는 사람들에게 나누어 주고 싶다 등 다양한 목적이 있을 것입니다. 품종 만들기도 그런 목적의 하나입니다. 아름다운 꽃을 피우거나 맛있는 과일이 달리는 것에 만족했다면, 한 발 더 나아가 식물을 창조하는 세계에 발을 디뎌 보지 않겠습니까? 그곳에는 「궁극의 원예」가 기다리고 있습니다.

감수자 야바타 기쿠오

CONTENTS

PART 01

번식의 기본 테크닉

PART 02

갈잎나무

번식 캘린더

각각의 식물에 적합한 번식방법이나 시기를 한눈에 볼 수 있다.

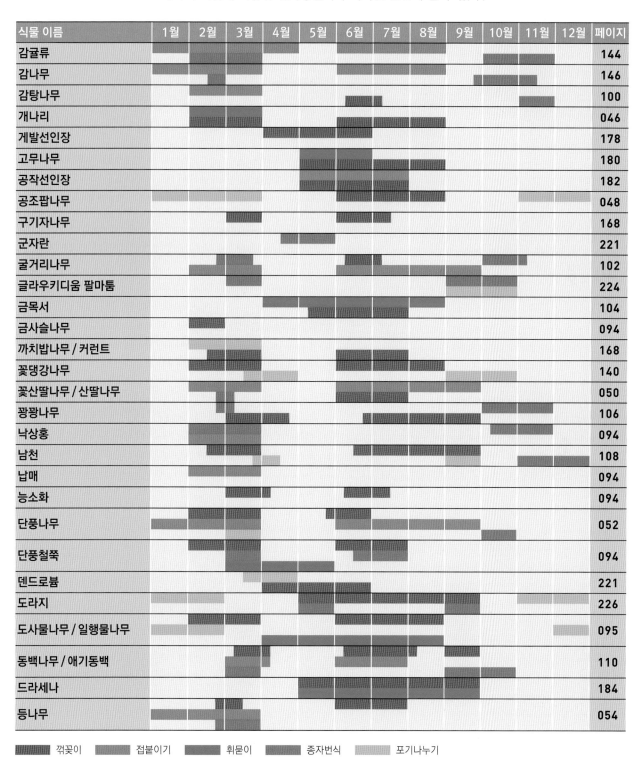

식물 이름	1월	2월	3월	4월	5월	6월	7월	8월	9월	10월	11월	12월	페이지
감귤류													144
감나무													146
감탕나무													100
개나리													046
게발선인장													178
고무나무													180
공작선인장													182
공조팝나무													048
구기자나무													168
군자란													221
굴거리나무													102
글라우키디움 팔마툼													224
금목서													104
금사슬나무													094
까치밥나무 / 커런트													168
꽃댕강나무													140
꽃산딸나무 / 산딸나무													050
꽝꽝나무													106
낙상홍													094
남천													108
납매													094
능소화													094
단풍나무													052
단풍철쭉													094
덴드로븀													221
도라지													226
도사물나무 / 일행물나무													095
동백나무 / 애기동백													110
드라세나													184
등나무													054

꺾꽂이　　접붙이기　　휘묻이　　종자번식　　포기나누기

식물 이름	1월	2월	3월	4월	5월	6월	7월	8월	9월	10월	11월	12월	페이지
디펜바키아													218
때죽나무													056
라벤더													228
라일락													095
레몬밤													230
로즈메리													232
마취목													140
만병초류													140
매실나무													148
명자나무													058
모란													095
목련													062
무궁화													064
무화과나무													150
민트													234
바질													236
박태기나무													095
반들고무나무													186
밤나무													152
배나무													154
배롱나무													066
백량금 / 자금우					(자금우)				(자금우)				140
버드나무 / 수양버들													068
벚나무													070
베고니아류													188
병솔나무													112
보리수나무				(갈잎나무)				(늘푸른나무)					168
복숭아나무													156
부겐빌레아													141
부들레야													095
붉은꽃칠엽수 / 칠엽수													096
블루베리나무													158
비비추													238
비파나무													168
뻐꾹나리													240

식물 이름	1월	2월	3월	4월	5월	6월	7월	8월	9월	10월	11월	12월	페이지
사과나무													160
산사나무													169
산세베리아													190
산수유													096
살구나무 / 자두나무													162
상록풍년화													141
서부해당화													096
서향													114
석류나무													164
선인장													192
세이지													242
소귀나무													169
수국													072
수련													221
술패랭이꽃													244
스킨답서스													194
식나무													116
실달개비													196
심비디움													222
싸리													096
아이비													198
안개나무													096
알로에													200
애기노각나무 / 노각나무													074
양골담초													097
염자													202
영춘화													076
올리브													118
용담													246
월계수													120
으름덩굴 / 멀꿀						(멀꿀)							166
은행나무													078
일본고광나무													097
자귀나무													082
작살나무 / 좀작살나무													097

식물 이름	1월	2월	3월	4월	5월	6월	7월	8월	9월	10월	11월	12월	페이지
장미													084
재스민													204
접란													206
제라늄													208
주목·눈주목													122
죽절초													141
참빗살나무													086
철쭉 / 영산홍													124
초령목 / 촛대초령목													141
치자나무													126
침엽수류													128
카틀레야													222
클레마티스													222
키위													169
타임													248
파키라													210
팔손이													130
포인세티아													212
풍년화													097
플라타너스 · 버즘나무													088
피라칸타													132
해오라비난초													222
협죽도													134
홍가시나무													136
홍콩야자													214
화살나무													092
후피향나무													138
히비스커스													216

PART 01

번식의 기본 테크닉

원예식물의 번식방법

유성번식과 무성번식

 식물의 번식방법은 씨앗으로 번식하는 「종자번식＝유성번식」과 줄기나 가지, 잎 등 영양기관의 일부로 번식하는 「영양번식＝무성번식」으로 크게 나눌 수 있다.

산과 들에 자생하는 식물은 땅속줄기나 기는줄기(런너) 등으로 자연적으로 영양번식을 하는 것도 있으나, 대부분은 씨앗으로 번식한다. 이에 비해 인위적으로 식물을 번식시키는 경우에는 종자번식과 함께 영양번식 방법을 사용한다. 특히 원예식물을 번식시킬 때 영양번식을 하는 경우가 많다.

영양번식에는 꺾꽂이, 접붙이기, 휘묻이, 포기나누기 등이 있다. 여기서는 각각의 특징을 간단히 설명한다.

꺾꽂이(삽목)

잎, 가지, 줄기, 뿌리 등 식물의 일부를 잘라 흙이나 물에 꽂아 뿌리를 내리게 하는 번식방법이다. 꺾꽂이 작업은 잘라서 꽂기만 하면 되므로 간단해서 누구나 쉽게 할 수 있다. 또한 가지의 일부만 있으면 되므로 어미나무와 같은 형질을 가진 묘목을 비교적 많이 번식시킬 수 있다.

접붙이기(접목)

뿌리가 있는 바탕나무에 번식시키고 싶은 식물의 눈이나 가지를 잘라서 접붙여 새로운 개체를 만들어 내는 방법으로, 영양번식 중에서도 꺾꽂이 다음으로 많이 사용되는 방법이다.

접붙이기는 접수와 바탕나무를 접붙이는 기술과 관리가 어려워서 전문가가 아닌 일반인은 하기 힘들다는 인식이 강했다.

그러나 최근에는 접붙이기용 테이프인 「광분해 파라필름」이 출시되어 요령만 알면 누구나 어렵지 않게 할 수 있기 때문에, 앞으로 더 널리 보급될 것이다.

꺾꽂이 어미나무와 같은 형질의 묘목을 한 번에 많이 번식시킬 수 있는 것이 꺾꽂이의 장점이다. 육묘상자 등을 이용해서 여러 종류를 번식시켜도 재미있다.

접붙이기 지금까지 접붙이기는 기술적으로도 어렵고 관리하기도 힘들어서 많이 사용하지 않는 방법이었지만, 광분해 파라필름을 이용하면 누구나 쉽게 할 수 있다.

휘묻이(취목)

번식시키고 싶은 어미나무의 줄기나 가지 등의 일부에 상처를 내서 뿌리를 내리게 한 다음, 어미나무에서 잘라내 새로운 개체를 만드는 방법이다. 꺾꽂이는 어미나무에서 잘라낸 다음 뿌리를 내리게 하지만, 휘묻이는 먼저 뿌리를 내리게 한 다음 어미나무에서 잘라낸다. 원리적으로는 휘묻이나 꺾꽂이에 큰 차이는 없다.

포기나누기 뿌리가 나와 있는 것을 나눠서 새로운 포기를 번식시키는, 가장 간단한 번식방법이다.

휘묻이 어미나무의 일부에서 뿌리를 내리게 해 새로운 개체를 만든다. 누구라도 할 수 있는, 실패가 적은 번식방법이다.

포기나누기(분주)

다간형(밑동에서 여러 개의 가지나 줄기가 나와 있는 상태)으로 자란 것을 나눠서 새로운 개체를 번식시킨다. 나누기 전부터 뿌리가 나와 있기 때문에, 나눈 뒤에도 순조롭게 잘 자란다. 1포기의 뿌리를 나누기만 하면 되므로 간단하고 실패가 적은 번식방법이다. 화분에서 지나치게 크게 자란 포기는 포기나누기를 해서 새로운 포기로 갱신할 수 있다

종자번식(실생)

씨앗을 뿌려 번식시키는 방법을 「종자번식」이라고 한다. 씨앗에서 싹이 나와 자란다는 점에서 꺾꽂이 등의 영양번식과는 차이가 있다. 자연계에서 자연스럽게 이루어지는 일을 인위적으로 실행하여, 한 번에 많은 묘목을 얻을 수 있다.

또한 원예식물은 대부분 복잡한 교잡으로 이루어졌기 때문에, 어미나무의 형질이 그대로 전해지지 않고 여러 가지 형질이 나타나서 기대하는 즐거움이 있다.

※ 원예식물 중 고정종(늘푸른나무인 굴거리나무, 팔손이 등)은 몇 번씩 종자번식을 해도 어미와 거의 같은 형질이 나타나지만, 교잡종(장미, 동백, 영산홍, 꽃산딸나무, 산딸나무 등과 많은 과일나무류)인 경우 어미의 형질이 그대로 전해지지 않는다.

종자번식 교잡종의 씨앗을 심으면 여러 가지 형질의 식물이 나온다.

토양과 비료

식물이 자라기 좋은 정원토양

번식시킨 묘목을 재배하기에 적합한 정원토양은 수분과 공기를 충분히 함유하면서, 동시에 물이 잘 빠져서 뿌리가 잘 자란다. 뿌리는 양분이나 수분의 흡수와 함께 호흡도 하기 때문이다. 적합한 토양인지 판단하는 기준은 다음과 같다.

❶ 비가 내려도 물이 고이지 않는다.
❷ 흙 표면이 하얗게 말랐을 때 물을 주면 빠르게 물을 흡수한다.
❸ 맑은 날이 계속되어도 흙 표면이 갈라지지 않는다.

물이 잘 안 빠지는 정원토양의 경우 버미큘라이트, 펄라이트 등의 토양개량제와 퇴비, 부엽토, 피트모스 등의 유기질(부식질)을 충분히 섞어준다. 단, 이런 유기질은 완전히 숙성된 것이라도 조금씩 발효되므로, 식물이 유해가스를 흡수하는 가스장해가 일어나거나 병충해 발생의 원인이 되기도 한다. 섞는 시기는 심기 2주 전 정도가 좋다.

화분용 흙

정원토양과 마찬가지로 수분보유력이 좋고 공기가 잘 통하며 물이 잘 빠지는 등, 기본적인 조건은 다르지 않다. 다만 화분에 심을 때는 흙의 양이 적고 뿌리를 뻗는 범위가 제한된다. 또한 생활환경도 고려해야 한다. 물을 주는 횟수 등에 따라 화분 안의 수분보유량도 달라지기 때문에, 재배자의 생활환경에 맞게 용토를 배합해야 한다. 각종 용토의 특징에 대해서는 p.252를 참조한다.

왜 비료가 필요할까

식물은 흙과 물과 태양광선이 있으면 광합성과 흙의 양분으로 살아간다. 산과 들에서 자라는 식물은 낙엽이나 동물의 사체 등이 분해되어 양분이 되므로 따로 비료를 주지 않아도 된다.

그러나 정원이라는 한정된 공간에서 자라는 식물은 자연으로부터 양분 공급을 거의 기대할 수 없으므로, 사람이 비료를 줘야 한다.

밑거름과 덧거름

식물을 심기 전에 주는 비료를 밑거름이라고 한다. 전체 생육기간 중 특히 봄부터 이루어지는 생장을 돕기 위해, 오랜 시간에 걸쳐 천천히 효과가 나타나는 완효성 유기질 비료(질소와 인산을 많이 포함하는 깻묵이나 계분 등)나 혼합비료를 준다. 비료를 좋아하지 않는 식물이라면 이 밑거름만으로도 충분하다.

그런 다음 식물의 생장에 맞춰서 주는 비료를 덧거름이라고 한다.

비료의 3요소

식물이 잘 자라기 위해서는 질소, 인산, 칼륨을 비롯해서 칼슘, 마그네슘 등 10가지 이상의 양분이 필요하다.

그중에도 질소, 인산, 칼륨이 많이 필요하기 때문에 비료의 3요소라 부르며, 반드시 필요한 성분이다.

생육기에 덧거름으로 사용하는 화성비료.

밑거름으로 사용하는 완효성 화성비료.

깻묵에 골분 등을 섞은 유기질 비료.

덧거름이나 가을거름으로 사용하는 속효성 액체비료.

질소(N)

「잎의 비료」라고도 한다. 식물 생장에 없어서는 안 되는 단백질이나 엽록소를 만들어 가지와 잎이 싱싱하게 자랄 수 있게 해준다. 다만 지나치게 많이 주면 꽃눈이 안 달리거나 잎과 줄기만 자라, 연약하고 병충해에 대한 저항력이 약한 나무가 되기도 한다.

인산(P)

「꽃의 비료」, 「열매의 비료」라고도 한다. 꽃 색깔을 아름답게 만들고, 열매의 색과 맛을 좋게 해준다. 부족하면 잘 자라지 못하고 꽃이나 열매가 잘 달리지 않는다. 흡수력에 한계가 있기 때문에, 질소와 달리 많이 줘서 문제가 생기는 일은 거의 없다.

칼륨(K)

「뿌리의 비료」라고도 한다. 뿌리의 생장을 촉진시켜 튼튼하고 더위나 추위에 강한 나무를 만든다. 인산과 마찬가지로 흡수력에 한계가 있지만, 지나치게 많이 주면 인산의 흡수를 방해하는 경우도 있다.

알맞은 시기에 적당량을 준다

덧거름은 식물의 생장 타이밍에 맞게 줘야 한다. 추위에 견디기 위해 체력을 보충하고, 봄에 싹이 틀 때를 대비해 힘을 저장하기 위한 비료는 1~2월경에 주는 「겨울거름」으로, 질소성분이 중심이 된다. 새가지가 자라는 4~5월이나 충실기인 8~9월에 주는 덧거름은 인산과 칼륨을 많이 줘야 한다. 꽃이 피고 열매를 맺은 뒤 약해진 식물의 양분을 보충해주는 것은 「가을거름」이라고 한다. 생육 과정에 맞게 비료를 주는 것이 중요하다.

비료를 지나치게 많이 주면 가지와 잎이 지나치게 자라거나, 병충해에 대한 저항력이 떨어지기도 한다. 또한 비료가 부족하면 생육불량으로 꽃이 피지 않는 경우도 있다. 비료는 알맞은 시기에 적당한 양을 주는 것이 가장 중요하다.

꺾꽂이의 기술

꺾꽂이의 장점

 ❶ 간단하게 번식시킬 수 있다. 식물의 일부를 잘라서 꽂는 것이므로, 특별한 기술이 필요하지 않고 누구나 할 수 있다.

❷ 줄기나 가지, 잎 등 어미나무의 일부를 사용하는 무성번식이므로, 어미나무와 같은 형질의 나무를 번식시킬 수 있다.

❸ 줄기나 가지의 일부만 있으면 가능하기 때문에, 한 번에 비교적 많은 묘목을 번식시킬 수 있다.

❹ 씨모(실생묘) 등에 비해 개화, 결실이 빠르다. 꽃이 피는 가지로 꺾꽂이를 하면, 다음해부터 꽃을 피우는 것도 가능하다.

❺ 겹꽃종 등의 원예품종 중에서 씨앗이 맺히지 않는 것도 번식시킬 수 있다

간단해서 한 번에 비교적 많은 묘목을 번식시킬 수 있다.

잎을 꽂는 것만으로 번식시킬 수 있는 식물도 있다.

꺾꽂이 방법

꺾꽂이를 위해 잘라낸 식물체의 일부를 「꺾꽂이모(삽수)」 또는 「꺾꽂이순」이라고 한다. 꺾꽂이 방법은 어느 부위를 사용하는지에 따라 몇 가지로 나뉜다.

잎꽂이(엽삽) 잎을 잘라 꽂는 방법. 1장의 잎 전체를 꽂는 온잎꽂이(전엽삽)나, 입자루가 붙어 있는 채로 꽂는 잎자루꽂이(엽병삽), 1장의 잎을 여러 조각으로 잘라서 꽂는 자른잎꽂이(편엽삽) 등이 있다.

잎눈꽂이(엽아삽) 1장의 잎과 잎자루 밑동에 생긴 겨드랑눈, 그와 함께 약간의 줄기를 포함한 부분을 꺾꽂이모로 사용한다.

가지꽂이(지삽), 줄기꽂이(경삽) 글자 그대로 가지와 줄기를 꺾꽂이모로 사용하는 방법이다. 화초의 경우에는 눈꽂이(아삽)라고도 한다. 가지의 끝부분을 이용하는 것을 천삽 또는 정아삽이라고 하며, 그보다 아래쪽의 중간부분을 사용하는 것을 관삽이라고 한다.

뿌리꽂이(근삽) 뿌리나 뿌리줄기의 일부를 잘라내 꺾꽂이모로 사용한다.

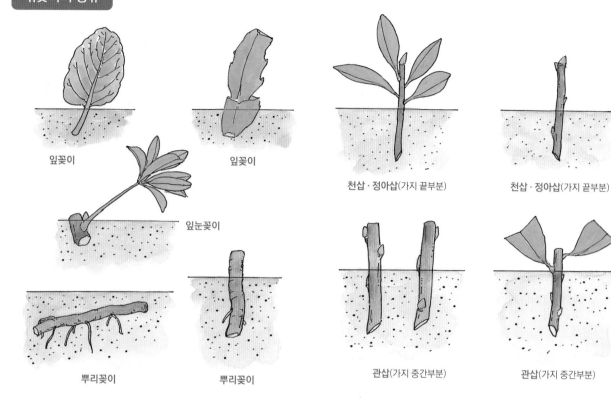

잎꽂이

잎꽂이

천삽·정아삽(가지 끝부분)

천삽·정아삽(가지 끝부분)

잎눈꽂이

뿌리꽂이

뿌리꽂이

관삽(가지 중간부분)

관삽(가지 중간부분)

어떤 꺾꽂이모를 고를까

꺾꽂이는 잘린 줄기나 가지 등 뿌리가 전혀 없는 부분에서 뿌리를 내리고 싹을 자라게 해 하나의 개체로 키우는 것이다. 즉 일종의 「재생」이라고 할 수 있다. 따라서 꺾꽂이를 성공시키기 위해서는 재생능력, 발근능력이 뛰어난 꺾꽂이모를 고르는 것이 중요하다.

뿌리를 잘 내리기 위해서는 꺾꽂이모 내부에 전분이나 당분 등의 영양물질이 많이 축적되어 있을수록 좋다. 따라서 꺾꽂이를 할 때는 햇빛이 잘 드는 장소에서 튼튼하게 잘 자란 가지를 고른다.

꺾꽂이모를 고를 때는 새가지는 윗부분을, 묵은가지(휴면지)는 위아래를 제외한 중간부분을 고른다. 또한 일반적으로 오래된 나무보다 어린나무에서 꺾꽂이모를 채취해야 뿌리를 잘 내린다.

꺾꽂이모 고르기

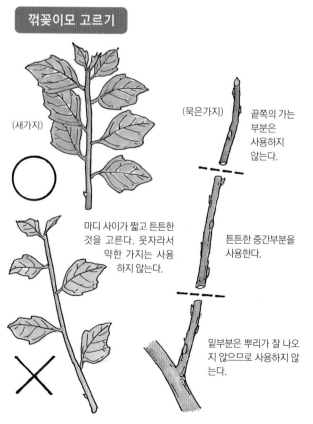

(새가지)

(묵은가지)

끝쪽의 가는 부분은 사용하지 않는다.

마디 사이가 짧고 튼튼한 것을 고른다. 웃자라서 약한 가지는 사용하지 않는다.

튼튼한 중간부분을 사용한다.

밑부분은 뿌리가 잘 나오지 않으므로 사용하지 않는다.

꺾꽂이모판 준비

꺾꽂이에 성공하려면 꺾꽂이모 자체의 발근능력과 함께, 꺾꽂이모판을 뿌리 내리기 쉬운 환경으로 만드는 것이 중요하다. 꺾꽂이모는 아래쪽 절단면으로만 물을 흡수할 수 있기 때문이다.

용토는 공기가 잘 통하고, 물이 잘 빠지며, 수분보유력이 뛰어나고, 잡균이 없는 깨끗한 흙을 선택한다. 수분보유력이 좋은 적옥토나, 공기가 잘 통하고 물이 잘 빠지는 녹소토 등을 많이 사용한다. 그 밖에 공기가 잘 통하고 물이 잘 빠지는 강모래, 수분보유력이 좋고 공기가 잘 통하는 버미큘라이트, 펄라이트 등을 섞은 혼합용토도 많이 사용한다.

용기는 무엇이든 상관없다. 원예용품점 등에서 다양한 육묘상자를 판매하고 있으므로 꺾꽂이할 양 등에 맞게 물이 잘 빠지는 제품을 구매하면 된다. 물론 얕은 화분이나 스티로폼 박스 등을 이용해도 좋다. 그런 경우에는 잘 소독해서 깨끗한 것을 사용해야 한다.

이 책에서는 피트모스, 버미큘라이트, 녹소토, 펄라이트를 같은 비율로 섞은 혼합용토를 많이 사용하는데, 이 용토를 사용하면 뿌리를 잘 내린다.

꺾꽂이용 혼합용토(p.252 참조)

녹소토 일본 도치기현 가누마 지방에서 생산되는 약산성의 가벼운 흙. 다공질로 수분보유력이 좋고, 공기가 잘 통한다. 마르면 하얗게 변한다.

버미큘라이트 질석을 고열 처리한 무균 인공토. 상당히 가볍고, 수분보유력이 뛰어나며, 물이 잘 빠지고, 공기가 잘 통한다.

펄라이트 천연 유리질 암석을 고열처리한 알갱이 상태의 인공토. 매우 가벼우며, 수분보유력이 좋고, 물이 잘 빠지고, 공기가 잘 통한다.

피트모스 습지의 식물이 퇴적, 분해되어 만들어진 흙. 산성이며 무균 상태이다. 수분보유력이 뛰어나며, 물이 잘 빠지고, 공기가 잘 통한다.

꺾꽂이모판 준비하기

❶ 육묘상자에 미리 만들어둔 용토를 넣는다. 용토는 녹소토 등을 같은 비율로 섞은 혼합용토를 사용한다.

❷ 육묘상자에 용토를 80% 정도 채운 다음, 손바닥으로 표면을 평평하게 정리한다.

❸ 용토 표면을 평평하게 정리하고, 위에서 물을 뿌려 전체를 적신다.

❹ 혼합용토를 사용하면 각각의 용토가 가진 특성의 상승효과가 나타난다.

꺾꽂이에 적합한 시기

꺾꽂이에 적합한 시기는 꺾꽂이모의 영양상태나 기온, 온도 등의 조건이 좋을 때이다. 이러한 조건이 동시에 갖춰지는 일은 드물지만, 다음과 같은 시기에 많이 한다.

갈잎넓은잎나무(낙엽활엽수) 2~3월에 전년도 가지로 꺾꽂이하는 봄꺾꽂이, 6~9월 초순까지 새가지로 꺾꽂이하는 장마철꺾꽂이·여름꺾꽂이를 많이 한다.

늘푸른넓은잎나무(상록활엽수) 튼튼한 전년도 가지로 꺾꽂이하는 3월 중순~4월 초순의 봄꺾꽂이, 새가지가 단단해지는 6~7월의 장마철꺾꽂이, 9월의 가을꺾꽂이를 많이 한다.

늘푸른바늘잎나무(상록침엽수) 새가지가 나오기 전에 전년도 가지로 꺾꽂이하는 4~5월 초순의 봄꺾꽂이, 7~9월에 새가지로 꺾꽂이하는 장마철꺾꽂이·여름꺾꽂이를 많이 한다.

꺾꽂이 사후관리

꺾꽂이한 뒤에는 물을 충분히 주고 밝은 그늘에 둔다. 물은 꺾꽂이모가 시들지 않을 정도로 준다. 꺾꽂이모판 내부에 습기가 지나치게 많으면 산소부족으로 호흡이 불가능해서 뿌리를 잘 내리지 못한다.

식물의 종류에 따라 다르지만 10일~1달 정도면 뿌리를 내린다. 눈이 자라기 시작하면 뿌리를 내린 것이다. 뿌리를 내리면 서서히 햇빛을 받게 한다.

뿌리를 내린 꺾꽂이모는 하나의 훌륭한 묘목이므로 옮겨 심는다. 단, 한여름이나 혹한기에 옮겨 심으면 시들거나 잘 자라지 못하기 때문에, 다음해 봄 2~3월에 옮겨 심는다.

꺾꽂이에 도전해보자

봄꺾꽂이, 장마철꺾꽂이 등 앞에서 이야기한 꺾꽂이에 적합한 시기는 어디까지나 일반적인 것이며, 가정에서는 시기에 대해 크게 신경 쓰지 않아도 된다. 그러니까 꺾꽂이모가 있으면 일단 도전해보는 것이 좋다. 뿌리를

내리는 비율에는 차이가 있지만, 꺾꽂이모가 튼튼하다면 상당히 오랜 기간 꺾꽂이가 가능하다.

꺾꽂이모판도 햇빛을 피하거나 추위를 막을 수 있게 미리 간단한 준비를 해두면 편리하다.

자연조건에서는 봄은 기온이 불안정하고, 가을은 곧 추워지므로 고온다습한 장마철이 꺾꽂이에 가장 적합하다. 다만 최근에는 이상기후로 장마철 없이 혹서기가 계속되는 해도 있다.

아래 사진의 꺾꽂이모판은 플렌터의 네 모서리에 U자형 철사를 세운 것뿐이지만, 철사 위에 한랭사나 비닐을 덮어주면 간단하게 햇빛을 피하거나 추위를 막을 수 있다. 실내로 옮겨서 비닐을 씌워두면 겨울에도 관엽식물의 꺾꽂이가 가능하다.

가정원예는 어디까지나 취미이므로 뿌리만 내리면 성공이라는 마음으로, 자신의 손으로 직접 꺾꽂이를 통해 식물을 번식시키는 즐거움을 맛보기 바란다.

플렌터의 네 모서리에 U자형 철사를 세운 꺾꽂이모판. 간단하게 햇빛을 피하거나 추위를 막을 수 있어 매우 편리하다.

꺾꽂이모 만들기(화살나무)

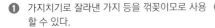

❶ 가지치기로 잘라낸 가지 등을 꺾꽂이모로 사용할 수 있다.

❷ 위쪽의 잎을 3~5장 정도 남기고 아랫잎은 떼어낸다.

❸ 남은 잎이 많거나 클 때는 절반 정도로 자른다.

❹ 꺾꽂이모는 튼튼한 부분을 사용해야 한다. 15~20㎝ 길이로 자른다.

❺ 밑부분을 잘 드는 나이프 등으로 비스듬히 잘라둔다.

❻ 1달 정도면 뿌리를 내린다.

꺾꽂이 방법과 사후관리

❶ 꺾꽂이모판을 준비한다(p.18 참조).

❷ 준비한 꺾꽂이모는 마르지 않도록 바로 물에 담가 물올림을 충분히 해준다.

❸ 꺾꽂이모는 깊게 꽂아야 가지(줄기)에서 물이 덜 증산된다. 잎이 있는 경우에는 잎이 서로 닿을 정도로 꽂고, 잎이 없으면 2~3㎝ 정도의 간격으로 꽂는다.

❹ 육묘상자를 사용하면 상당히 많은 양을 꽂을 수 있다. 위 사진은 터널 형태로 세운 파이프에 비닐을 씌워서 간단하게 만든 작은 비닐 하우스에서 꺾꽂이모판을 관리하는 모습.

❺ 햇빛이 강한 시기에 꺾꽂이를 하면 한랭사 등으로 햇빛을 가려줘야 한다.

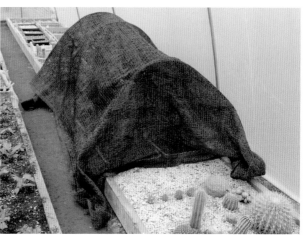

❻ 한랭사를 덮은 상태. 그 앞에 보이는 것은 하우스 내부에 만들어놓은 선인장류의 꺾꽂이모판.

❼ 많은 종류를 꺾꽂이할 때는 비슷한 종류를 하나의 꺾꽂이모판에 모아놓으면 관리하기 편하다(사진은 인동과의 갈잎떨기나무인 딱총나무. 줄기, 가지, 열매, 잎 등을 생약으로 이용한다).

❽ 무늬딱총나무(꺾꽂이를 하고 2달이 지난 모습).

접붙이기의 기술

접붙이기의 장점

접붙이기는 뿌리가 있는 바탕나무에 다른 식물의 가지나 눈(접수 또는 접눈) 등을 접붙여서 유합시켜 새로운 개체를 만드는 번식방법이다. 다음과 같은 장점이 있다.

❶ 꺾꽂이처럼 어미나무와 같은 형질을 가진 나무를 번식시킬 수 있다.

❷ 바탕나무의 힘을 빌려 생육이 촉진되어, 개화나 결실이 빨라진다. 꽃나무나 과일나무 번식에 특히 유용한 장점이다.

❸ 성질이 약하고 잘 자라지 않는 종류라도, 성질이 강한 바탕나무에 접붙이면 잘 자라고 튼튼해질 수 있다.

❹ 꺾꽂이로는 뿌리를 내리지 못해 번식이 안 되는 식물도 번식시킬 수 있다.

❺ 왜성종 바탕나무에 접붙이면 나무키가 커지는 것을 억제할 수 있다.

❻ 왜성종 접수를 접붙이면 작은 나무로 꽃이나 열매를 즐길 수 있다.

제자리접(복숭아나무)

딴자리접(감나무)

접붙이기의 종류

고접 바탕나무의 가지나 줄기 중간에 접붙인다.

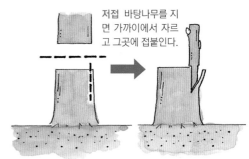
저접 바탕나무를 지면 가까이에서 자르고 그곳에 접붙인다.

접붙이기 방법

접붙이기는 작업방법이나 접붙이는 위치에 따라 다양한 방법이 있다.

바탕나무 처리에 따라

제자리접(거접) 바탕나무를 파내지 않고 키우던 장소에 그대로 두고 접붙이는 방법.

딴자리접(들접, 양접) 바탕나무를 일단 파내서 접붙인 다음 다시 심는 방법.

붙이는 위치에 따라

고접(줄기높게접하기, 높이접) 가지나 줄기의 중간에 접붙이는 방법. 양질의 품종으로 갱신할 때 자주 사용하는 방법이다.

저접(줄기낮게접하기) 바탕나무를 밑동 가까이에서 잘라 그곳에 접붙이는 방법.

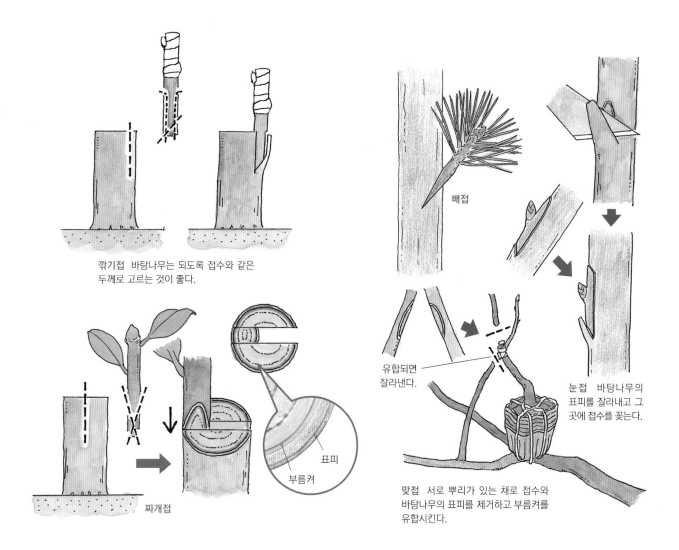

깎기접 바탕나무는 되도록 접수와 같은
두께로 고르는 것이 좋다.

짜개접

표피

부름켜

배접

유합되면
잘라낸다.

눈접 바탕나무의
표피를 잘라내고 그
곳에 접수를 꽂는다.

맞접 서로 뿌리가 있는 채로 접수와
바탕나무의 표피를 제거하고 부름켜를
유합시킨다.

접붙이는 방법에 따라

깎기접(절접) 바탕나무를 자르고 접수를 꽂아 부름켜를
맞대서 유합시키는 방법. 접붙이기에서 가장 많이 쓰는
방법이다.

짜개접(할접) 바탕나무 중심 가까이에 수직으로 칼집을
넣고, 밑부분을 쐐기 모양으로 자른 접수를 꽂아 부름켜
를 맞대서 유합시키는 방법. 단, 이 방법은 부름켜끼리
밀착시키기 힘들어서 가정에서는 권하지 않는다.

배접(복접) 바탕나무의 옆면에 접붙이는 방법으로, 바탕
나무의 표피를 벗긴 곳에 접수를 꽂아 부름켜를 맞대서
유합시킨다. 가지가 없는 부분에 가지가 자라게 하고 싶
을 때처럼, 모양을 보기 좋게 만들고 싶을 때 사용하는
방법이다.

눈접(아접) 접수에서 튼튼한 눈을 하나 잘라내 바탕나무
의 표피를 벗긴 곳에 끼우고 부름켜를 맞대서 유합시킨
다. 눈이 1개만 있으면 되므로 쓸 수 있는 눈이 적을 때
사용하는 방법이다.

녹지접(새가지 접붙이기) 접수와 바탕나무 모두 새가지를
사용하는 방법. 생육이 왕성한 새가지는 잘 활착한다.

가지접(지접) 묵은가지(휴면지)를 접수로 사용하는 방법.
가지의 가운데 부분을 사용한다. 주로 깎기접으로 작업
하며, 접붙이기 중에서 가장 많이 사용하는 방법이다.

마주접(부름접, 호접) 뿌리가 있는 채로 접수와 바탕나무
의 표피를 벗기고 부름켜를 맞대서 유합시킨다. 접수가
말라죽는 것을 막기 위한 방법이다.

성공 포인트

접붙이기는 접수와 바탕나무가 유합하여 영양분이나 수분을 주고받아 성장하는 하나의 개체를 만드는 것이다. 유합은 세포분열하는 각각의 부름켜가 밀착하면서 이루어진다. 따라서 부름켜의 밀착부분이 넓을수록 유합하기 쉽다.

그래서 접수는 바탕나무와 밀착하는 부분의 양면을 깎아내 부름켜의 표면적이 최대한 넓어지게 한다.

접수는 번식시키는 목적에 맞는 어미나무에서 고른다. 어린 가지가 세포분열이 왕성하여 유합하기 쉬우므로, 해가 잘 드는 곳에서 자란 튼튼한 1년생 가지에서 채취하는 것이 좋다.

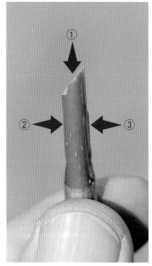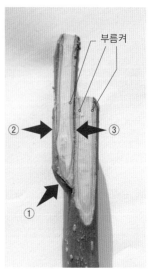

부름켜의 표면적이 넓어지도록 접수는 밑부분을 비스듬히 자르고, 양면의 표피를 깎아낸다. 3면 중에 ③이 잘 붙어서 활착하는 것이 가장 중요하며, ①과 ②는 잘 활착할 수 있게 도와준다.

밭 한쪽 구석에서 재배하는 다양한 씨모(실생묘). 과일을 먹고 난 뒤 남은 씨를 바탕나무용으로 심어서 키워두면 좋다.

어떤 바탕나무를 고를까

접수와 마찬가지로 바탕나무도 번식시키는 목적에 맞게 골라야 한다.

바탕나무와 접수를 접붙이려면 「친화성」이 필요하다. 친화성은 계통이 가까운 근연종일수록 좋고 멀어질수록 나쁘다. 기본적으로는 접수와 종류가 같고 씨앗부터 재배한 바탕나무인 공대를 사용하지만, 다른 종류라도 되도록 가까운 종류를 사용해야 한다. 단, 종류에 따라서는 친화성이 떨어져도 접붙이기가 잘 되는 것도 있다.

바탕나무는 대부분 씨앗이나 꺾꽂이로 번식시킨 1~3년생 나무로 지름이 1~2cm 정도이다. 잘 관리해서 재배한 튼튼한 나무를 사용한다.

가정원예에 적합한 왜성종을 번식시킬 때는 바탕나무도 왜성종을 사용한다. 단, 왜성종 바탕나무는 거의 시판되지 않으므로 스스로 꺾꽂이나 종자번식으로 재배해야 한다.

광분해 파라필름으로 간단해진 녹지접

예전에는 접붙이기가 상당한 기술과 노력이 필요한 작업이었기 때문에 가정에서 직접하기는 힘들었다.

특히 녹지접은 접붙인 뒤에 마르지 않도록 비닐봉지를 씌우고, 봉지 속 온도가 올라가지 않도록 그 위에 종이봉투를 씌워 보호해야 하며, 활착에 성공해 접수에서 눈이 나오면 비닐봉지에 구멍을 뚫어줘야 했다. 또한 생장에 따라 구멍을 점점 크게 만들어 주며, 바깥 공기에 익숙해지면 봉지를 벗기고, 접수가 굵어지기 시작하면 접붙인 부분이 잘록해지지 않도록 테이프를 제거하는 등 번거로운 작업을 거쳐야 했다.

그러나 광분해 파라필름이 나오면서 이러한 번거로움이 단숨에 해결되고 간편하게 접붙이기를 할 수 있게 되었다.

광분해 파라필름은 서로 밀착하는 성질이 있어서 접수에도 밀착하므로, 단단히 감기만 하면 나무가 마르지 않아 비닐봉지를 씌울 필요가 없는 획기적인 제품이다. 또한 감은 다음 테이프를 묶어줄 필요도 없고, 6개월 정도만 지나면 테이프가 저절로 풍화되기 때문에 접붙인 부분이 잘록해지는 일도 없다.

이 책의 감수자인 야바타는 귤나무를 접붙이는 데 광분해 파라필름이 효과적이라는 연구기사를 보고 광분해 파라필름을 사용하게 되었다. 그는 광분해 파라필름을 늘푸른나무, 갈잎나무의 접붙이기에 사용한 결과 기대 이상의 성공을 거두었고, 이렇게 편리한 테이프를 사용해 가정에서도 좀더 쉽게 접붙이기를 할 수 있었으면 좋겠다는 생각을 갖게 되었다.

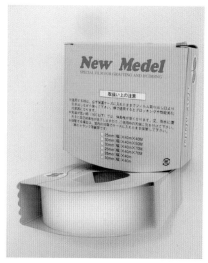

광분해 **파라필름** 당기면서 감으면 테이프끼리 밀착하는 성질이 있어서, 이 테이프를 이용하면 마르지 않도록 봉지를 씌우는 등 번거로운 작업을 하지 않아도 된다. 접붙이기용 테이프로 원예용품점 등에서 판매한다. 사진의 제품은 일본산 「뉴 메델」.

광분해 파라필름을 자르는 요령

폭이 30㎜인 것과 25㎜인 것이 있는데 그대로는 폭이 너무 넓어서 사용하기 힘들다. 그렇다고 테이프를 가늘게 늘리기 위해 지나치게 잡아당기면 가는 가지의 경우 부러져 버리므로, 15~12.5㎜ 정도로 잘라서 사용하는 것이 좋다. 적은 양을 사용하는 경우에는 테이프를 탁자에 올려놓고 그대로 커터칼로 자르면 되지만, 많은 양을 사용하는 경우에는 길게 빼낸 다음 돌돌 감아 절반으로 잘라서 사용하는 것이 좋다. 테이프를 자르고 난 뒤 펜치 등으로 살짝 눌러두면 풀리지 않기 때문에 이후의 작업이 수월해진다.

❶ 길게 빼낸 테이프를 둥글게 감는다.

❷ 감은 테이프를 반으로 자른다.

❸ 펜치 등으로 살짝 눌러두면 테이프가 풀리지 않으며, 이후의 작업도 쉬워진다.

광분해 파라필름을 감는 방법

감나무처럼 눈이 확실히 보이는 것은 눈을 피해서 테이프를 감으면 되지만, 사과처럼 가지와 눈의 경계가 확실하지 않은 경우에는 테이프를 1번만 감는다. 몇 겹으로 돌돌 감은 테이프를 찢고 나올 힘은 없지만, 1번만 감으면 눈이 테이프를 뚫고 나올 수 있다. 단, 눈이 너무 작으면 테이프를 찢을 힘이 없는 경우도 있다. 어쨌든 마르지 않도록 절단면에는 반드시 테이프를 감아야 한다.

❶ 부름켜끼리 맞닿게 감는다. 길게 깎아놓았기 때문에 손으로 잡기 편하다.

❷ 테이프를 당기면서 감는다.

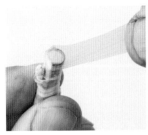

❸ 마르지 않도록 절단면에도 반드시 감아둔다.

❹ 다 감은 모습. 눈이 나온 다음 윗부분을 자르지 않아도 된다.

❺ 가지와 눈의 경계가 분명하지 않은 경우에는, 눈 1개당 테이프를 1번만 감는 것이 좋다.

1그루의 바탕나무에 꽃피는 시기가 다른 2종류의 자두나무를 접붙인 예.

접붙이기에 적합한 시기

봄은 가지접, 가을은 눈접, 여름은 녹지접을 하기에 적합한 시기라고 알려져 있지만, 이는 어디까지나 이론적인 것으로 그해의 기상 조건, 접수나 바탕나무의 생육상태, 또한 각각의 재배환경에 따라 달라진다.

봄에 하는 가지접은 겨울 동안 냉장고 등에 보관해둔 묵은가지로 깎기접을 하는 것으로, 가장 많이 사용하는 방법이다. 바탕나무가 물올림을 시작하는 시기가 접붙이기에 적합한 시기이며, 또한 그 시점에서 접수는 아직 눈이 나오지 않아야 쉽게 활착한다는 이론에서 비롯된 것이다.

그러나 실제로는 식물은 겨울에도 물올림을 한다. 예를 들어 1월에 접붙이더라도 활착하는 비율이 상당히 높다. 접수를 보관하지 않고, 초봄에 채취해서 그대로 접붙여도 관계없다. 접붙이는 방법도 깎기접뿐 아니라 눈접도 가능하다.

광분해 파라필름을 이용한 여름 녹지접의 장점은 생장기이기 때문에 결과를 바로 알 수 있다는 것이다. 빠르면 1주일 늦어도 2주일이면 결과가 나온다. 실패하더라도 바로 다시 시도할 수 있다. 또한 반드시 깎기접을 할 필요는 없고, 새가지에서 채취한 눈으로 눈접을 하는 것도 효과적이다.

눈접은 나무껍질이 잘 벗겨지고 접눈도 튼튼해지는 8월 하순~9월 초순에 하는 것이 좋다고 알려져 있지만, 이 방법도 1년 내내 가능하다.

새로운 눈접 아이디어

원래 눈접을 할 때는 활착해서 눈이 나온 다음 그 윗부분을 잘라내는 타이밍을, 익숙하지 않은 사람은 알기 어려우며 작업이 번거롭다는 단점이 있었다.

그래서 이 책에서는 새로운 눈접 방법을 소개한다. 눈접을 하는 단계에서 윗부분을 잘라버리는 것인데, 단순한 일이지만 작업이 한결 간단해진다. 또한 원래는 바탕나무 위쪽에서 뿌리쪽을 향해 나이프로 표피를 깎아내야 하지만, 이 방법은 뿌리쪽에서 위쪽을 향해 표피를 깎는다. 손쪽으로 나이프를 움직일 필요가 없기 때문에 안전하다는 것도 장점이다.

포인트는 바탕나무나 접눈을 모두 길게 깎는 것이다. 서로 맞닿는 부름켜가 길어지고, 접눈을 손으로 잡기도 편해서 작업이 수월해진다.

접붙이는 타이밍은 p.26에서 설명한 것처럼 「적합한 시기」는 있지만 봄여름가을겨울 언제 해도 활착하는 비율이 높다. 접붙이고 싶은 눈이 있을 때 시험해보자.

눈을 깎을 때 주의할 점

눈이 있는 부분에 마디가 있으면, 깎는 힘이 약할 경우 표피에 가까운 부분만 얇게 깎여서 눈이 잘라지기도 한다. 힘을 주는 정도를 설명하기는 어렵지만, 「눈의 두께」에 주의해서 눈을 자르지 않도록 깎아야 한다는 것을 잊으면 안 된다.

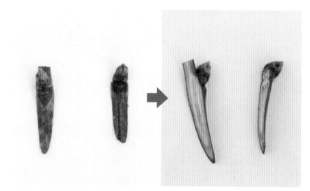

왼쪽은 성공한 예, 오른쪽은 실패한 예. 뒤집어보면 오른쪽은 눈을 자른 것을 알 수 있다.

❶ 접눈을 깎아낸다.

❷ 뿌리쪽에서 위쪽으로 깎는다.

❸ 눈 위에서 잘라낸다.

❹ 바탕나무의 부름켜가 드러나게 깎는다.

❺ 바탕나무와 접눈을 모두 길게 깎는다.

❻ 바탕나무를 좀 더 길게 깎는다.

접붙이기 순서

순서는 기본적으로 어떤 나무 종류라도 같다.

여기서는 복숭아나무의 새가지를 사용한 깎기접과 배나무의 새가지를 사용한 눈접을 소개한다. 부름켜를 서로 밀착시키는 것이 포인트이다. 또한 표피를 깎을 때는 잘 드는 나이프나 커터칼을 준비한다.

깎기접

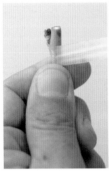

❶ **접수를 만든다** 접수를 만들 때는 튼튼한 부분을 선택한다. 잎을 모두 제거한 다음 눈 위에서 가지를 잘라 광분해 파라필름으로 감는다. 눈 부분은 감지 않는다. 위쪽의 절단면에도 반드시 테이프를 감아준다.

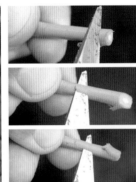

부름켜

부름켜

❷ **바탕나무를 준비한다** 바탕나무를 접붙일 위치에서 자른다. 한쪽 가장자리를 밑에서 위로 깎은 다음, 나이프로 표피를 따라 부름켜가 드러나도록 칼집을 낸다.

❸ **부름켜가 드러나게 한다** 접수는 밑부분을 비스듬히 자르고 양면을 깎아서 3면의 부름켜가 드러나게 한다

❹ **부름켜를 서로 밀착시킨다** 접수에는 눈이 1~2개만 있으면 된다. 접수와 바탕나무의 부름켜를 서로 밀착시키고 광분해 파라필름을 당기면서 감아 고정시킨다. 마르지 않도록 바탕나무의 절단면에도 테이프를 감아준다. 여름에는 2주 정도 지나면 눈이 나온다. 테이프는 6개월 정도면 풍화한다. ※ 새가지 등 가는 가지를 접붙일 때는 테이프를 15㎜ 폭으로 잘라서 사용하면 작업하기 편하다.

눈접

튼튼한 가지를 골라서 잎을 제거한다.

부름켜

① **접눈을 만든다** 눈의 약 2cm 위부터 깎기 시작해서, 눈 아래 2cm 정도에서 나이프를 비스듬히 기울여서 잘라낸다.

② **바탕나무 표피를 깎는다** 접눈보다 조금 길게 바탕나무의 표피를 깎아 부름켜가 드러나게 하고, 깎은 표피의 일부를 남기고 잘라낸다.

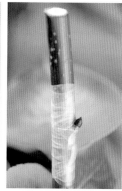

③ **부름켜를 서로 밀착시킨다** 남긴 표피에 접눈을 끼워 부름켜를 서로 밀착시킨다. 접붙인 부분 전체에 테이프를 감으면 완성. 접붙이는 위치는 마디 사이가 긴 부분을 선택한다. 눈 위쪽의 가지를 남겨두는 것은 부드러운 새눈이 바람에 꺾이는 것을 막기 위해서이다.

접붙이기의 즐거움

접붙이기를 이용하면 생울타리를 만들거나(p.90 버즘나무 울타리 참조), 1그루의 나무에 다른 종류의 열매가 열리게(p.144 감귤류 참조) 하는 것도 가능하다.

접붙이기에 필요한 기본 작업을 마스터하고 직접 도전해 보자.

버즘나무로 만든 생울타리. 접붙이기 방법을 응용해서 만들었다.

휘묻이의 기술

휘묻이의 장단점

휘묻이는 어미나무의 가지나 줄기의 일부에 상처를 내 뿌리를 내리게 하고, 그 부분을 잘라 새로운 개체를 만드는 영양번식 방법의 하나이다. 휘묻이의 장점과 단점은 다음과 같다.

❶ 간단하게 번식시킬 수 있다. 뿌리가 붙어 있는 살아 있는 어미나무의 일부에서 뿌리를 내리게 해 자르는 방법이므로, 실패하는 일이 거의 없다. 뿌리를 내린 뒤에 잘라서 심으면, 잎이 붙어 있으므로 양분을 흡수하는 훌륭한 개체가 된다.

❷ 꺾꽂이나 접붙이기로는 힘들어도 휘묻이로는 쉽게 번식하는 식물도 있다.

❸ 휘묻이한 뒤에 바로 다 자란 나무를 감상할 수 있다. 꺾꽂이나 접붙이기에서는 어린 가지를 주로 사용하지만, 휘묻이는 상당히 세월이 지난 굵은 부분에서 뿌리를 내리게 하는 것도 가능하다. 가지의 모양이 보기 좋은 부분을 휘묻이하면 바로 감상할 수 있다. 꽃이나 열매도 단기간에 즐길 수 있다.

❹ 아랫부분의 가지가 없어져서 보기 안 좋은 나무나 너무 크게 자란 나무 등은, 윗부분을 휘묻이해서 새로운 개체를 번식시키면서 동시에 어미나무의 나무 모양도 정리할 수 있다.

단점은 한 번에 많이 번식시키는 것은 불가능하다는 것이다. 휘묻이는 어미나무의 일부를 잘라내 독립된 개체를 만드는 것이므로, 꺾꽂이처럼 1그루의 어미나무로 많은 양을 번식시킬 수 없다.

휘묻이 방법

나무껍질의 일부에 상처를 내 잎에서 만든 탄수화물을 차단하여 뿌리를 내리게 하는 것이 휘묻이이다. 휘묻이는 작업하는 위치에 따라 다음과 같이 구분한다.

고취법(높이떼기) 가지 중간의 표피를 벗겨 그 부분을 젖은 물이끼를 감싸고 비닐로 싸서 뿌리를 내리게 한다. 표피를 벗기는 방법은 가지나 줄기의 표피를 1바퀴 돌려서 벗겨내는 환상박피와, 둥글게 박피하지 않고 혀모양

휘묻이의 종류

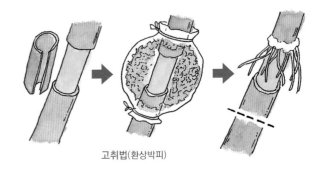

고취법(환상박피)

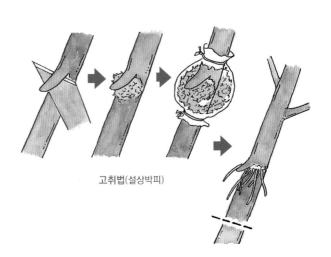

고취법(설상박피)

으로 표피를 벗기는 설상박피가 있다. 두 방법 모두 안쪽의 물관부가 드러날 때까지 표피를 벗기는 것이 포인트이다. 물이끼 대신 박피한 부분을 비닐 포트 등으로 감싸고, 그 안에 적옥토를 넣는 방법도 있다.

곡취법 어린 가지나 움돋이를 땅속으로 유도해서 뿌리를 내리게 하는 방법. 휘묻이할 부분은 표피를 벗기거나 철사를 강하게 감아서 양분을 차단한다.

성토법 다간형으로 자라거나 움돋이가 자란 나무 등은 밑동 가까이에 흙을 덮어주고 뿌리를 내리면 파낸다. 뿌리내리기 좋게 환상박피하거나 철사로 강하게 감아두면 효과적이다.

고무나무 종류(반들고무나무, 벤자민고무나무), 홍콩야자 등은 쉽게 휘묻이를 할 수 있다.

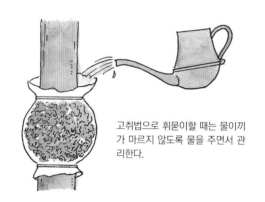

고취법으로 휘묻이할 때는 물이끼가 마르지 않도록 물을 주면서 관리한다.

휘묻이 사후관리

물이끼가 마르지 않도록 어미나무에 물을 주고, 휘묻이한 부분을 감싸둔 물이끼에도 물을 준다. 비닐 너머에서 물이끼 밖으로 뿌리가 10개 정도 나온 것이 보이면 어미나무에서 잘라낸다.

잘라낸 다음 뿌리가 상하지 않도록 주의해서 물이끼를 제거한다. 양동이에 물을 담아 1~2시간 정도 담가둔 다음 진행하면 쉽게 제거된다. 물이 잘 빠지고 수분보유력이 좋은 용토에 심고, 바람 등에 의해 나무가 흔들리지 않도록 끈으로 화분에 고정한다. 물을 많이 주고 1주일 정도는 밝은 그늘에 둔 다음 서서히 햇빛을 받게 한다.

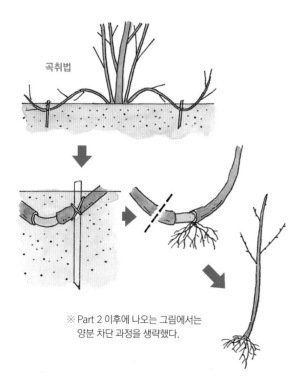

곡취법

※ Part 2 이후에 나오는 그림에서는 양분 차단 과정을 생략했다.

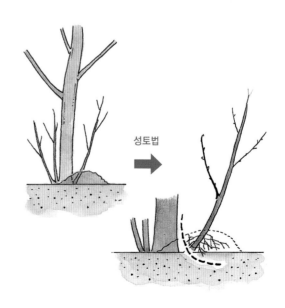

성토법

휘묻이 순서

여기서는 고무나무를 환상박피해서 고취법으로 휘묻이(아래 사진)하는 방법과 참빗살나무를 곡취법(p.33 그림)으로 휘묻이하는 방법을 소개한다. 성토법은 무화과나무(p.150)를 참조한다.

고무나무(무늬종)의 고취법

❶ 뿌리를 내릴 부분에 물관부에 닿을 정도로 칼집을 내고, 2~3㎝ 폭으로 동그랗게 박피한다.

❷ 박피한 상태. 물관부가 보인다.　❸ 미리 물에 담가 적셔놓은 물이끼로 드러난 물관부를 감싼다.

❹ 마르지 않도록 비닐로 물이끼를 싼다.　❺ 비닐 위에 끈을 둘러 고정시킨다.　❻ 마무리로 끈을 묶는다. 뿌리를 내린 모습은 p.181 참조.

참빗살나무의 곡취법

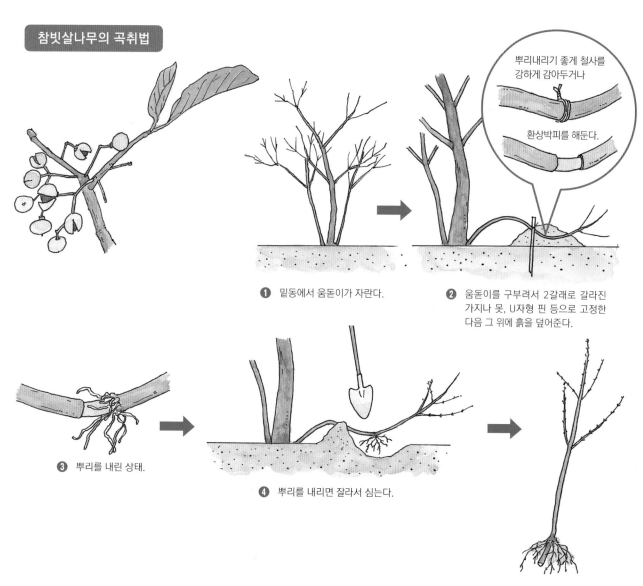

뿌리내리기 좋게 철사를 강하게 감아두거나

환상박피를 해둔다.

❶ 밑동에서 움돋이가 자란다.

❷ 움돋이를 구부려서 2갈래로 갈라진 가지나 못, U자형 핀 등으로 고정한 다음 그 위에 흙을 덮어준다.

❸ 뿌리를 내린 상태.

❹ 뿌리를 내리면 잘라서 심는다.

무화과나무의 성토법

무화과나무는 밑동에서 줄기와 가지가 나온다. 그곳에 흙을 덮어두면 뿌리를 내리므로 파내서 심는다.

포기나누기의 기술

실패하지 않는 가장 간단한 번식방법

뿌리에서 많은 가지가 자라는 다간형 나무나 어미포기 주변에 많은 어린포기가 있는 여러해살이풀(숙근초) 등은 포기를 뿌리째 나눠서 번식시킬 수 있다. 처음부터 뿌리가 있으므로 실패할 걱정이 없다. 누구라도 가능한 가장 간단한 번식방법이다.

나무의 포기나누기 방법과 시기

포기나누기를 하는 시기는 나무 종류에 따라 조금 차이가 있는데 늘푸른나무는 새눈이 자라기 전인 3~4월이나 장마철에 하고, 갈잎나무는 혹한기를 제외하고 잎이 지는 11월부터 새눈이 자라는 3월경에 한다.

큰 포기일 경우에는 주위의 흙을 어느 정도 파내서 뿌리를 드러내고, 삽이나 톱으로 어미포기에서 잘라낸다.

어미포기는 그대로 다시 심고, 잘라낸 포기는 새로운 장소에 심는다.

작은 포기일 경우에는 포기 전체를 파내 흙을 최대한 털어내고 손으로 떼어내거나, 가위로 뿌리가 상하지 않도록 잘라낸다.

포기나누기는 너무 작게 나누지 않는 것이 좋다. 지나치게 작게 나누면 나무가 자라는 데 시간이 걸린다.

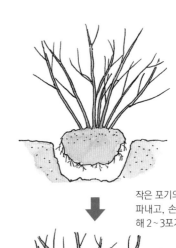

작은 포기의 경우에는 전체를 파내고, 손이나 가위를 이용해 2~3포기로 나눈다.

나무의 포기나누기

큰 포기는 주위의 흙을 파내고 삽 등으로 잘라낸다.

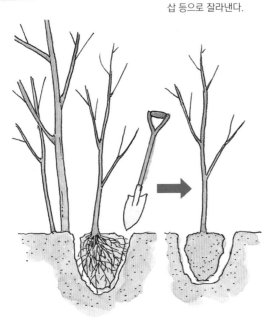

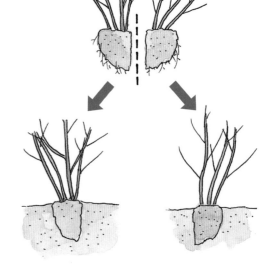

여러해살이풀의 포기나누기 방법과 시기

여러해살이풀은 포기나누기로 수를 늘리면서 어미포기의 생장도 촉진시킨다. 오랜 기간 같은 곳에서 자라면 포기가 늘어나 빽빽해지므로, 안쪽까지 햇빛이 닿지 않고 바람이 안 통해서 짓무르거나 꽃도 잘 피지 않는다. 3년에 1번 정도는 옮겨심기와 포기나누기를 해야 한다.

일반적으로 포기나누기 시기는 여름~가을에 꽃이 피는 것은 새눈이 보이기 시작하는 3월경에 하고, 다음해 봄~초여름에 꽃이 피는 것은 9~10월에 포기나누기를 해서, 추워지기 전에 확실히 뿌리를 내리게 한다.

관엽식물의 포기나누기 방법과 시기

관엽식물이나 서양란, 분화식물 등도 포기나누기로 번식시키면서 어미포기의 생장을 촉진시킨다. 화분이라는 제한된 환경에서 자리기 때문에, 2~3년만 지나면 포기가 커지고 뿌리도 화분을 가득 채울 정도로 자란다. 뿌리가 꽉 차면 공기가 통하지 않고 물도 잘 안 빠져서 포기가 약해진다. 포기나누기를 하면 화분 안에 뿌리가 자랄 여유가 생겨서 포기가 잘 자라고, 동시에 새로운 포기도 늘릴 수 있다.

여러해살이풀의 포기나누기

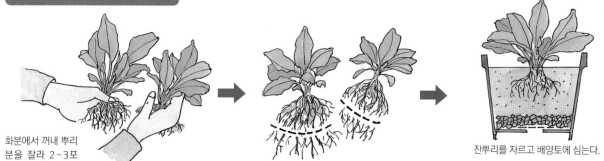

화분에서 꺼내 뿌리분을 잘라 2~3포기로 나눈다.

잔뿌리를 자르고 배양토에 심는다.

관엽식물의 포기나누기

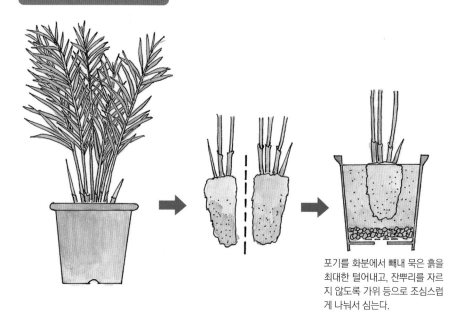

포기를 화분에서 빼내 묵은 흙을 최대한 털어내고, 잔뿌리를 자르지 않도록 가위 등으로 조심스럽게 나눠서 심는다.

금접
다육식물인 칼랑코에의 한 종류. 잎 주변에 어린눈이 많이 생긴다. 어린눈을 떼어내 적옥토나 부엽토를 섞은 혼합용토에 심고, 해가 잘 들고 따뜻한 곳에서 관리하면 칼랑코에를 닮은 귀여운 꽃이 핀다.

종자번식의 기술

종자번식의 장점

보통 종자번식은 씨앗에서 싹이 나와 자라는 것을 말한다. 산과 들에서 자라는 식물은 대부분 씨앗에서 나온 것이다. 원예에서는 씨앗을 뿌려 번식시키는 것을 종자번식이라고 한다. 종자번식의 장점은 다음과 같다.

❶ 가장 좋은 점은 한 번에 많은 묘목을 번식시킬 수 있다는 것이다. 종자번식은 자연계에서 일반적으로 이루어지는 일이므로, 특별한 기술이 필요하지 않고 누구라도 간단하게 할 수 있다. 접붙이기용 바탕나무를 번식시킬 때도 좋다.

❷ 종자번식을 하면 싹이 틀 때부터 그 환경에서 자라기 때문에, 잘 적응해서 튼튼하게 자란다.

❸ 유전적으로 여러 종류가 섞여 있으므로, 종자번식을 하면 어미의 형질이 자식에게 그대로 전달되지 않는다. 그래서 다양한 형질을 가진 나무가 태어나는 것도 종자번식의 매력 중 하나이다. 잘 관찰해서 개성적인 형질을 가진 묘목을 선별하는 즐거움이 있다.

씨앗의 채취와 보관방법

씨앗은 열매가 익은 뒤에 채취하는 것이 일반적이지만, 완전이 익어버리면 휴면상태에 빠지는 경우가 있다. 그래서 완숙 직전에 채취해야 발아율이 높아진다. 가을에 익은 씨앗을 채취해서 바로 뿌리는 것(채파)이 가장 좋지만, 겨울에 관리하기 어렵다면 다음해 봄까지 보관한다.

씨앗 보관방법

액과의 씨앗. 과육을 으깨서 씨앗을 빼낸다.

껍질이나 과육에 발아억제물질이 함유되어 있으므로, 물에 잘 씻어서 껍질과 과육을 제거한다.

바로 뿌리지 않는 경우에는, 마르지 않도록 비닐봉지 등에 담아 냉장보관한다.

건과의 씨앗.

씨앗을 빼낸 다음 종이봉투 등에 넣고, 습기가 차지 않도록 밀폐용기 등에 보관한다.

씨앗은 수분이 많은 액과 씨앗과 수분이 없는 건과 씨앗으로 나눌 수 있다. 과육에 싸여 있는 액과 씨앗은 과육이나 껍질에 발아를 억제하는 물질이 포함되어 있으므로, 채취한 뒤 과육을 으깨고 물에 잘 씻어서 과육을 깨끗하게 제거해야 한다. 그런 다음 마르지 않도록 작은 비닐봉지에 넣고 다음해 봄에 씨뿌리기에 적합한 시기가 될 때까지 냉장고 등에 보관한다.

또는 과육이 있는 채로 그물망에 넣어 정원 구석에 묻어두어도 좋다. 봄에 씨뿌리기에 좋은 시기가 되면 흙속에서 과육이 썩어 없어지기 때문에, 물에 씻어서 그대로 뿌릴 수 있다. 잊지 않도록 그물망 입구가 땅 위로 보이게 묻고, 네임픽 등으로 표시해둔다.

건과의 씨앗은 습기가 차지 않도록 종이봉투 등에 넣어 그늘지고 서늘한 곳이나 냉장고에서 봄이 올 때까지 보관한다.

액과인 멀꿀 열매 속에 씨앗이 줄지어 있다.

씨앗 뿌리는 방법과 시기

자연계에서 자라는 식물은 씨앗이 성숙하면 땅에 떨어진다. 그리고 싹이 트기 위한 온도, 물, 공기의 3가지 조건이 맞으면 뿌리를 내리고 싹을 틔운다. 따라서 가을에 성숙한 씨앗은 바로 뿌리는 것이 자연스러운 방법이다. 단, 겨울에 추위로 인한 피해가 우려되는 경우에는, 씨앗이 마르지 않게 잘 보관한 뒤 다음해 3월경에 뿌린다.

모판(파종상)은 씨앗이 많을 때는 정원 구석 등에 흙을 쌓고 그곳에 뿌리지만, 씨앗이 적을 때나 베란다에서 재배하는 경우에는 화분이나 플라스틱 육묘상자 등을 이용한다.

용토는 수분보유력이 있는 깨끗한 것이면 가능하다.

뿌리는 방법은 씨앗의 크기에 따라 흩뿌림(산파), 줄뿌림(조파), 점뿌림(점파) 등이 있다.

씨앗 뿌리기

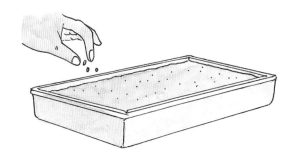

흩뿌림 작은 씨앗을 뿌릴 때 적합한 방법이다. 종이 위에 올려서 뿌려도 좋다.

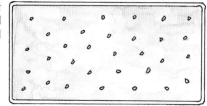

줄뿌림 일정한 간격으로 줄을 이루도록 홈을 만들어서 뿌리는 방법이다. 중간 크기 정도의 씨앗을 뿌릴 때 적합하다.

점뿌림 큰 씨앗은 3알 정도씩 모아서 심는다.

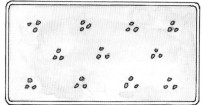

종자번식 사후관리

씨앗을 뿌린 뒤에는 밝은 그늘에 두고 용토가 마르지 않
게 관리한다. 싹이 튼 뒤에는 서서히 햇빛을 받게 해서
적응시키고 빽빽해지면 적당히 솎아낸다.

　생육상태에 따라 다르지만 일반적으로는 8월 하순
~9월 초순에 옅은 액체비료를 준다.

　옮겨심기는 다음해 봄, 새싹이 자라기 전에 한다. 옮
겨 심을 때는 곁뿌리가 나와 뿌리를 잘 내리도록 곧은뿌
리를 짧게 자른다.

　생장이 빠른 것과 늦은 것이 있기 때문에 옮겨심기에
적합한 시기가 다른 경우도 있으므로, 정확한 시기는
Part 2부터 나오는 개별적인 재배방법을 참조한다.

사후관리

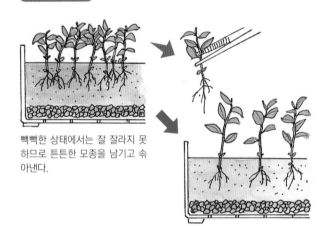

빽빽한 상태에서는 잘 잘라지 못
하므로 튼튼한 모종을 남기고 솎
아낸다.

옮겨심기는 다음해 봄에 한다.

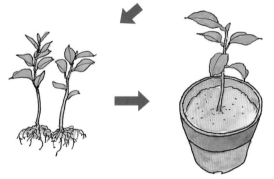

곧은뿌리가 길게 자란 것은 적당한 길이로 자른 다음 옮겨 심는다.

교배로 새로운 품종을 만든다

다른 종류의 암수 2개체를 인공적으로 꽃가루받이시키
는 것을 교배라고 한다. 형질이 다른 개체를 인공적으로
교배하여 만든 씨앗으로 종자번식을 시키면, 새로운 형
질을 가진 개체가 탄생한다. 교배는 부모보다 뛰어난 형
질을 가진 품종을 만들기 위해 하는 것이다(p.40 「종자번
식의 즐거움」 참조).

선인장의 교배

❶ 로비비아속의 교배종. 여기에 다른 교배종을 섞어서 좀 더 진화한
　개체를 만든다.

꽃의 중심부를 확대한 사진. 중앙에 있는 붉고 굵은 것이 암술로, 그 주
위에 꽃가루를 가진 수술이 있다. 교배에 이용하는 꽃은 곤충에 의해
꽃가루받이가 이루어지지 않도록 주의한다.

❷ 교배할 에키놉시스속 교배종의 꽃.

❸ 탈지면이나 휴지에 꽃가루를 묻힌다.

❹ 암술에 꽃가루를 묻힌 휴지를 접촉시킨다.

❺ 이번 어미나무는 교배한지 오래되지는 않았지만, 접붙이기로 개화시기를 앞당겼다.

❻ 꽃가루받이가 제대로 이루어지면 이런 모양으로 열매를 맺는다(사진은 다른 교배에 의한 열매).

❼ 씨앗이 숙성된 상태와 씨앗의 확대사진.

❽ 씨를 뿌린 뒤 흙을 덮지 않고 저면관수로 물을 흡수시킨다. 유리 너머로 밝은 햇빛(투과광)을 받게 하면, 여름에는 2주 정도 뒤에 대부분 싹이 튼다.

❾ 1번째 옮겨심기를 마친 씨모(p.42 참조).

종자번식의 즐거움

오랫동안 농업고등학교에서 일해왔고 지금도 군마현 마에바시시의 농원에서 새로운 품종을 만들고 있는, 이 책의 감수자 야바타가 들려주는 종자번식의 즐거움과 매력에 대한 이야기이다.

동백

정원에 여러 종류의 동백나무가 자라고 있었다. 해마다 아름다운 꽃을 피우고 가을에는 많은 열매를 맺었다. 씨앗을 뿌렸더니 4~5년이 지나 잎혀질 때쯤, 정원에 있는 동백

동백꽃

나무와는 다른 꽃이 피었다. 심지어 어떤 꽃보다도 아름다웠다.
「신품종이다!」
즉시 동백나무 품종에 대해 잘 아는 사람한테 이야기하자, 꽃을 본 사람은 이렇게 말했다. 「분명 좋은 꽃이네요. 세상에 하나밖에 없는 당신만의 품종입니다. 하지만 이 품종이 모든 사람한테 새로운 품종으로 인정받으려면, 기존의 많은 품종과 비교할 필요가 있습니다.」
그 뒤로 그는 동백나무 도감을 열심히 연구하고, 개화기에는 각지의 식물원을 방문해서 동백나무를 키우는 많은 사람들에게 동백나무 재배에 대한 지식과 기술을 배웠다. 1알의 씨앗이 그를 심오한 동백나무세계로 이끌어 새로운 동백나무 육종가로 성장하게 한 것이다. 흔히 듣는 육종가가 된 계기에 대한 이야기이다.
일본에서는 에도시대에 동백나무의 품종개량이 이루어져 다양한 우량품종이 만들어졌는데, 유럽과 미국에서도 우수한 신품종으로서 품종 만들기에 이용되고 있다.
유럽과 미국에는 많은 카멜리아(동백나무) 협회가 있으며, 주부들을 중심으로 한 아마추어 육종가들이 취미와 실리를 모두 추구하는 품종개량을 즐기고 있다.
유럽과 미국에서 온 서양종 동백과 일본 동백의 교배도 다양하게 이루어지고 있다.
또한 아시아 각지에서 원종 동백이 도입되어, 동백나무 품종 만들기는 더욱 활발해지고 있다.

장미

장미는 가장 친근한 꽃 중 하나이다. 재배하는 장미에 열매가 달리면 그 씨앗을 뿌려보자. 봄에 뿌리면 가을까지는 꽃을 피운다. 처음에는 나무가 미숙해서 꽃도 원래의 특성

장미꽃

이 나타나지 않지만 2년, 3년 계속 재배하는 사이에 나무가 튼튼해지면서 원래 모습을 찾아간다. 새로 핀 장미꽃은 어떨까. 모든 면에서 부모를 뛰어넘는 품종은 그렇게 간단하게 나오지 않는다. 그러나 설령 부모만큼 완벽하지는 않아도 새로운 특징이 없는지 마음에 드는 점을 찾아보자. 당신의 품종이니까.
어떤 농업고에서는 수업 중에 장미 품종을 만드는 작업을 한다. 2학년 때 화단의 장미를 교배시키는 것이다. 각자 꽃을 선택해 교배시키면서 내년에 개화할 자신의 꽃을 생각하며 가슴 설렌다. 3학년이 되고 봄이 오면 장미 싹이 커진다. 빨리 자라서 꽃을 피웠으면 하는 마음에 매일 학교 가는 것이 즐겁다. 드디어 기다리고 기다리던 장미가 피면, 친구들끼리 서로 꽃을 보여주며 자랑한다. 누구나 자신의 꽃이 가장 예쁘다며 자화자찬하기 바쁘다. 알맞게 핀 상태에서 집으로 가져가 이번에는 가족들에게 보여준다. 「이게 내가 만든 세상에 하나뿐인 장미야. 멋지지?」
훌륭한 교육이 아닐 수 없다.

국화

이번에도 농업고 학생의 이야기이다. 나가노현 국화재배농가에서 태어난 그는 「홈 프로젝트」라는 과목에 쓸만한 교재를 찾느라 고민에 빠졌다. 무심코 마당 앞쪽에 있는 국화밭을 보니 국화한 포기에 씨앗이 붙어있었다. 이를 본 그는 프로젝트 테마로 국화 씨앗 재배를 선택했다. 이때 그가 씨앗으로 번식시킨 국화 모종에서 지금까지 없었던 뛰어난 형질을 가진 개체가 나왔고, 「천수」라는 이름을 붙였다. 천수는 그 후 노란색 국화의 걸작으로 인정받고 전국에 보급되었다.

국화는 일본의 중요한 꽃꽂이용 꽃(절화)이기 때문에 전국의 시험기관이나 재배농가가 품종 만들기에 뛰어들어, 해마다 상당량의 종자번식이 이루어진다. 당연히 천수를 뛰어넘는 품종을 만들기 위해 열심히 노력하고 있다. 그러나 천수는 30년 이상 노란색 국화의 왕으로 군림하고 있다.

그가 신품종을 만들기 위해 종자번식을 시도한 것은 아니다. 그런데 드물지만 이처럼 우연히 우수한 품종이 나타나기도 한다. 이것도 종자번식의 즐거움이다.

시라네아오이

시라네아오이꽃

시라네아오이(일본의 야생화, 글라우키디움 팔마툼)는 군마현과 니가타현의 경계(조에쓰 국경)에 위치한 여러 산에 자생하고 있다. 예전에 지인으로부터 이 꽃을 1포기 받은 적이 있었는데, 마에바시시의 여름 더위를 이겨내지 못하고 몇 년만에 죽어 버렸다. 「씨앗부터 재배하지 않고 포기를 옮겨 심으면 버티지 못한다」라는 것은 품종 만들기에 대한 지식이 있는 사람이라면 누구나 아는 이야기다. 그러나 이를 실행에 옮기는 사람은 그리 많지 않다. 나 역시 그중 한 사람이었다.

표고 300m 부근에 위치한 마을에 있는 지인의 집에서 이 꽃이 잘 번식한 것을 보고 그 씨앗을 받아 왔다. 조금이라도 표고가 낮은 곳에서 채취한 씨앗이, 우리집 환경에 적응하기 쉬울 것이라고 생각했기 때문이다.

상자에 씨를 뿌리고 3년, 싹이 튼튼하게 자라 무성해져서 정원에 옮겨 심었다. 순조롭게 잘 자라 2년이 지나자 많은 포기에서 꽃이 폈다. 아무래도 자생지에서 보는 것처럼 꽃 색깔이 선명하지는 않지만, 튼튼하게 자라는 것만으로도 만족하고 있다.

그해 가을에 씨앗을 채취해 종자번식을 시켰으니 이제 싹이 트고 개화할 때까지 다시 5년의 세월이 필요하겠지만, 그때야말로 진정한 의미에서 우리집 환경에 적응한 시라네아오이가 탄생하는 것이다. 종자번식의 즐거움에는 기다림도 포함된다.

사과

환경순화면에서 눈여겨 보는 것은 사과나무이다. 일본에서 사과 주산지는 동북지방의 각 현이나 나가노현이다. 군마현에서도 도네, 누마타 지역이 사과로 유명하다. 군마현에서는 지금까지 다른 주요산지에서 육성된 품종을 재배했지만, 누마타시에 있는 현원예시험장북부시험지가 종자번식으로 도네, 누마타 지역에 적합한 오리지널 품종을 선발육종했다. 「양광」, 「군마명월」, 「슬림레드」 등이다. 다른 곳에서 도입된 품종이 아니라 이 지역에서 씨앗으로 번식시켜 재배했다는 것에 큰 의미가 있고, 그런 만큼 지역에 적합해서 재배하기 쉬운 품종이다.

우리집 미니과수원에서도 이 품종을 재배하는데, 품종을 만든 장소는 표고 450m의 누마타시로 표고100m의 마에바시시가 아니다. 같은 현 내에서 개량된 품종이라도 역시 마에바시시 남부에 적합한 품종은 마에바시시 남부에서 자란 씨모 중에서 선발해야 한다. 시라네아오이와 같은 경우이다.

당시 시험장에서 사과 품종 만들기를 주도한 N은 이미 퇴직했지만, N에게 마에바시시 남부의 품종 만들기에 대해 이야기한 적이 있다. 그는 「양광이나 군마명월의 신품종은 골든·딜리셔스이지만, 다시 골든의 씨모로 시작할 필요는 없습니다. 명월 등의 씨모로 시작하는 것이 좋습니다」라는 이야기를 했다.

나 역시 그렇게 생각한다. 품종 만들기의 장점은 우수한 품종을 토대로 그 형질을 더욱 발전시킬 수 있다는 것이다. 품종 만들기는 계속 이어진다.

왜성 바탕나무에 접붙인 「군마명월」.

선인장

선인장은 추위에 약해서 온실이 아니면 재배할 수 없다고 생각하는 경우가 많다. 분명 많은 품종이 추위에 약하지만 일부 선인장은 집밖에서도 충분히 겨울을 날 수 있다. 마에바시시 남부에 위치한 우리 농원은 최근 온난화의 영향으로 옛날처럼 춥지는 않지만, 그래도 1년에 몇 번은 눈이 오고 영하 5~6℃까지 기온이 내려간다.

이런 조건에서 선인장을 채소처럼 직접 밭에 심어 월동시험을 하고 있다. 그리고 살아남은 개체끼리 교배시켜 씨앗을 채취해 종자번식을 시킨다. 이는 내한성을 가진 품종을 선별하는 선발작업인데, 내한성 외에도 몇 가지 목표가 있다.

예를 들면 가시가 전혀 없거나 매우 짧아서 만져도 안전할 것, 꽃 색깔이 풍부하며 화려하고 꽃자루(화경)가 짧을 것, 개화기가 길어 봄부터 가을까지 계속 꽃이 필 것 등이다.

지금까지 선발된 어미포기끼리 교배시켜 씨앗을 채취하고 씨모를 재배하고 있지만, 어떤 꽃이 필지는 아무도 모른다는 것이 종자번식의 가장 큰 매력이다(교배방법은 p.38 참조).

협죽도

여름에는 의외로 꽃이 피는 꽃나무가 적다. 그런 가운데 배롱나무, 능소화, 무궁화, 협죽도가 여름을 장식한다.

협죽도는 겹꽃, 반겹꽃, 홑꽃이 있다. 겹꽃은 핑크색인데 가끔 오렌지색도 보인다. 또한 핑크색 품종 중에는 잎에 무늬가 있는 것도 있다.

반겹꽃 품종은 꽃 색깔이 옅은 크림색으로 별로 선명하지는 않다. 홑꽃의 색깔은 진한 빨강, 진한 핑크, 핑크, 옅은 핑크, 복숭아색, 흰색 등으로 다양하다.

홑꽃 품종은 모두 많은 열매를 맺으며 그 안에는 무수히 많은 씨앗이 들어 있다. 늦가을에 무르익은 열매 껍질이 갈라지므로 이때가 씨앗을 채취할 때이다. 종이봉투에 넣어 보관하고 봄이 오면 뿌린다. 2~3년이면 꽃이 피는데, 모두 어미와 같은 색의 꽃이 핀다. 나의 경우에는 수도 적을 뿐 아니라 특별한 것이 없어서 기대에 미치지 못했다.

겹꽃 품종의 씨앗은 찾기 힘들지만 잘 살펴보면 찾을 수도 있다. 묘목을 20그루 정도 재배하는데 그중에서 왜성종을 1그루 발견했다. 협죽도 왜성종은 품종 만들기의 목표였기 때문에 매우 기

쁜 마음으로 개화를 기다렸는데, 모든 꽃이 기형이어서 꽃 자체는 관상 가치가 없었다. 교배용으로 사용할 수 있을지도 모른다는 생각에 지금도 보존하고 있지만, 꽃가루가 나오지 않아 교배시킬 방법이 없다.

협죽도의 종자번식에서 가장 바라는 것은 선명한 노란색 꽃의 탄생이다. 현재 있는 옅은 크림색은 반겹꽃이어서 씨앗이 쉽게 맺히지 않는다. 게다가 개체 수가 적어 열매를 찾기 힘들었는데, 포기하지 않고 계속 찾아다닌 결과 올해 간신히 발견했다. 게다가 기쁘게도 겹꽃에 무늬가 있는 것도 발견되었다. 과연 어떤 결과가 나올지 벌써부터 가슴이 두근거린다.

어느 정도 예측을 하고 씨앗을 뿌려서 결과를 보는 것도 종자번식의 즐거움이지만, 고생해서 씨앗을 손에 넣는 과정도 즐거운 일이다.

무늬가 있는 협죽도 잎.

금귤

금귤의 열매.

마에바시시 남부의 기온은 사과를 재배하기에는 너무 높고, 귤을 재배하기에는 너무 낮다. 맛있어 보이는 노란색 귤과 금귤이 달린 화분을 구해서 정원에 심으면, 다음해부터는 껍질이 두껍고 신맛이 강하며 색이 안 좋은 열매가 열린다.

최근에는 지구온난화의 영향인지 군마에서도「귤껍질이 얇아지고 단맛이 증가했다. 부드러운 노란색 금귤이 보이기 시작했다」라는 이야기를 듣곤 한다. 그렇다 해도 산지의 귤이나 금귤과는 비교가 되지 않는다. 역시 이 지역에서 씨를 뿌려 재배한 씨모에서 선발할 수 밖에 없다. 몇 년 전 씨를 뿌려 재배한 씨모 11그루에 열매가 달렸지만, 기대한 정도의 성과는 아니었다. 지금은 더 큰 금귤의 씨앗을 뿌리고 재도전하고 있다.

몇 그루의 나무와 몇 번의 시도로 결과가 나올 정도로 만만한 세계가 아니다. 한두 번의 실패로 포기하지 않고 끈기 있게 도전해야 종자번식의 즐거움도 맛볼 수 있다.

으름덩굴 · 멀꿀

최근 금귤, 석류, 비파 등의 씨 없는 품종이 화제이다.

마찬가지로 품종 만들기에 빠져있는 지인은 으름덩굴이 맛있다고 하고 나는 멀꿀이 맛있다고 하면서 서로 자신의 의견을 고집하는데, 그래도 어느 쪽이든 씨앗이 없는 것이 좋다는 점에서는 의견이 일치했다. 그래서 그는 씨 없는 으름덩굴을, 나는 씨 없는 멀꿀을 만들어보기로 했다.

씨앗이 없는 품종을 만드는 데는 몇 가지 방법이 있는데, 정통적인 방법인 콜히친을 사용하기로 했다. 가을에 채취한 씨앗을 봄에 뿌리고 싹이 튼 것을 콜히친액에 담그는 방법으로, 먼저 4배체를 만든다. 그렇게 만든 4배체를 2배체와 교배하여 3배체를 만드는 것이다.

이 3배체에는 미세한 씨앗이 있지만 먹는 데 방해가 되지는 않는다. 이처럼 작업 자체는 어렵지 않지만 결과가 나올 때까지는 여러 가지 어려움과 실패가 따른다. 그렇지만 무엇이든 도전해야 이룰 수 있다. 종자번식을 통해 도전을 즐겨보자.

멀꿀의 씨모.

팔손이

팔손이는 일본 어디에서나 쉽게 볼 수 있는 나무이다. 일부러 묘목을 구입하지 않아도 어느새 커다랗게 자라 자리를 차지하곤 한다. 그런데 이처럼 양지든 그늘이든 튼튼하게 자라고 1년 내내 녹색 잎을 볼 수 있지만, 별로 관심을 받지 못하는 정원수이다. 변화가 적은 것도 인기가 없는 이유 중 하나일 것이다.

팔손이 중에는 무늬가 있는 품종이 몇 가지 있다. 가장 흔한 것이 흰 무늬가 있는 무늬팔손이이다. 이 무늬팔손이에서 가지변이가 일어난 품종이 「무라쿠모니시키」 품종인데 이것은 드물어서 보기 힘들다.

또 다른 품종은 「스파이더스 웹(산반무늬)」이라는 품종이다. 무늬종으로 고정된 품종으로 종자번식을 하면 무늬가 나온다. 어릴 때는 흰색과 녹색의 화려한 무늬가 있지만, 자라면서 수수한 무늬로 변한다.

이들을 교배시켜 더 다양한 품종을 만들어, 소박한 팔손이가 주목받을 수 있게 만드는 것이 나만의 목표이다. 무늬의 변화와 함께 무늬 왜성종도 만들고 싶다. 그러려면 다양한 조합으로 씨앗을 채취하고, 최대한 많은 씨모에서 선발하는 것 외에는 방법이 없다.

무늬가 있는 팔손이 품종.

팻츠헤데라

내한성이 강하고 그늘에서도 잘 자란다는 이유로 팔손이는 일본보다 유럽에서 높은 평가를 받으며 인기도 많다.

1910년 프랑스의 리제 형제는 팔손이의 종자번식 원예품종인 모세리(팔손이속)와 헤데라 헬릭스(아이비)를 교배시켜서 속간잡종인 팻츠헤데라(Fatshedera)를 만들었다. 일본의 경우 1957년에 팻츠헤데라 무늬종이 도입되었는데, 일본에서는 팻츠헤데라를 하토스라고 부른다.

여기서 중요한 것은 약 100년 전에 팔손이의 품종개량이 있었다는 사실이다.

개량된 장소가 원산지이지만 인기가 없는 일본이 아니라, 프랑스라는 사실은 이해할 수 있다. 그런데 종자번식 원예품종에 헤데라를 교배시켜 속간잡종을 만들었다는 점에 대해서는 놀라지 않을 수 없다.

또한 궁금한 점도 많다. 리제 형제가 만든 팔손이의 원예품종인 모세리는 지금도 프랑스에 남아 있는지, 일본에는 도입되었는지, 도입되었다면 어딘가에 지금도 존재하는지 알고 싶다.

리제 형제는 팔손이와 아이비의 속간교배를 시도했지만, 아이비 외에도 다른 두릅나무과 식물과의 속간교배도 함께 병행했을 것으로 짐작된다. 그렇다면 그 결과는 어땠을까. 속간교배는 성공 확률이 매우 낮기 때문에, 아마도 많은 우연이 겹쳐서 유일하게 탄생한 것이 팻츠헤데라였을 것이다.

리제 형제에게 자극을 받아서 두릅나무과 식물의 속간교배를 시도하고 있는데, 개화기가 다른 경우가 많아 말린 꽃가루를 냉동고에 저장해서 꽃가루받이를 시키고 있다. 그러나 꽃가루 저장에 문제가 있는 것인지, 교배 방법에 문제가 있는 것인지, 결과는 나오지 않고 암중모색하고 있는 상황이다.

그래도 팻츠헤데라의 존재는 팔손이와 다른 두릅나무과 식물과의 속간교배 가능성을 보여주었고, 지금도 팔손이의 품종 만들기를 목표로 하는 사람들에게 큰 희망과 용기를 주고 있다.

선명한 노란색 꽃이 눈부신

개나리

다른 이름 연교, 신리화

분류
물푸레나무과
개나리속
갈잎떨기나무(높이 2~3m)

중국 원산. 봄에 잎이 나오기 전에 꽃부리(화관)가 4개로 갈라진 노란색 꽃이 가지 가득 펴서, 주위를 밝게 밝혀준다. 꽃이 아래를 향해 피는 「의성개나리」, 한국 특산식물인 「산개나리」 등이 있다.

월	1월	2월	3월	4월	5월	6월	7월	8월	9월	10월	11월	12월
상태			개화									
관리	가지치기	심기		가지치기								가지치기 / 심기
번식작업		꺾꽂이 / 포기나누기·휘묻이				꺾꽂이						
비료				비료주기					비료주기			

POINT_ 가지치기할 때 지나치게 짧게 자르면 꽃 수가 적어지므로 주의한다.

관 리 NOTE

심거나 옮겨 심는 시기는 12월과 2~3월이 좋다. 심는 장소는 해가 잘 들고 물이 잘 빠지며 비옥한 곳을 선택한다. 나무자람새가 강해서 토질은 가리지 않는다.

꽃눈은 새가지의 잎겨드랑이에 달리는데, 방치하면 가지가 덩굴처럼 자라서 엉킨다. 가지를 잘라서 나무모양을 정리해야 하지만, 지나치게 짧게 자르면 꽃이 적어진다. 가지치기는 꽃이 진 직후나 12~1월에 한다.

꺾꽂이로 간단하게 번식시킬 수 있고, 포기나누기나 휘묻이도 가능하다.

꺾꽂이의 기술

2~3월(봄꺾꽂이)과 6~8월(여름꺾꽂이)에 하는 것이 좋다. 봄꺾꽂이에는 전년도의 튼튼한 가지를 사용하고 여름꺾꽂이에는 튼튼한 새가지를 사용하지만, 두꺼운 가지도 뿌리를 잘 내린다. 15~20㎝로 잘라 잎을 몇 장 남기고 아랫잎은 제거한다. 충분히 물올림을 해준 뒤 적옥토 등을 넣은 꺾꽂이모판에 꽂는다.

밝은 그늘에서 마르지 않게 관리하고, 뿌리가 나오면 서서히 햇빛에 익숙해지게 한다. 옅은 액체비료를 준다. 물꽂이도 가능하다.

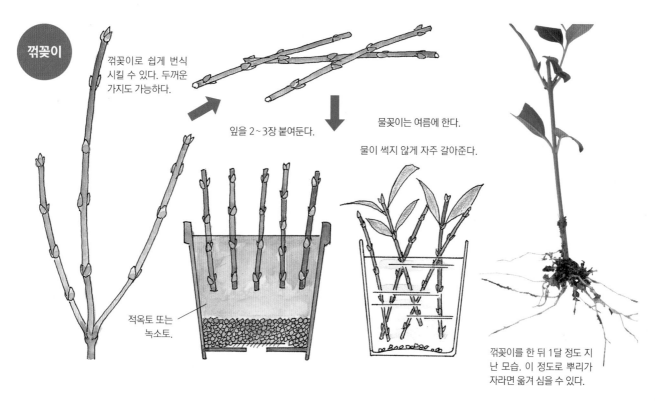

꺾꽂이

꺾꽂이로 쉽게 번식 시킬 수 있다. 두꺼운 가지도 가능하다.

잎을 2~3장 붙여둔다.

물꽂이는 여름에 한다.

물이 썩지 않게 자주 갈아준다.

적옥토 또는 녹소토.

꺾꽂이를 한 뒤 1달 정도 지난 모습. 이 정도로 뿌리가 자라면 옮겨 심을 수 있다.

포기나누기·휘묻이의 기술

2~3월에 하는 것이 좋다. 다간형이므로 뿌리가 있는 가지를 잘라서 심는다.
또한 가지가 흙에 닿으면 뿌리를 내리므로 성토법으로 휘묻이를 해도 좋다.

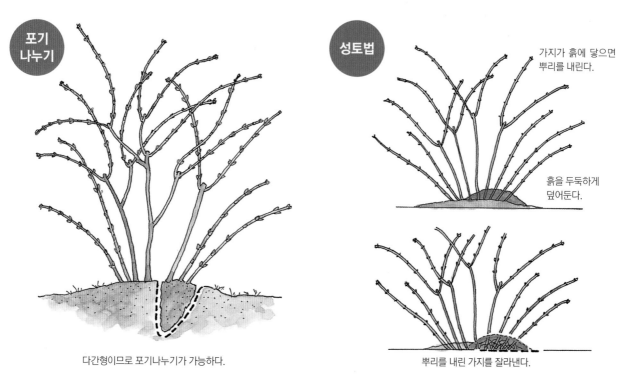

포기 나누기

다간형이므로 포기나누기가 가능하다.

성토법

가지가 흙에 닿으면 뿌리를 내린다.

흙을 두둑하게 덮어둔다.

뿌리를 내린 가지를 잘라낸다.

아름다운 꽃이 공처럼 뭉쳐서 피는

공조팝나무

다른 이름 깨잎조팝나무, 석봉자

분류
장미과
조팝나무속
갈잎떨기나무(높이 1~2m)

흰 꽃이 작은 공모양으로 피는 나무.
꽃이 한가득 달린 부드러운 가지가 봄
바람에 흔들리는 모습에 독특한 매력
이 있다. 원예품종으로 겹꽃이 피는
「겹공조팝나무」와 어린잎이 금색을
띠는 품종 등이 있다.

월	1월	2월	3월	4월	5월	6월	7월	8월	9월	10월	11월	12월
상태				개화								
관리		심기			가지 갱신							가지치기 심기
번식작업			꺾꽂이				꺾꽂이					
		포기나누기										포기나누기
비료		비료주기										

POINT_ 가지가 부드럽게 늘어지는 모습을 살리기 위해 가지를 짧게 자르지 않는다.

관리 NOTE

심거나 옮겨 심는 시기는 잎이 떨어진 낙엽기인 12~3월
이 좋다. 심는 장소는 해가 잘 들고 유기질이 풍부하며 습
기가 많은 곳을 선택한다.
자라는 대로 두어도 자연스럽게 나무모양이 정리되지만,
꽃이 잘 안 피는 가지는 꽃이 진 뒤에 밑동에서 잘라 새로운
가지로 갱신한다. 활모양으로 부드럽게 휘어진 가지가 이
나무의 특징이므로, 되도록 가지를 짧게 자르지 않는다.
꺾꽂이와 포기나누기로 번식시킨다.

꺾꽂이의 기술

2월 하순~3월(봄꺾꽂이)과 6~8월(여름꺾꽂이)에 하는
것이 좋다. 봄꺾꽂이에는 전년도 가지의 튼튼한 부분을,
여름꺾꽂이에는 튼튼한 새가지를 사용한다. 꺾꽂이모는
30분~1시간 정도 물올림을 해주고, 녹소토, 버미큘라
이트, 펄라이트, 피트모스를 같은 비율로 섞은 꺾꽂이모
판에 꽂는다. 밝은 그늘이나 햇빛을 차단해서 직사광선
이 닿지 않는 곳에 두고 마르지 않게 관리한다. 뿌리를
내리고 새눈이 자라면 서서히 햇빛을 받게 하고, 옅은
액체비료를 준다. 다음해 봄에 옮겨 심는다.

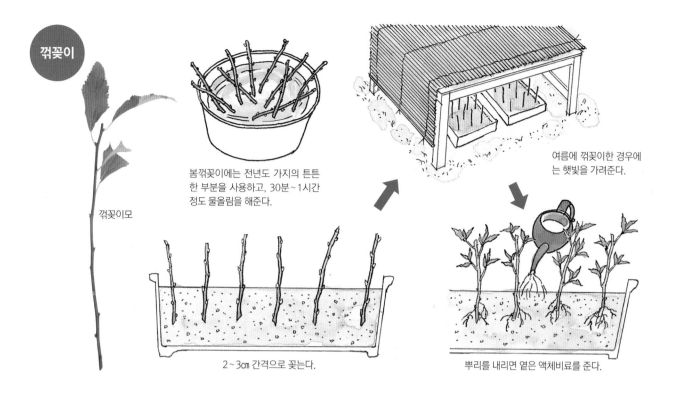

꺾꽂이

꺾꽂이모

봄꺾꽂이에는 전년도 가지의 튼튼한 부분을 사용하고, 30분~1시간 정도 물올림을 해준다.

2~3cm 간격으로 꽂는다.

여름에 꺾꽂이한 경우에는 햇빛을 가려준다.

뿌리를 내리면 옅은 액체비료를 준다.

포기나누기의 기술

잎이 떨어진 12~3월에 포기나누기를 한다. 뿌리가 상하지 않도록 포기를 파낸 다음, 흙을 어느 정도 털어내고 뿌리 부분을 확인한다. 줄기 3개 정도가 1포기가 되도록 나눠서 심는다. 심은 다음 물을 충분히 준다.

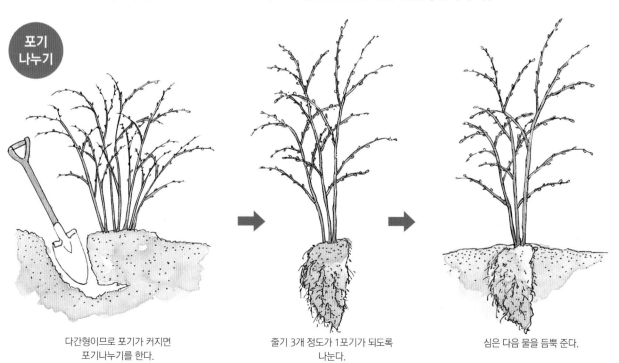

포기 나누기

다간형이므로 포기가 커지면 포기나누기를 한다.

줄기 3개 정도가 1포기가 되도록 나눈다.

심은 다음 물을 듬뿍 준다.

화려한 꽃이 피는

꽃산딸나무 / 산딸나무

다른 이름 미국산딸나무 / 사조화, 석조자, 딸나무, 미영꽃나무, 쇠박달나무

꽃산딸나무

산딸나무

분류
층층나무과
층층나무속
갈잎큰키나무(높이 5~12m)

꽃산딸나무는 북미 원산으로, 미국산 딸나무라고도 한다. 꽃으로 보이는 것은 꽃잎모양을 한 4장의 이삭잎(포엽)으로, 실제 꽃은 중심부에 있는 황녹색을 띤 부분이다. 꽃산딸나무 이삭잎의 끝부분은 옴폭 들어갔지만, 한국, 일본, 중국에 분포하는 산딸나무는 끝이 뾰족하다. 붉은 꽃이 피는 종류나 무늬가 있는 원예품종도 있다.

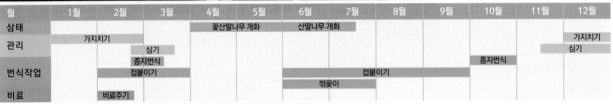

월	1월	2월	3월	4월	5월	6월	7월	8월	9월	10월	11월	12월
상태				꽃산딸나무 개화		산딸나무 개화						
관리	가지치기											가지치기
			심기									심기
번식작업		종자번식								종자번식		
		접붙이기					접붙이기					
						꺾꽂이						
비료		비료주기										

POINT_ 종자번식이 간단하지만 원예품종의 씨앗을 뿌려도 어미와 같은 형질은 나오지 않는다.

관리 NOTE

심거나 옮겨 심는 시기는 싹이 나기 전인 2월 하순~3월 중순과 잎이 떨어진 뒤인 11월 중순~12월이 좋다. 해가 잘 들고 물이 잘 빠지는 곳이라면 토질은 특별히 가리지 않는다.

가지치기는 잎이 떨어진 12~2월에 하며, 길게 자라고 꽃눈이 없는 가지나, 지나치게 복잡한 부분의 가지를 정리해 주는 정도면 된다.

종자번식이 간단하지만 원예품종은 주로 접붙이기로 번식시킨다.

종자번식의 기술

10월경 열매가 빨갛게 물들면 채취한다. 과육을 으깨서 물로 깨끗하게 씻어내고 씨앗을 꺼낸다. 씨앗을 받아서 저장하지 않고 바로 뿌리거나, 마르지 않도록 비닐봉지에 담아 냉장보관한 뒤 2월 하순~3월 초순에 뿌린다. 싹이 나오면 서서히 햇빛에 익숙해지게 한다. 1년 뒤 곧은뿌리를 짧게 자르고 옮겨 심는다.

붉은 꽃 종류 등 원예품종의 씨앗을 뿌려도 어미의 형질이 그대로 나오는 경우는 거의 없다. 붉은 꽃이 흰 꽃이 되는 등 형질이 바뀌므로 종자번식은 하지 않는다.

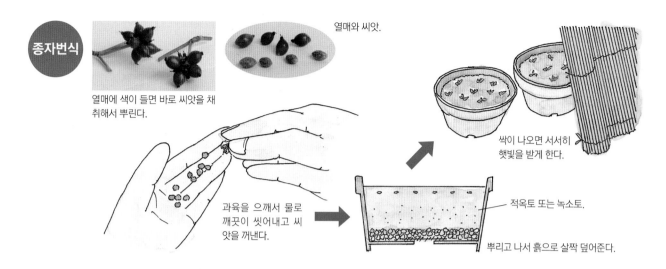

종자번식

열매와 씨앗.

열매에 색이 들면 바로 씨앗을 채취해서 뿌린다.

과육을 으깨서 물로 깨끗이 씻어내고 씨앗을 꺼낸다.

싹이 나오면 서서히 햇빛을 받게 한다.

적옥토 또는 녹소토.

뿌리고 나서 흙으로 살짝 덮어준다.

접붙이기의 기술

2~3월과 6~9월에 하는 것이 좋다. 봄에는 전년도 가지의 튼튼한 부분을 잘라 깎기접으로 번식시킨다. 여름부터 가을에는 새가지나 새가지의 눈을 사용해 번식시킨다. 어떤 경우든 바탕나무로는 꽃산딸나무나 산딸나무의 2~3년생 씨모를 사용한다.

꺾꽂이의 기술

6~7월에 새가지의 튼튼한 부분을 꺾꽂이모로 사용한다. 꺾꽂이한 뒤에는 밝은 그늘에 두고 마르지 않게 관리해야 한다. 원예품종은 꺾꽂이를 한 뒤 화분 전체를 비닐봉지로 감싸는 밀폐삽을 하는 것이 효과적이다.

깎기접

새가지의 튼튼한 부분.

바탕나무는 표피를 따라 칼집을 낸다.

3면의 부름켜를 드러낸다.

부름켜끼리 서로 밀착시킨다.

광분해 파라필름으로 고정시킨다.

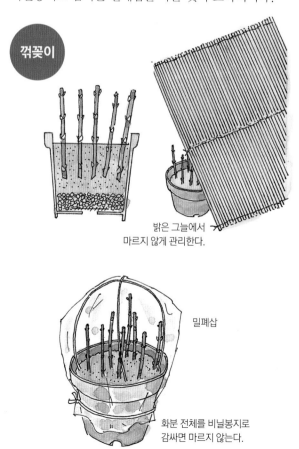

꺾꽂이

밝은 그늘에서 마르지 않게 관리한다.

밀폐삽

화분 전체를 비닐봉지로 감싸면 마르지 않는다.

가을을 대표하는 나무

단풍나무

다른 이름 계조축, 참단풍나무

분류
단풍나무과
단풍나무속
갈잎큰키나무(높이 5~30m)

일반적으로 단풍나무과 단풍나무속에 속하는 단풍나무류를 통틀어 단풍나무라고 부른다. 가을이면 붉은색으로 변하는 데서 비롯된 이름이지만, 변하지 않는 종류도 있다. 종류가 매우 다양하며 원예품종도 많이 있다.

월	1월	2월	3월	4월	5월	6월	7월	8월	9월	10월	11월	12월
상태										단풍		
관리	가지치기 심기											가지치기 심기
번식작업	접붙이기		종자번식				접붙이기			종자번식		
			꺾꽂이		꺾꽂이							
비료					비료주기				비료주기			

POINT_ 잎이 떨어져도 수액이 빨리 돌기 때문에 가지치기는 1월 중에 한다.

관리 NOTE

심거나 옮겨 심는 시기는 잎이 진 직후~2월 중순이 좋다. 심는 장소는 유기질이 풍부하고 물이 잘 빠지는 장소를 선택한다. 여름에 석양빛이 강한 곳은 잎이 탈 수 있으므로 가능하면 피하는 것이 좋다. 가지치기는 잎이 진 뒤에 가지가 잘 보일 때 하는데, 수액이 빨리 돌기 시작하므로 1월 중에 끝내는 것이 좋다.
원예품종이 많아서 씨모를 바탕나무로 사용한 접붙이기를 많이 한다. 그중에서도 중국단풍은 분재에서 인기가 많은데, 분재용 나무는 대부분 꺾꽂이로 만든다.

종자번식으로 바탕나무 만들기

10월경 씨앗이 떨어지기 전에 채취해 4~5일 동안 그늘에서 말리고, 손으로 비벼서 날개를 떼어낸다. 바로 뿌리거나 마르지 않도록 냉장보관한 뒤 3월에 뿌린다. 서리에 주의하고 마르지 않도록 밝은 그늘에서 관리하면, 4월에는 싹이 나온다. 본잎이 나오면 옅은 액체비료를 준다. 1~2년 뒤 잎이 지면 곧은뿌리를 자르고 화분에 심는다.

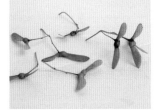

단풍나무 씨앗.

종자번식

날개가 있는 단풍나무 씨앗.

손으로 비벼서 날개를 제거한다.

바로 뿌리거나 보관한 뒤 다음해 3월에 뿌린다.

본잎이 나오면 옅은 액체비료를 주면서 재배한다.

접붙이기의 기술

1~3월과 6~9월에 하는 것이 좋다. 뜰단풍의 2~3년생 씨모를 바탕나무로 사용해서 깎기접으로 접붙인다.

꺾꽂이의 기술

2~3월의 봄꺾꽂이, 5월 하순~6월의 장마철꺾꽂이가 가능하다. 봄꺾꽂이에는 튼튼한 전년도 가지를, 장마철꺾꽂이에는 마디가 짧고 튼튼한 새가지를 사용한다.

접붙이기

접수와 바탕나무의 부름켜가 서로 맞닿게 붙인다.

접수의 밑부분은 3면의 부름켜가 드러나게 깎아둔다.

바탕나무에 칼집을 낸다.

바탕나무의 절단면에도 테이프를 감아 마르지 않게 한다.

꺾꽂이

끝부분은 덜 성숙한 상태이므로 사용하지 않는다.

장마철꺾꽂이에는 튼튼한 새가지를 사용한다.

잎이 서로 닿을 정도의 간격으로 꽂는다.

꺾꽂이한 뒤에는 물을 충분히 주고, 밝은 그늘에서 관리한다.

훈풍에 나부끼는 긴 꽃송이

등나무

다른 이름 참등나무, 왕등나무, 조선등나무

분류
콩과
등나무속
갈잎덩굴나무(높이 0.3~2m)

자주색 나비모양의 꽃이 가득한 꽃송이가 길게 늘어져, 미풍에 나부끼는 모습이 우아한 등나무. 꽃이 순백색인「흰등」, 꽃송이는 조금 짧지만 꽃이 크고 색깔이 진한「산등」, 그 밖에도 어릴 때 꽃이 피는 품종 등 다양한 종류가 있다.

월	1월	2월	3월	4월	5월	6월	7월	8월	9월	10월	11월	12월
상태				개화						성숙기		
관리		가지치기										가지치기
			심기								심기	
			종자번식									
번식작업		접붙이기								종자번식		
			꺾꽂이			꺾꽂이						
비료		비료주기						비료주기				

POINT_ 주로 1~3월에 접붙이기로 번식시킨다.

관리 NOTE

심는 시기는 2월 하순~3월 중순과 11~12월이 좋다. 심는 장소는 해가 잘 들고 습기가 조금 있는 점토질 땅을 선택한다. 꽃눈은 그해에 자란 튼튼한 짧은 가지의 잎겨드랑이에 달리며, 다음해에 꽃이 핀다. 가지치기는 잎이 떨어진 뒤 12~3월경에 하는데, 꽃눈을 확인해서 꽃눈이 없는 긴 가지는 밑동에 눈을 4~5개 남겨두고 자른다.
종자번식, 꺾꽂이로도 번식시킬 수 있지만, 꽃이 피기까지 시간이 오래 걸려서 주로 접붙이기용 바탕나무를 만들 때 사용하고, 대부분 접붙이기로 번식시킨다.

종자번식으로 바탕나무 만들기

10월경, 열매껍질이 어두운 갈색으로 물들면 채취한다. 열매를 4~5일 말리면 껍질이 갈라져서 씨앗이 나오는데, 바로 뿌리거나 비닐봉지에 담아 마르지 않게 상온에서 보관한 뒤 3월에 뿌린다. 묘목이 크게 자라므로 큰 상자나 밭에 심어야 한다. 밭은 햇빛이 잘 비치는 곳을 골라, 거름을 주고 심는다. 10㎝ 간격으로 씨앗을 뿌리고 흙을 1~2㎝ 정도 덮어준다.

다음해 봄에 파내서 뿌리를 절반 정도 자르고 옮겨 심는다.

꼬투리가 어두운 갈색이 되면 채취한다.

등나무 열매와 씨앗.

그늘에서 4~5일 정도 말리면 갈라져서 씨앗이 나온다.

바로 뿌리거나, 마르지 않도록 비닐봉지에 담아 상온보관한 뒤 봄에 뿌린다.

깊이가 있는 상자에 용토를 넣고 줄뿌리기한다.

꺾꽂이로 바탕나무 만들기

2월 하순~3월 중순의 봄꺾꽂이, 6~7월의 장마철꺾꽂이를 할 수 있다. 봄에는 전년도 가지의 튼튼한 부분을 사용하고, 장마철에는 그해에 자란 덩굴을 12~15㎝ 정도 잘라 잎을 반 정도 잘라내고 꺾꽂이한다. 밝은 그늘에 두고 마르지 않게 관리한다. 새눈에서 덩굴이 자라면 옅은 액체비료를 주고, 다음해 3월에 옮겨 심는다.

접붙이기의 기술

1~3월에 하는 것이 좋다. 전년도 가지의 튼튼한 부분을 접수로 사용한다. 종자번식이나 꺾꽂이로 번식시킨 2~3년생 묘목을 골라 깎기접으로 번식시킨다. 새눈이 자라면서 바탕나무의 눈도 자라기 시작하므로 제거한다.

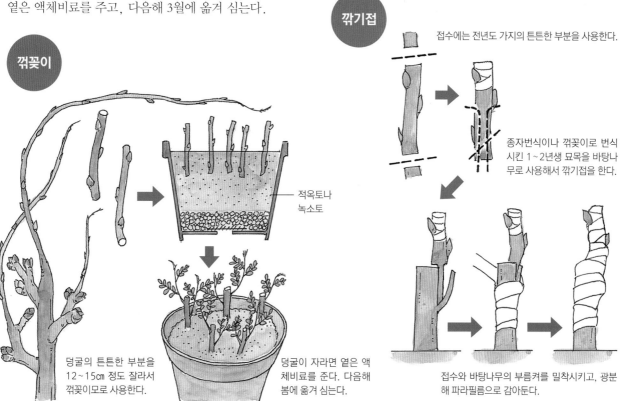

꺾꽂이

적옥토나 녹소토

덩굴의 튼튼한 부분을 12~15㎝ 정도 잘라서 꺾꽂이모로 사용한다.

덩굴이 자라면 옅은 액체비료를 준다. 다음해 봄에 옮겨 심는다.

깎기접

접수에는 전년도 가지의 튼튼한 부분을 사용한다.

종자번식이나 꺾꽂이로 번식시킨 1~2년생 묘목을 바탕나무로 사용해서 깎기접을 한다.

접수와 바탕나무의 부름켜를 밀착시키고, 광분해 파라필름으로 감아둔다.

흰 꽃이 만발하는

때죽나무

다른 이름 야말리, 때죽, 족나무, 제돈목

분류
때죽나무과
때죽나무속
갈잎큰키나무(높이 7~15m)

각지의 산과 들에 자생하며, 5~6월에는 가지 전체에 흰꽃이 가득 펴서 나무 전체가 새하얗게 보일 정도이다. 근연종으로 담황색의 아름다운 꽃을 피우는 「때죽나무 '핑크 차임스'」, 가느다란 가지를 아래로 늘어뜨리고 꽃을 피우는 「수양때죽나무(때죽나무 '펜둘루스')」 등이 있다.

월	1월	2월	3월	4월	5월	6월	7월	8월	9월	10월	11월	12월
상태					개화				성숙기			
관리	가지치기											가지치기
		심기										심기
번식작업			종자번식							종자번식		
	접붙이기						꺾꽂이		접붙이기			
			휘묻이			휘묻이						
비료	비료주기											

POINT_ 심는 장소는 밝은 그늘로 물이 잘 빠지는 곳이 좋다.

관리 NOTE

심거나 옮겨 심는 시기는 11~3월이 좋다. 심는 장소는 밝은 그늘로 유기질이 풍부하고 물이 잘 빠지는 곳을 선택한다. 꽃눈은 밑동이 튼튼한 짧은 가지에 생기며, 가지치기는 12~2월에 한다.
종자번식, 꺾꽂이, 접붙이기, 휘묻이 등으로 쉽게 번식시킬 수 있다.

종자번식의 기술

10월경에 열매의 표피가 갈라지기 시작하면 씨앗을 채취한다. 새가 먹기 전에 빨리 채취해야 한다. 바로 뿌리거나 씨앗을 보관한 뒤 3월에 뿌린다. 씨앗이 마르면 싹이 나오지 않으므로, 비닐봉지에 적신 강모래나 소량의 물과 같이 넣고 냉장보관한다.

적옥토나 강모래 등의 용토를 넣은 파종상자에 뿌린다. 서리에 주의해서 마르지 않게 잘 관리하면 봄에는 싹이 튼다.

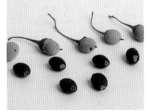

때죽나무 열매와 씨앗.

종자번식

열매의 표피가 갈라지기
시작하면 씨앗을 채취한다.

씨앗은 마르면 싹이 트지
않으므로, 바로 뿌리는 것
이 가장 좋다.

마르지 않게 관리한다.

꺾꽂이의 기술

6~9월의 생육기에 튼튼한 새가지를 꺾꽂이모로 사용한
다. 녹소토, 버미큘라이트, 펄라이트, 피트모스를 같은
비율로 섞은 혼합용토를 넣은 꺾꽂이모판에 꽂는다. 마
르지 않도록 관리해서 다음해 봄에 옮겨 심는다.

꺾꽂이

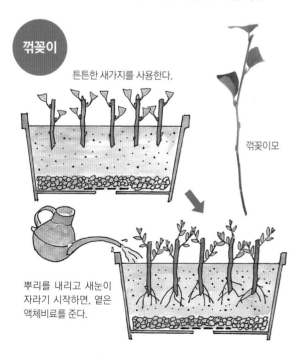

튼튼한 새가지를 사용한다.

꺾꽂이모

뿌리를 내리고 새눈이
자라기 시작하면, 옅은
액체비료를 준다.

접붙이기의 기술

4~5월의 잎이 나오는 시기를 제외하면 1년 내내 가능하
다. 바탕나무로는 2~3년생 씨모를 사용한다.
　광분해 파라필름을 사용해서 깎기접이나 눈접을 한다.

눈접

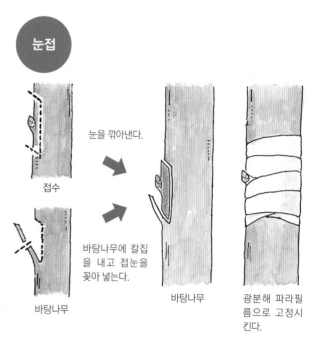

접수

눈을 깎아낸다.

바탕나무

바탕나무에 칼집
을 내고 접눈을
꽂아 넣는다.

바탕나무

광분해 파라필
름으로 고정시
킨다.

휘묻이의 기술

눈이 나오기 전이나 장마철에 환상박피해서 고취법(높이
떼기)으로 번식시킨다.

고취법

뿌리를 내리면 잘라서
심는다.

뿌리를 내리게 할 부분을 환상박피하고,
물이끼로 감싼 다음 비닐 등으로 싼다.

다양한 색깔의 꽃으로 봄을 맞이하는
명자나무

다른 이름 애기씨꽃나무, 아가씨나무, 산당화, 가시덕이

분류
장미과
명자나무속
갈잎떨기나무(높이 1~2m)

중국 원산으로 오래전부터 관상용으로 재배되었고, 원예품종도 많다. 초겨울부터 꽃을 피우기 때문에 봄을 맞이하는 꽃으로 사랑을 받아왔다. 꽃 색깔은 흰색, 분홍색, 붉은색 등이 기본이며, 무늬가 있는 꽃이나 겹꽃, 또는 여러 색의 꽃이 한 나무에서 피는 것 등 다양한 종류가 있다. 「풀명자나무」는 명자나무에 비해 작고, 열매는 노란색으로 신맛이 난다.

월	1월	2월	3월	4월	5월	6월	7월	8월	9월	10월	11월	12월
상태		개화										
관리										가지치기		
										심기		
번식작업			종자번식								종자번식	
			접붙이기							휘묻이		
		꺾꽂이				꺾꽂이						
비료		비료주기										

POINT_ 가지치기는 꽃이 진 다음 최대한 빨리 한다.

관리 NOTE

심거나 옮겨 심는 시기는 9월 중순~11월이 좋다. 심는 장소는 해가 잘 들고 유기질이 풍부하며 보습성이 높은 곳을 선택한다. 나무자람새가 강해서 토질은 가리지 않는다.
가을에는 꽃눈이 부풀어오르는데, 9월 하순~11월에 꽃눈을 확인하면서 가지치기한다.
현재 유통되는 명자나무는 대부분 원예품종이다. 종자번식으로는 어미의 형질을 그대로 이어받는 경우가 거의 없으므로, 번식은 꺾꽂이로 한다. 꺾꽂이가 어려운 종류는 접붙이기로 번식시킨다.

꺾꽂이로 바탕나무 만들기

2월 중순(봄꺾꽂이)과 6월 하순~9월(여름꺾꽂이)에 하는 것이 좋다. 봄꺾꽂이는 전년도 가지 또는 3년차 가지의 튼튼한 부분을 사용한다.

봄에는 따뜻한 곳, 여름에는 밝은 그늘에 두고 마르지 않게 관리한다.

그대로 비료를 주면서 관리하고 다음해 가을에 옮겨 심는다. 2~3년차 가지를 꺾꽂이모로 사용하면, 1년 정도 뒤에 바탕나무로 사용할 수 있다.

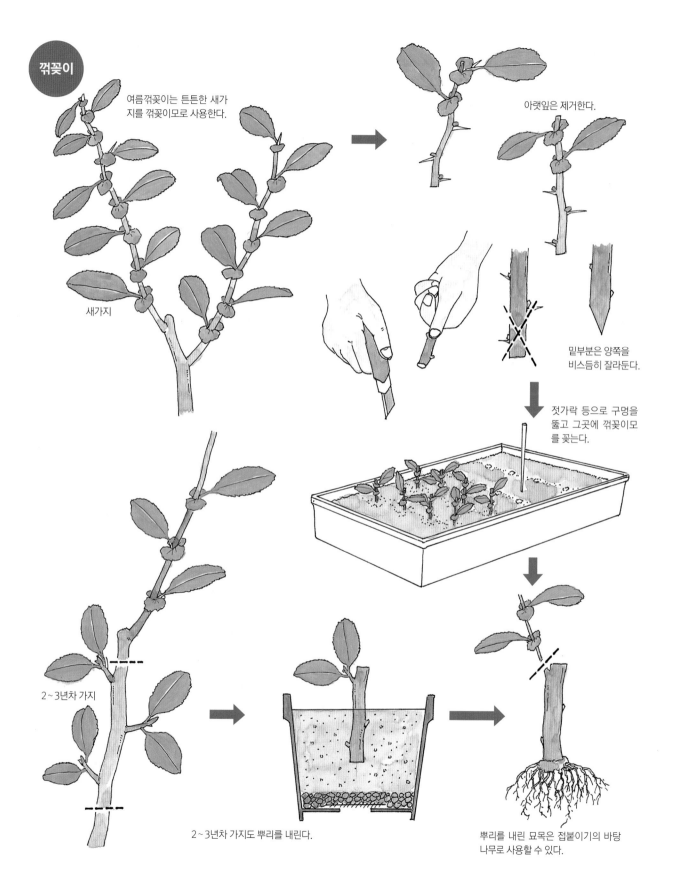

꺾꽂이

여름꺾꽂이는 튼튼한 새가
지를 꺾꽂이모로 사용한다.

새가지

아랫잎은 제거한다.

밑부분은 양쪽을
비스듬히 잘라둔다.

젓가락 등으로 구멍을
뚫고 그곳에 꺾꽂이모
를 꽂는다.

2~3년차 가지

2~3년차 가지도 뿌리를 내린다.

뿌리를 내린 묘목은 접붙이기의 바탕
나무로 사용할 수 있다.

접붙이기의 기술

3월에 전년도 가지의 튼튼한 부분을 사용하여 깎기접을 한다. 바탕나무는 종자번식 또는 꺾꽂이로 번식시킨 1~3년생 묘목을 사용한다.

깎기접 끝쪽의 가는 부분은 사용하지 않는다.

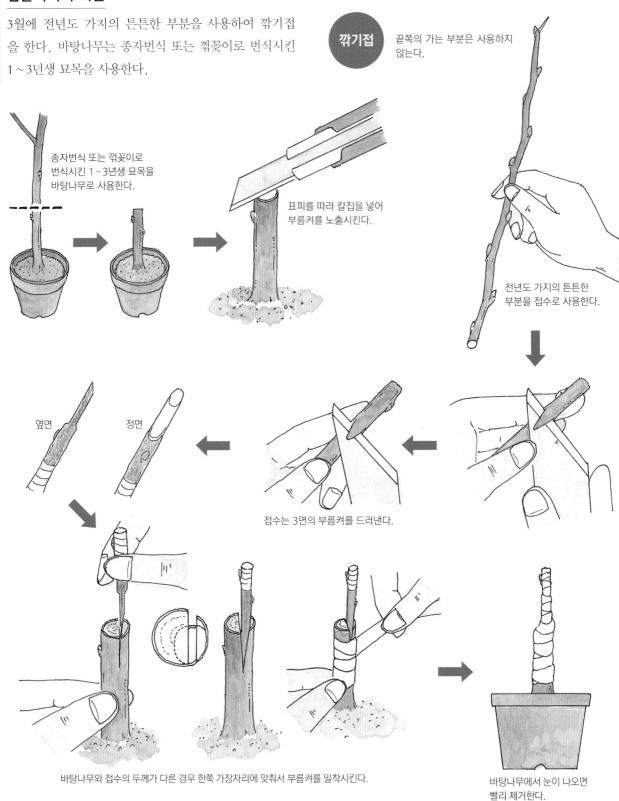

종자번식 또는 꺾꽂이로 번식시킨 1~3년생 묘목을 바탕나무로 사용한다.

표피를 따라 칼집을 넣어 부름켜를 노출시킨다.

전년도 가지의 튼튼한 부분을 접수로 사용한다.

옆면   정면

접수는 3면의 부름켜를 드러낸다.

바탕나무와 접수의 두께가 다른 경우 한쪽 가장자리에 맞춰서 부름켜를 밀착시킨다.

바탕나무에서 눈이 나오면 빨리 제거한다.

휘묻이의 기술

명자나무는 다간형이므로 성토법으로 휘묻이할 수 있다. 잔뿌리가 나오면 어미포기에서 잘라낸다.

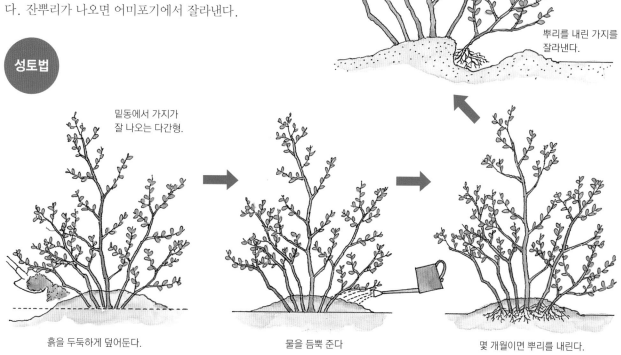

성토법

뿌리를 내린 가지를 잘라낸다.

밑동에서 가지가 잘 나오는 다간형.

흙을 두둑하게 덮어둔다.

물을 듬뿍 준다

몇 개월이면 뿌리를 내린다.

종자번식으로 바탕나무 만들기

11월경 열매가 노랗게 익으면 채취해서 씨앗을 꺼낸다. 바로 뿌리거나 마르지 않도록 비닐봉지에 넣어 냉장보관한 뒤 3월에 뿌린다. 본잎이 4~5장 나오면 옅은 액체비료를 주고, 다음해 봄에 옮겨 심는다.

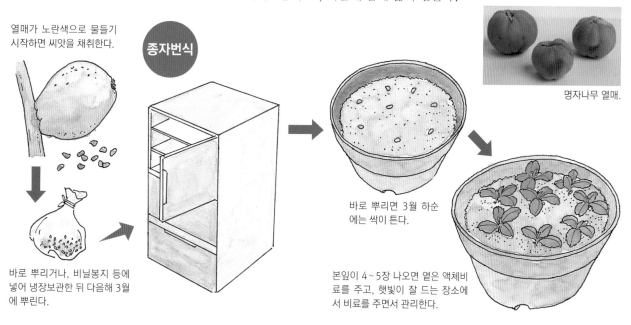

열매가 노란색으로 물들기 시작하면 씨앗을 채취한다.

종자번식

명자나무 열매.

바로 뿌리거나, 비닐봉지 등에 넣어 냉장보관한 뒤 다음해 3월에 뿌린다.

바로 뿌리면 3월 하순에는 싹이 튼다.

본잎이 4~5장 나오면 옅은 액체비료를 주고, 햇빛이 잘 드는 장소에서 비료를 주면서 관리한다.

이른 봄에 피는 꽃나무

목련

다른 이름 목란, 북향화, 신이, 목필, 보춘

분류
목련과
목련속
갈잎큰키나무(높이 10~15m)

잎이 나오기 전에 하얗고 큰 꽃이 먼저 핀다. 꽃눈이 붓을 닮아서 「목필(木筆)」이라고도 하고, 꽃봉오리가 필 때 끝이 북쪽을 향한다고 「북향화(北向花)」라고도 한다. 일본에서는 봉오리 모양이 주먹을 닮았다고 해서 일본어로 주먹을 의미하는 「고부시」라고 부른다. 근연종으로 꽃잎이 가는 「별목련」과 꽃이 연한 자색을 띠는 별목련이 있는데, 목련보다 작아서 좁은 정원에서 키우기 좋다.

월	1월	2월	3월	4월	5월	6월	7월	8월	9월	10월	11월	12월
상태			개화									
관리		가지치기	심기	가지치기							가지치기	
번식작업		종자번식				접붙이기			종자번식			
		접붙이기										
비료	비료주기								비료주기			

POINT_ 종자번식을 할 때는 씨앗 주위의 붉은 가종피도 씻어낸 다음 뿌린다.

관리 NOTE

심거나 옮겨 심는 시기는 잎이 떨어진 2월 하순~3월이 좋다. 해가 잘 들고 물이 잘 빠지는 곳이라면 토질은 특별히 가리지 않는다.
잎이 지면 나무모양을 흐트러트리는 가지를 정리한다. 꽃눈은 가지 끝에 달리므로, 꽃눈을 확인하고 정리한다. 지나치게 크게 자라면 꽃이 핀 뒤에 짧게 자르는 가지치기로 나무모양을 정리한다.
목련은 종자번식, 별목련 등은 접붙이기로 번식시킨다.

종자번식으로 바탕나무 만들기

10월 초가 되면 열매가 붉은색으로 익기 시작한다. 조금씩 갈라지기 시작하면 채취하고, 2~3일 그늘에서 말리면 붉은 씨앗이 나온다. 붉은 가종피를 물에 씻어 제거하고 적옥토 등을 채운 꺾꽂이모판에 바로 뿌리거나, 젖은 강모래와 섞어서 비닐봉지에 담아 냉장고 등에 보관하고 다음해 2월에 뿌린다. 그늘에 두고 마르지 않게 관리해서, 본잎이 4~5장 나오면 옮겨 심는다. 옮겨 심을 때는 곧은뿌리를 잘라 잔뿌리가 나오게 한다. 땅에 심으면 1~2년 정도 뒤에 바탕나무로 사용할 수 있다.

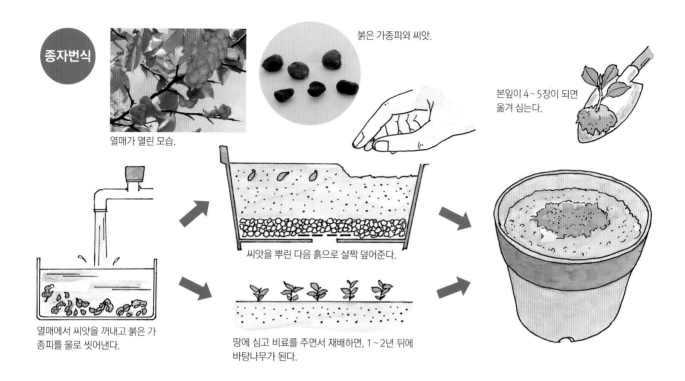

열매가 열린 모습.

붉은 가종피와 씨앗.

본잎이 4~5장이 되면 옮겨 심는다.

열매에서 씨앗을 꺼내고 붉은 가종피를 물로 씻어낸다.

씨앗을 뿌린 다음 흙으로 살짝 덮어준다.

땅에 심고 비료를 주면서 재배하면, 1~2년 뒤에 바탕나무가 된다.

접붙이기의 기술

2~3월과 6~9월에 하는 것이 좋다. 1~3년생 목련 씨모를 바탕나무로 사용하고, 광분해 파라필름을 이용해서 깎기접이나 눈접을 한다.

눈접

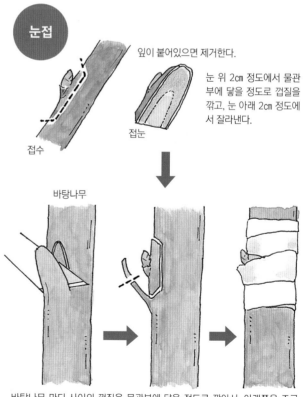

잎이 붙어있으면 제거한다.

눈 위 2㎝ 정도에서 물관부에 닿을 정도로 껍질을 깎고, 눈 아래 2㎝ 정도에서 잘라낸다.

접수

접눈

바탕나무

바탕나무 마디 사이의 껍질을 물관부에 닿을 정도로 깎아서, 아래쪽을 조금 남기고 잘라낸다. 남은 부분에 꽂아 넣듯이 접눈을 붙이고, 광분해 파라필름으로 고정시킨다.

깎기접

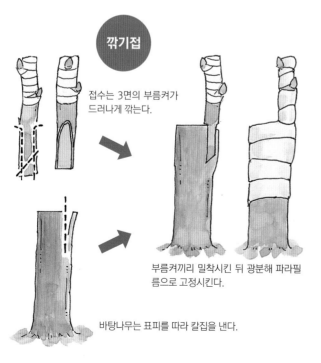

접수는 3면의 부름켜가 드러나게 깎는다.

부름켜끼리 밀착시킨 뒤 광분해 파라필름으로 고정시킨다.

바탕나무는 표피를 따라 칼집을 낸다.

대한민국을 상징하는

무궁화

다른 이름 목근화, 부용수

분류
아욱과
무궁화속
갈잎떨기나무(높이 3~4m)

꽃은 아침에 피고 저녁에 지는 일일화이지만, 계속해서 꽃이 핀다. 7월부터 10월까지 100여 일동안 계속 꽃이 핀다고 해서 무궁화라는 이름을 갖게 되었다. 꽃피는 기간이 길어서 아름다운 꽃을 오래 즐길 수 있다. 꽃 색깔은 흰색과 핑크, 보라색, 흰색 가운데에 빨간색이 있는 것 등 다채롭다. 옮겨 심거나 꺾꽂이를 해도 잘 자라고, 공해에도 강하다.

월	1월	2월	3월	4월	5월	6월	7월	8월	9월	10월	11월	12월
상태							개화					
관리	가지치기		심기									가지치기
번식작업			종자번식 꺾꽂이			꺾꽂이				종자번식		
비료		비료주기							비료주기			

POINT_ 나무자람새가 강해서 햇빛이 잘 들고 물이 잘 빠지면 척박한 땅에서도 잘 자란다.

관리 NOTE

심거나 옮겨 심는 시기는 3~4월 초순이 좋다. 심는 장소는 해가 잘 들고 물이 잘 빠지는 곳이면 토질에는 크게 영향을 받지 않으며, 조금 척박한 땅이어도 잘 자란다.
꽃눈은 봄부터 자라는 가지의 마디에 달리고, 밑에서 위로 올라가며 계속해서 꽃이 핀다. 겨울에는 어떤 가지를 잘라도 꽃눈을 자를 걱정은 하지 않아도 된다.
종자번식이나 꺾꽂이로 번식시키는데, 눈이 잘 나오기 때문에 꺾꽂이로 쉽게 번식시킬 수 있다.

꺾꽂이의 기술

3월(봄꺾꽂이)과 6~8월(여름꺾꽂이)에 하는 것이 좋다. 봄꺾꽂이에는 전년도 가지의 튼튼한 부분을, 여름꺾꽂이에는 튼튼한 새가지를 꺾꽂이모로 사용한다. 여름꺾꽂이의 경우에는 밝은 그늘에 두고 햇빛을 가려준다. 새눈이 자라기 시작하면 서서히 바깥공기에 익숙해지게 하고, 다음해 봄에 옮겨 심는다.

부용도 무궁화와 같은 속의 식물이다.

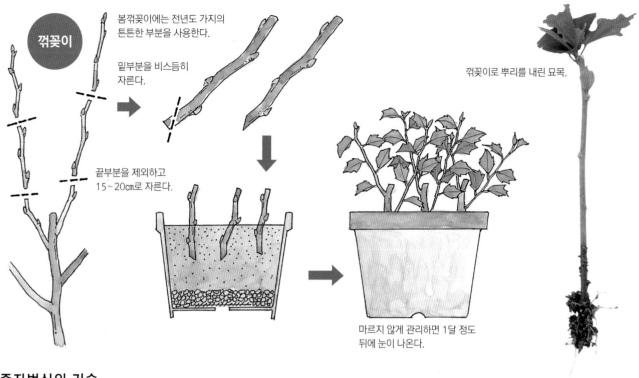

꺾꽂이

봄꺾꽂이에는 전년도 가지의 튼튼한 부분을 사용한다.

밑부분을 비스듬히 자른다.

끝부분을 제외하고 15~20cm로 자른다.

꺾꽂이로 뿌리를 내린 묘목.

마르지 않게 관리하면 1달 정도 뒤에 눈이 나온다.

종자번식의 기술

10월경에 열매가 황갈색으로 변하기 시작하면 채취한다. 껍질을 손으로 비벼서 씨앗을 꺼내고, 바로 뿌리거나 마르지 않도록 씨앗을 비닐봉지에 담아 냉장보관한 뒤 3월에 뿌린다.

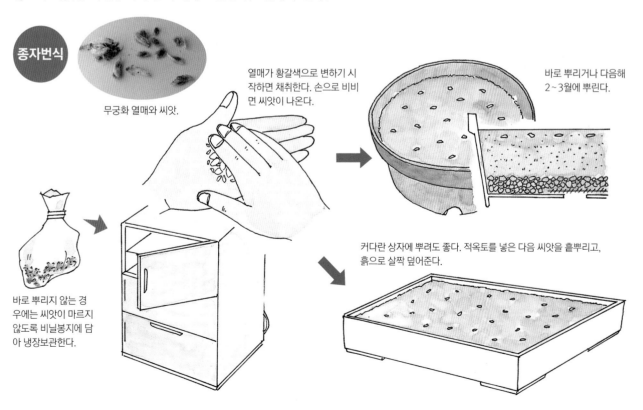

종자번식

무궁화 열매와 씨앗.

열매가 황갈색으로 변하기 시작하면 채취한다. 손으로 비비면 씨앗이 나온다.

바로 뿌리거나 다음해 2~3월에 뿌린다.

바로 뿌리지 않는 경우에는 씨앗이 마르지 않도록 비닐봉지에 담아 냉장보관한다.

커다란 상자에 뿌려도 좋다. 적옥토를 넣은 다음 씨앗을 흩뿌리고, 흙으로 살짝 덮어준다.

더위에 지지 않고 꽃을 피우는

배롱나무

다른 이름 백일홍, 목백일홍, 간지럼나무

분류
부처꽃과
배롱나무속
갈잎큰키나무(높이 5~10m)

꽃이 적은 여름에 100일 가까이 피어 있기 때문에 백일홍이라고도 하는데, 같은 이름을 가진 국화과 식물이 있어서 구분하기 위해 「목백일홍」이라고 부르기도 한다. 이 밖에도 나무껍질을 손으로 긁으면 잎이 움직인다고 해서 「간지럼나무」라고도 하며, 일본에서는 나무껍질이 매끄러워 원숭이가 미끄러진다는 뜻으로 「사루스베리」라고 부른다. 왜성종이나 꽃색의 농담이 다른 품종, 흰꽃이 피는 품종 등 다양한 종류가 있다.

월	1월	2월	3월	4월	5월	6월	7월	8월	9월	10월	11월	12월
상태							개화					
관리	가지치기		심기									가지치기
번식작업	종자번식									종자번식		
	꺾꽂이					꺾꽂이						
					휘묻이							
비료										비료주기		

POINT_ 종자번식을 하면 꽃색에 변이가 많아서 새로운 품종을 만드는 즐거움이 있다.

관리 NOTE

심거나 옮겨 심는 시기는 3~4월이 좋다. 해가 잘 들지 않는 곳에 심으면 꽃이 잘 피지 않는다. 심는 장소는 물이 잘 빠지고 유기질이 풍부하며 비옥한 곳을 선택한다.
꽃은 새가지 끝에 피는데, 꽃이 핀 가지는 12~3월에 잎이 떨어진 다음 밑동에서 잘라 가지치기한다.
꺾꽂이가 간단하지만 휘묻이도 어렵지 않다. 교배·종자번식으로 새로운 원예품종을 만드는 즐거움이 있다.

꺾꽂이의 기술

2~3월(봄꺾꽂이)과 6~9월(여름꺾꽂이)에 하는 것이 좋다. 봄에는 가지치기할 때 잘라둔 전년도 가지의 튼튼한 부분을 꺾꽂이모로 사용해서, 해가 잘 들고 따뜻한 곳에 둔다. 여름에는 튼튼한 새가지를 사용하며 밝은 그늘에 둔다. 모두 마르지 않도록 잘 관리해야 한다. 뿌리를 내리면 밝은 그늘에서 서서히 햇빛에 익숙해지게 한 다음, 비료를 주면서 관리한다. 다음해 봄에 옮겨 심는다.

꺾꽂이모

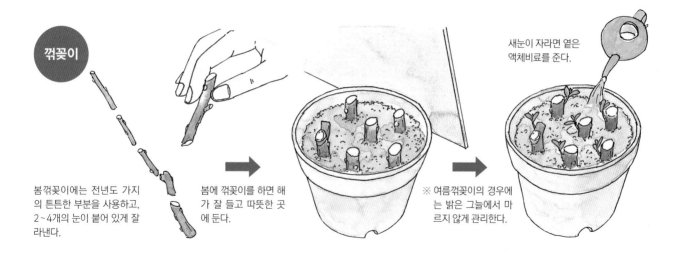

꺾꽂이

봄꺾꽂이에는 전년도 가지의 튼튼한 부분을 사용하고, 2~4개의 눈이 붙어 있게 잘라낸다.

봄에 꺾꽂이를 하면 해가 잘 들고 따뜻한 곳에 둔다.

새눈이 자라면 옅은 액체비료를 준다.

※ 여름꺾꽂이의 경우에는 밝은 그늘에서 마르지 않게 관리한다.

휘묻이의 기술

6~7월에 하는 것이 좋다. 환상박피해서 고취법(p.30 참조)으로 번식시킨다.

또한 움돋이가 잘 나오므로 휘묻이를 하기 1년 정도 전에, 밑동 부분에 흙을 두둑하게 덮어서 잔뿌리가 나오게 한다. 반년 정도면 뿌리를 내리므로, 3~4월에는 어미나무에서 떼어내 심는다.

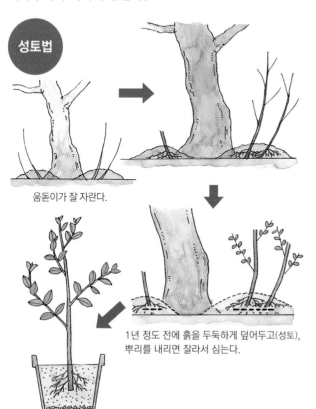

성토법

움돋이가 잘 자란다.

1년 정도 전에 흙을 두둑하게 덮어두고(성토), 뿌리를 내리면 잘라서 심는다.

종자번식의 기술

10월경에 열매가 갈색으로 물들기 시작하면 채취하고, 며칠 동안 그늘에서 말리면 갈라져서 씨앗이 나온다. 바로 뿌리거나 마르지 않도록 비닐봉지에 담아 냉장보관한 뒤 봄에 뿌린다.

일본에서 만든 「일세배롱나무(잇사이사루스베리)」 품종은 뿌린 그해 또는 다음해에 꽃이 핀다. 종자번식을 하면 변이가 많이 생긴다.

종자번식

열매를 채취해 밝은 그늘에서 말리면, 갈라져서 씨앗이 나온다.

익은 열매.

뿌린 그해 또는 다음해에 꽃을 피우는 품종도 있다.

산들바람에 흔들거리며 봄을 부른다

버드나무 / 수양버들

다른 이름 버들, 뚝버들 / 실버들

버드나무

수양버들

분류
버드나무과
버드나무속
갈잎큰키나무(높이 8~20m)

버드나무는 버드나무속의 나무를 통틀어 부르는 이름이다. 가장 흔히 보는 것이 「수양버들」인데 길게 늘어뜨린 가지가 흔들리는 모습에서 봄이 느껴진다. 「용버들」은 가지가 뒤틀려서 불규칙하게 자라며, 일본에서 인기 있는 「삼색개키버들」은 「개키버들」의 변종으로 새잎이 분홍색에서 흰색으로 변한다. 그 밖에도 꽃이 아름다운 「갯버들」 등 많은 품종이 있다.

월	1월	2월	3월	4월	5월	6월	7월	8월	9월	10월	11월	12월
상태			개화·싹이 튼다									
관리	가지치기											가지치기
	심기											심기
번식작업		꺾꽂이										
비료		비료주기										

POINT_ 잎이 진 뒤에 가지치기를 해서 그 가지를 꺾꽂이모로 사용한다. 다른 시기에도 꺾꽂이는 가능하다.

관리 NOTE

심거나 옮겨 심는 시기는 잎이 떨어진 12~3월 중순이 좋다. 심는 장소는 해가 잘 들고 유기질이 풍부하며 습기가 적당히 있는 곳을 선택한다.
가지치기도 잎이 떨어진 12~3월 중순에 하는데, 가지를 자르거나 복잡한 부분을 솎아낸다. 가지가 잘 자라므로 짧게 자르는 강한 가지치기가 가능하다.
번식방법은 꺾꽂이가 가장 간단하다.

꺾꽂이의 기술

생명력이 왕성해서 작은 가지를 잘라 물에 담가두면 바로 뿌리가 나올 정도이다.

수양버들 꺾꽂이모.　　버드나무 꺾꽂이모.

보통 2～3월에 가지치기한 가지를 사용해서 묵은가지 꺾꽂이를 하지만, 다른 시기에도 쉽게 뿌리를 내린다. 적옥토 등을 넣은 꺾꽂이모판에 꽂거나 물꽂이도 가능하다.

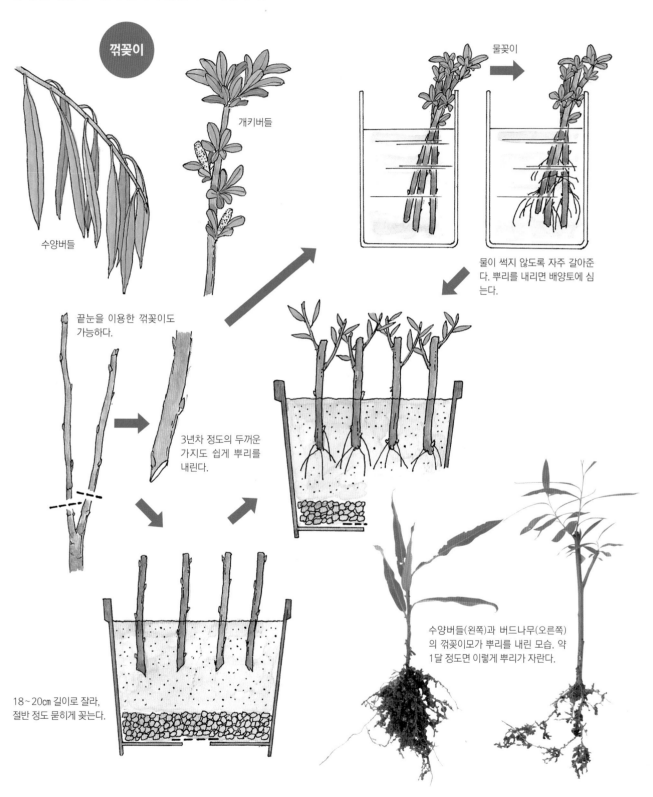

꺾꽂이

수양버들

개키버들

물꽂이

물이 썩지 않도록 자주 갈아준다. 뿌리를 내리면 배양토에 심는다.

끝눈을 이용한 꺾꽂이도 가능하다.

3년차 정도의 두꺼운 가지도 쉽게 뿌리를 내린다.

수양버들(왼쪽)과 버드나무(오른쪽)의 꺾꽂이모가 뿌리를 내린 모습. 약 1달 정도면 이렇게 뿌리가 자란다.

18～20㎝ 길이로 잘라, 절반 정도 묻히게 꽂는다.

봄의 여왕

벚나무

다른 이름 야앵화

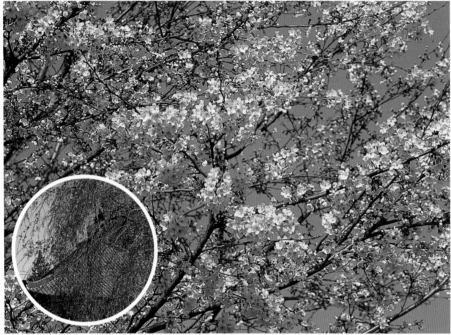

분류
장미과
벚나무속
갈잎큰키나무(높이 2~15m)

해마다 봄이면 벚꽃축제가 열리는 등 옛날부터 친숙한 꽃나무이다. 「왕벚나무」, 「수양벚나무」, 「후지벚나무」, 「산벚나무」, 「잔털벚나무」, 「올벚나무」, 「처진올벚나무」, 「개벚나무」 등 종류가 셀 수 없을 정도로 많다.

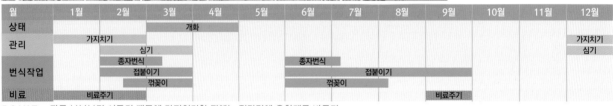

월	1월	2월	3월	4월	5월	6월	7월	8월	9월	10월	11월	12월
상태				개화								
관리	가지치기											가지치기
		심기										심기
번식작업		종자번식				종자번식						
		접붙이기					접붙이기					
		꺾꽂이					꺾꽂이					
비료	비료주기								비료주기			

POINT_ 자른 부분부터 시들기 때문에 가지치기한 뒤에는 절단면에 유합제를 바른다.

관리 NOTE

심거나 옮겨 심는 시기는 12월과 2~3월이 좋다. 심는 장소는 해가 잘 들고, 물이 잘 빠지며, 유기질이 풍부하고, 비옥한 곳을 선택한다.

가지치기는 12~2월에 하고, 가지는 반드시 밑동에서 자른 다음 절단면에 유합제를 발라 보호한다.

대부분의 원예품종은 접붙이기로 번식시키는데, 종류에 따라서는 종자번식이나 꺾꽂이도 가능하다.

종자번식의 기술

씨앗은 6월경 열매가 검게 익어 떨어질 때쯤 채취한다. 과육을 물로 깨끗이 씻어내고 바로 뿌리거나, 마르지 않도록 젖은 강모래와 섞어서 비닐봉지에 담아 냉장보관한 뒤 2월에 뿌린다.

씨를 뿌린 뒤에는 그늘에 두고 마르지 않게 관리한다. 본잎이 4~5장 나오면 서서히 햇빛에 익숙해지게 한다.

종자번식

2~3cm 간격으로 점뿌리기한다.

씨앗이 안 보일 정도로 흙을 조금 많이 덮어준다.

4월 초순에 싹이 나오면 서서히 햇빛을 받게 한다.

꺾꽂이의 기술

후지벚나무나 수양벚나무는 꺾꽂이로 번식시키는 경우가 많다. 2월 하순~3월(봄꺾꽂이)과 6~8월 초순(장마철꺾꽂이)에 하는 것이 좋다. 봄꺾꽂이에는 전년도 가지의 튼튼한 부분을, 장마철꺾꽂이에는 튼튼한 새가지를 꺾꽂이모로 사용한다.

접붙이기의 기술

2~3월과 6~9월에 하는 것이 좋다. 종자번식이나 꺾꽂이로 번식시킨 1~3년생 묘목을 바탕나무로 사용하고, 광분해 파라필름으로 고정시켜 깎기접이나 눈접을 한다.

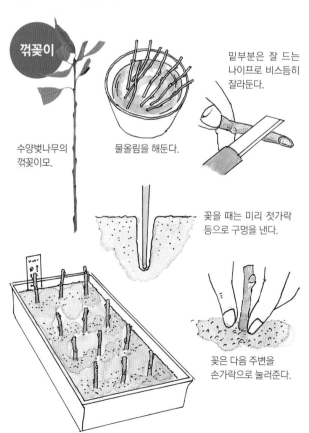

꺾꽂이

수양벚나무의 꺾꽂이모.

물올림을 해둔다.

밑부분은 잘 드는 나이프로 비스듬히 잘라둔다.

꽂을 때는 미리 젓가락 등으로 구멍을 낸다.

꽂은 다음 주변을 손가락으로 눌러준다.

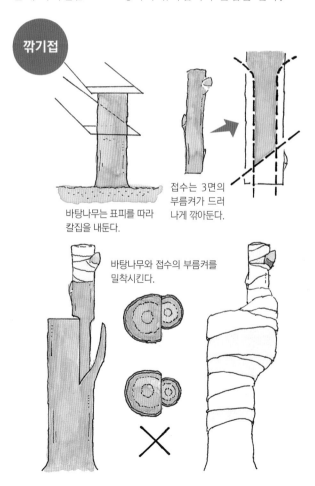

깎기접

바탕나무는 표피를 따라 칼집을 내둔다.

접수는 3면의 부름켜가 드러나게 깎아둔다.

바탕나무와 접수의 부름켜를 밀착시킨다.

빗속에서 빛나는 꽃

수국

다른 이름 자양화, 칠변화, 불두화, 하이드레인지어(서양수국)

분류
범의귀과
수국속
갈잎떨기나무(높이 1~2m)

장마철에 피는 친숙한 꽃이다. 보통 수국이라고 하면 「백당수국(일본에서 가쿠아지사이라고 부르는 품종)」을 개량한 원예품종을 말한다. 백당수국은 중앙에 씨앗을 만드는 암수갖춘꽃(양성화)이 있으며, 주위에 장식꽃이 핀다. 수국은 꽃 전체가 장식꽃인인데 이것이 미국과 유럽으로 넘어가 품종 개량되어 역수입된 것이 「서양수국」이다. 두 종류 모두 많은 원예품종이 있다.

월	1월	2월	3월	4월	5월	6월	7월	8월	9월	10월	11월	12월
상태						개화						
관리		가지치기					가지치기					
			심기									
번식작업			꺾꽂이			꺾꽂이						
			포기나누기									
비료	비료주기											

POINT_ 가지치기는 꽃이 진 다음 최대한 빨리 해야 한다.

관리 NOTE

심거나 옮겨 심는 시기는 2월 하순~3월이 좋다. 심는 장소는 밝은 그늘의 유기질이 풍부하고 비옥한 곳이 적합하며, 겨울의 찬바람을 피할 수 있는 곳을 선택한다.
가지치기는 꽃이 지면 최대한 빨리 해야 한다. 꽃눈은 9~10월 초순에 새가지 끝부분의 2~3마디에 달린다.
원예품종은 열매가 열리지 않으므로 꺾꽂이와 포기나누기로 번식시킨다.

꺾꽂이의 기술

2월 하순~3월의 봄꺾꽂이와 6~8월의 여름꺾꽂이가 있다. 봄꺾꽂이에는 튼튼한 전년도 가지를, 여름꺾꽂이에는 마디 사이가 짧은 튼튼한 새가지를 사용한다. 2~3마디로 잘라 꺾꽂이모로 사용하는데, 여름에는 위의 잎 4~5장을 남기고 아랫잎을 떼어낸다. 남은 잎도 반으로 잘라둔다. 1시간 정도 물올림을 해준 뒤, 꺾꽂이모판에 꽂는다. 용토는 녹소토, 버미큘라이트, 펄라이트, 피트모스를 같은 비율로 섞은 혼합용토를 사용한다. 꽂은 뒤에는 밝은 그늘에 두고 마르지 않게 물을 준다.

봄에 꺾꽂이를 할 경우에는 서리를 맞지 않도록 주의해야 한다. 새눈이 나오고 뿌리를 내리면 옅은 액체비료를 주고, 다음해 봄에 화분에 옮겨 심는다.

꺾꽂이

❶ 가지의 튼튼한 부분을 2~3마디 정도로 자른 다음, 잎을 4~5장 남기고 아랫잎은 제거한다.

❷ 남은 잎은 반으로 자른다.

❸ 잎이 서로 살짝 닿을 정도의 간격으로 꽂는다.

❹ 밝은 그늘에 두고 마르지 않게 관리한다. 새눈이 나오면 서서히 햇빛에 익숙해지게 한다.

꺾꽂이모

꺾꽂이로 뿌리를 내린 묘목.

포기나누기의 기술

2월 하순~3월에 한다. 포기나누기를 하기 1년 전부터 밑동에 흙을 두둑하게 덮어서 가는 뿌리가 많이 자라게 해둔다. 줄기나 가지 3개가 1포기가 되게 나눈다. 잔뿌리가 상하지 않게 파내서 심고, 심은 다음에는 밑동이 마르지 않도록 부엽토나 짚을 덮어둔다.

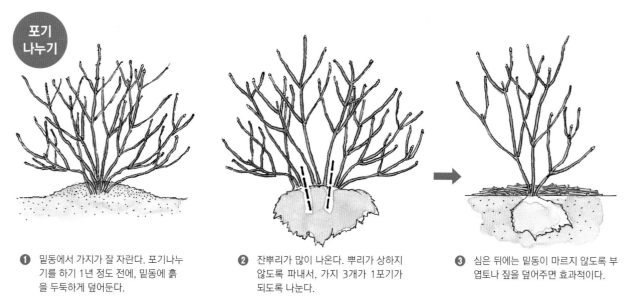

포기 나누기

❶ 밑동에서 가지가 잘 자란다. 포기나누기를 하기 1년 정도 전에, 밑동에 흙을 두둑하게 덮어둔다.

❷ 잔뿌리가 많이 나온다. 뿌리가 상하지 않도록 파내서, 가지 3개가 1포기가 되도록 나눈다.

❸ 심은 뒤에는 밑동이 마르지 않도록 부엽토나 짚을 덮어주면 효과적이다.

매끄럽고 광택 있는 껍질이 아름다운

애기노각나무 / 노각나무

다른 이름 큰일본노각나무, 모나델파 노각 / 조선자경, 비단나무, 노가지나무, 금수목

노각나무

애기노각나무

분류
차나무과
노각나무속
갈잎큰키나무(높이 10~20m)

애기노각나무와 노각나무는 같은 속에 속하지만, 단순히 노각나무보다 꽃이나 잎이 작은 나무를 애기노각나무라고 하는 것이 아니라 다른 종류이다. 모두 여름에 동백꽃을 닮은 흰 꽃을 피운다. 또한 매끄럽고 붉은 갈색을 띤 나무껍질이 아름답고, 가을이면 노랗고 붉게 물든 단풍도 아름답다. 애기노각나무는 분재로 많이 이용된다.

월	1월	2월	3월	4월	5월	6월	7월	8월	9월	10월	11월	12월
상태					개화							
관리	가지치기		심기									심기
번식작업			종자번식							종자번식		
						꺾꽂이						
비료	비료주기											

POINT_ 꽃눈은 그 해에 자란 가지에 달린다.

관리 NOTE

심는 시기와 옮겨 심는 시기는 12월과 2월 하순~3월이 좋다. 심는 장소는 해가 잘 들고 물이 잘 빠지며 유기질이 풍부하고 비옥한 곳을 선택한다.
가지치기는 잎이 떨어진 1~2월에, 목적에 맞게 필요 없는 가지를 밑동에서 잘라낸다. 꽃눈은 그 해에 자란 튼튼하고 짧은 가지나 중간 정도의 가지에 달린다.
종자번식, 꺾꽂이로 번식시킨다.

종자번식의 기술

10월경에 열매가 짙은 갈색으로 익는데, 열매가 갈라지기 전에 채취해서 그늘에서 말리면 씨앗이 나온다. 바로 뿌리거나 냉장보관해서 3월에 뿌린다. 모판은 서리나 추위를 막을 수 있는 곳에 두고 마르지 않게 관리한다. 본잎이 4~5장 나오면 옅은 액체비료를 주고, 다음 해 봄에 옮겨 심는다.

애기노각나무의 열매와 씨앗.

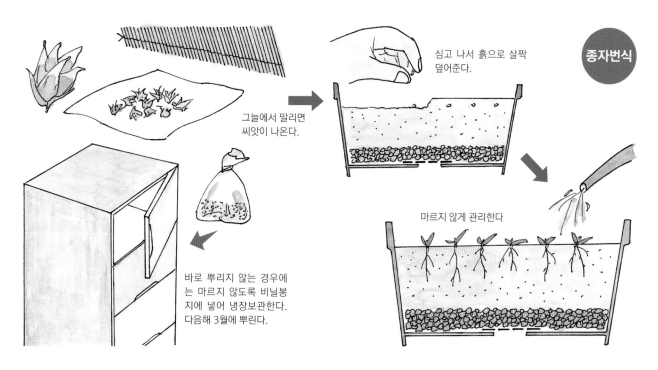

심고 나서 흙으로 살짝 덮어준다.

그늘에서 말리면 씨앗이 나온다.

마르지 않게 관리한다

바로 뿌리지 않는 경우에는 마르지 않도록 비닐봉지에 넣어 냉장보관한다. 다음해 3월에 뿌린다.

꺾꽂이의 기술

6~7월의 장마철에 하는 것이 좋다. 마디가 짧고 튼튼한 새가지를 꺾꽂이모로 사용한다. 밝은 그늘에 두고 마르지 않게 관리한다. 꺾꽂이모판에 받침대를 세우고 비닐봉지를 덮어 밀폐시키면 잘 마르지 않기 때문에 효과적이다. 새눈이 자라기 시작하면 서서히 외부 공기에 익숙해지게 하고, 다음해 3월에 옮겨 심는다.

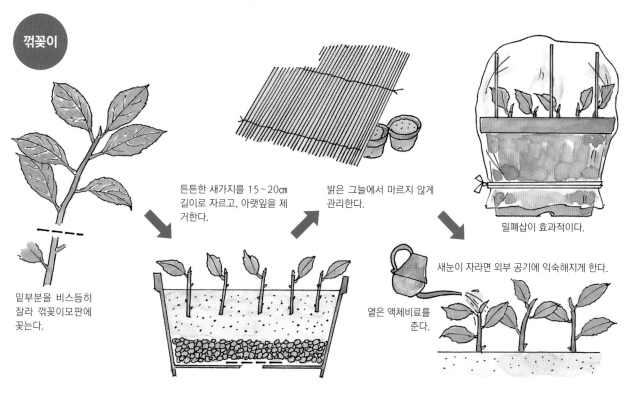

꺾꽂이

튼튼한 새가지를 15~20㎝ 길이로 자르고, 아랫잎을 제거한다.

밝은 그늘에서 마르지 않게 관리한다.

밀폐삽이 효과적이다.

밑부분을 비스듬히 잘라 꺾꽂이모판에 꽂는다.

새눈이 자라면 외부 공기에 익숙해지게 한다.

옅은 액체비료를 준다.

이른 봄에 피는 작고 노란 꽃

영춘화

다른 이름 황매, 금요대, 소황화, 봄맞이꽃

분류
물푸레나무과
영춘화속
갈잎떨기나무(높이 1~2m)

가장 먼저 봄을 알리는 꽃이라고 해서 영춘화라고 부른다. 매화가 피는 시기에 노란색 꽃이 피기 때문에, 매화의 이름을 따서「황매」라고도 한다. 중국 원산으로 재스민 종류이지만 향기는 거의 없다. 꽃은 개나리를 닮았지만 개나리는 꽃잎이 4갈래인데 비해, 영춘화는 5갈래, 또는 6갈래이다. 가지는 사방으로 갈라져서 밑으로 처진다. 정원에 심으면 봄의 정취를 즐길 수 있다.

월	1월	2월	3월	4월	5월	6월	7월	8월	9월	10월	11월	12월
상태			개화									
관리					가지치기		가지치기					
				심기						심기		
번식작업		꺾꽂이				꺾꽂이						
			휘묻이						휘묻이			
비료			비료주기									

POINT_ 자라는 대로 내버려두면 가지가 복잡해지므로 꽃이 지면 바로 가지치기한다.

관리 NOTE

심거나 옮겨 심는 시기는 3월 중순~4월과 9~10월이 좋다. 햇빛이 잘 드는 장소에 물이 잘 빠지도록 흙을 최대한 높이 쌓아서 심는다. 추위나 건조에 강하고 나무자람새가 강하다.
꽃눈은 새가지의 각 마디에 생긴다. 내버려두면 가지가 사방으로 갈라지고 복잡해지므로, 꽃이 지면 바로 정원 크기에 맞게 가지치기한다. 번식력이 왕성해 가지 마디에서 공기뿌리가 잘 나오고, 지면에 닿으면 뿌리를 내린다. 꺾꽂이, 접붙이기로 번식시킬 수 있다.

꺾꽂이의 기술

2월 중순~3월(봄꺾꽂이)과 6~7월 중순(장마철꺾꽂이)에 하는 것이 좋다. 봄에 꺾꽂이할 때는 전년도 가지의 튼튼한 부분을, 장마철에 꺾꽂이할 때는 튼튼한 새가지를 사용한다. 꺾꽂이모는 30㎝ 정도로 길어도 뿌리를 잘 내린다. 그 밖에도 3~9월에는 수시로 꺾꽂이가 가능하다. 바람을 맞지 않는 밝은 그늘에 두고, 새눈이 자라면 서서히 햇빛을 받게 한다. 다음해 봄에 옮겨 심는다.

꺾꽂이모

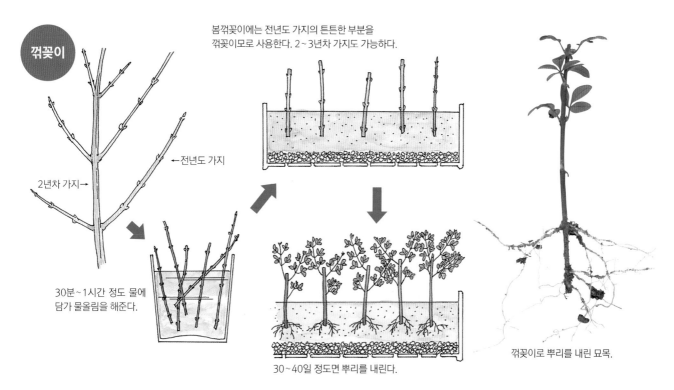

꺾꽂이

봄꺾꽂이에는 전년도 가지의 튼튼한 부분을
꺾꽂이모로 사용한다. 2~3년차 가지도 가능하다.

←전년도 가지

2년차 가지→

30분~1시간 정도 물에
담가 물올림을 해준다.

30~40일 정도면 뿌리를 내린다.

꺾꽂이로 뿌리를 내린 묘목.

휘묻이의 기술

가지가 지면에 닿으면 그곳에서 뿌리를 내린다. 밑동에 흙을 두둑하게 덮어두거나, 가지를 구부려서 땅속에 묻어두었
다가 뿌리를 내리면 잘라서 심는다.

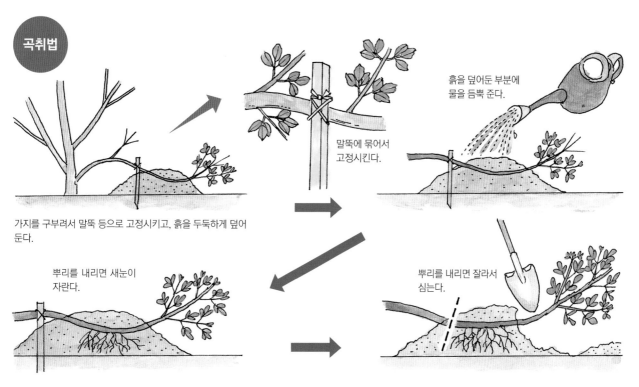

곡취법

흙을 덮어둔 부분에
물을 듬뿍 준다.

말뚝에 묶어서
고정시킨다.

가지를 구부려서 말뚝 등으로 고정시키고, 흙을 두둑하게 덮어
둔다.

뿌리를 내리면 새눈이
자란다.

뿌리를 내리면 잘라서
심는다.

노란 잎이 아름다운

은행나무

다른 이름 행자목, 공손수, 압각수

분류
은행나무과
은행나무속
갈잎큰키나무(높이 30~40m)

가을이면 선명한 노란색으로 변하는 잎이 은행나무의 특징이다. 중국 원산으로 한국, 중국, 일본 등에 주로 분포하며, 한국에는 불교나 유교가 전래되는 과정에서 들어온 것으로 추정된다. 대기오염에 강하고 내화성이 있어 가로수나 공원수로 많이 심으며, 전국에 유명한 노거수도 몇 그루 있다. 암수딴그루이며, 4월에 수그루에 담황색의 짧은 이삭모양 꽃이 핀다. 암그루에는 겉으로 들어난 녹색의 밑씨(배주)가 2개 있다. 열매는 다육질로 노랗게 익으며 악취가 있다.

월	1월	2월	3월	4월	5월	6월	7월	8월	9월	10월	11월	12월
상태				개화						성숙기		
관리	가지치기	가지치기	심기								가지치기 / 심기	가지치기
번식작업		접붙이기	접붙이기 / 꺾꽂이	꺾꽂이		꺾꽂이 / 휘묻이	꺾꽂이 / 휘묻이	휘묻이	접붙이기 / 꺾꽂이	접붙이기 / 꺾꽂이		
비료	비료주기	비료주기	비료주기									

POINT_ 생명력이 강하고 어떤 방법이든 번식이 가능하다.

관리 NOTE

심거나 옮겨 심는 시기는 2월 하순~3월과 11월이 좋다. 심는 장소는 해가 잘 들고 물이 잘 빠지는 장소를 선택한다. 나무자람새가 강하므로 토질은 가리지 않는다.
가지치기는 잎이 진 11~2월에 한다. 지나치게 자란 가지를 잘라준다.
생명력이 강해서 종자번식이나 꺾꽂이, 접붙이기, 휘묻이 등 모든 방법으로 번식이 가능하다.

종자번식의 기술

10월경에 익어서 떨어진 열매를 주워 그물망에 넣어 땅속에 묻거나, 물로 씻어서 과육을 제거한다. 과육이 피부에 닿으면 염증이 생길 수 있으므로 주의해야 한다.

씨앗은 저장하지 않고 바로 뿌리거나, 흙과 반씩 섞어서 땅속에 묻고 봄까지 보관한다.

얕은 화분 등에 입자가 작은 적옥토를 넣고 씨앗을 뿌린 다음, 씨앗이 안 보일 정도로 흙을 덮어준다.

햇빛이 잘 닿는 곳에 두고 마르지 않게 주의한다. 다음해 3월에 옮겨 심는다.

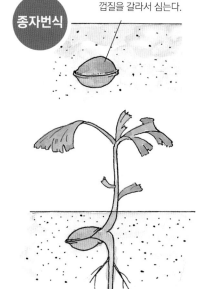

종자번식 껍질을 갈라서 심는다.

은행나무 씨앗.

과육을 깨끗이 씻어낸 다음, 얕은 화분 등에 입자가 작은 적옥토 등을 넣고 씨를 뿌린다.

노랗게 익은 은행나무 열매 (은행).

구하기 힘든 무늬은행나무의 씨모. 비료를 잘 주면서 키우고, 1년 뒤에 접수로 사용한다.

꺾꽂이의 기술

3~4월에 봄꺾꽂이, 6~7월에 여름꺾꽂이, 9월에 가을 꺾꽂이를 한다. 꺾꽂이모는 열매가 잘 달리는 품종의 암 그루나, 잎에 아름다운 무늬가 있는 품종에서 선택하는 것이 좋다. 봄꺾꽂이에는 튼튼한 전년도 가지를 사용하고, 여름과 가을에는 마디가 짧은 새가지를 사용한다. 상당히 두꺼운 가지도 뿌리를 잘 내린다.

녹소토, 버미큘라이트, 펄라이트, 피트모스를 같은 비율로 섞은 혼합용토를 넣은 꺾꽂이모판에 꽂는다. 밝은 그늘에 두고 마르지 않도록 관리하면 6개월 정도 뒤에 뿌리를 내린다. 새눈이 자라기 시작하면 서서히 햇빛을 받게 하면서 재배한다. 2년 정도 그 상태로 관리한 뒤에 옮겨 심는다.

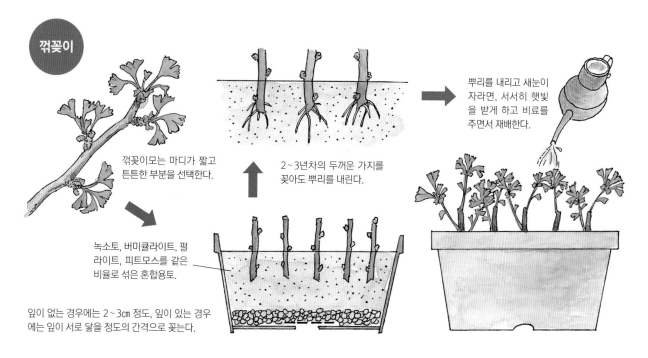

꺾꽂이

꺾꽂이모는 마디가 짧고 튼튼한 부분을 선택한다.

녹소토, 버미큘라이트, 펄라이트, 피트모스를 같은 비율로 섞은 혼합용토.

잎이 없는 경우에는 2~3㎝ 정도, 잎이 있는 경우에는 잎이 서로 닿을 정도의 간격으로 꽂는다.

2~3년차의 두꺼운 가지를 꽂아도 뿌리를 내린다.

뿌리를 내리고 새눈이 자라면, 서서히 햇빛을 받게 하고 비료를 주면서 재배한다.

접붙이기의 기술

꺾꽂이와 마찬가지로 열매가 잘 달리는 나무나 무늬가 있는 품종에서 접수를 고르는 것이 좋다.

접붙이기는 4 ~ 5월의 싹이 트는 시기 외에는 1년 내내 가능하다.

접붙이기 방법은 깎기접이며, 1 ~ 2년생 씨모를 바탕나무로 사용한다.

일반 품종의 2년생 씨모를 바탕나무로 사용하고, 열매가 잘 달리는 품종(오른쪽 사진)에서 채취한 접수를 접붙인 것. 1달 정도 지나서 눈이 나왔다.

바탕나무에서 나온 눈은 제거한다.

어릴 때부터 열매가 달리는 품종. 마음에 드는 나무가 있으면 가지만 얻어서 직접 번식시킬 수 있다.

휘묻이의 기술

성장기인 6 ~ 8월에 환상박피해서 고취법으로 휘묻이한다(p.30 참조).

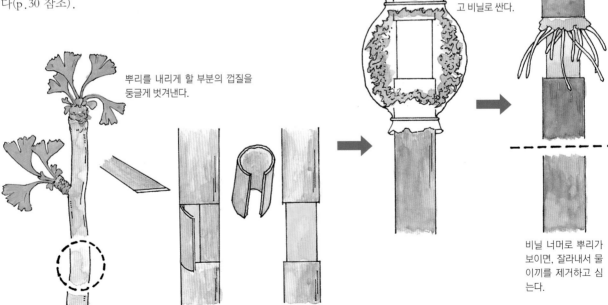

뿌리를 내리게 할 부분의 껍질을 둥글게 벗겨낸다.

물관부를 축축하게 적신 물이끼로 감싸고 비닐로 싼다.

비닐 너머로 뿌리가 보이면, 잘라내서 물이끼를 제거하고 심는다.

열매가 달리는 은행나무 분재 만들기

땅에서 몇 년 동안 키운 나무를 밑동 가까이에서 잘라 아래쪽에서 새가지가 나오게 한다. 이것을 바탕나무로 사용해서 열매가 잘 달리는 왜성종의 접수를 접붙인다.

접수는 바탕나무의 가지 굵기에 맞는 것을 고른다.

접붙인 뒤 화분에 옮겨 분재로 만든다(2년째 정도부터 열매가 달린다). 단순히 번식시키는 것이 전부가 아닌, 접붙이기의 즐거움 중 하나이다.

❶ 분재용으로 재배한 나무. 아래쪽 가지 가까이에서 줄기를 자른다.

❷ 칼집을 내기 위해 바탕나무의 가장자리를 밑에서 위로 비스듬히 깎는다.

❸ 표피를 따라 칼집을 내서 부름켜가 겉으로 드러나게 한다.

❹ 바탕나무와 접수의 부름켜가 밀착되도록 접수를 꽂는다.

❺ 광분해 파라필름으로 고정한다. 마르지 않게 막아주는 역할도 한다.

❻ 각각의 가지를 밑동 근처에서 잘라 접붙인다.

❼ 바탕나무가 굵고 절단면이 넓을 때는 유합제를 바른다.

유합제

초여름에 저녁 무렵이면 붓모양의 꽃이 피는

자귀나무

다른 이름 소쌀나무, 야합수, 합환수, 유정수, 자귀대, 합환피

분류
콩과
자귀나무속
갈잎큰키나무(높이 5~10m)

나무를 깎아서 다듬는 도구인 자귀의 손잡이를 만들 때 많이 사용해서 자귀나무라고 부른다. 잎은 깃모양겹잎(우상복엽)으로, 해가 지고 나면 펼쳐진 잎이 서로 마주보며 접혀진다. 일본에서는 그 모습이 잠드는 것처럼 보인다고 해서, 잠드는 나무라는 의미로 「네무노키」라고 부른다. 이 수면운동은 잎자루 부근에 있는 엽침이라는 운동기관에서 세포의 부피가 변하면서 일어나는 것이다. 7~8월경에 담홍색의 붓털을 흩어놓은 것처럼 생긴 꽃을 피운다. 왜성품종도 있다.

월	1월	2월	3월	4월	5월	6월	7월	8월	9월	10월	11월	12월
상태							개화			성숙기		
관리		가지치기		심기								
번식작업			종자번식							종자번식		
비료	필요 없음											

POINT_ 붓모양의 꽃이 특징이다. 콩과 식물이므로 다소 척박한 땅에서도 잘 자란다.

관리 NOTE

심는 시기는 4~5월 초순이 좋다. 해가 잘 들고 습기가 적당히 있는 곳을 선택한다.

콩과 식물이므로 튼튼하고 토질을 가리지 않으며, 조금 척박한 땅에서도 잘 자란다.

꽃은 새가지의 끝부분에 피기 때문에, 가능하면 가지를 자르지 말고 필요 없는 가지를 밑동에서 자르는 솎음 가지치기를 한다. 2~3월에 하는 것이 좋다.

주로 씨앗으로 번식시킨다.

종자번식의 기술

10월경에 열매껍질이 연한 갈색으로 물들기 시작하면 채취한다. 2~3일 말려서 살짝 두드리면 껍질이 갈라지고 씨앗이 나오는데, 바로 뿌리거나 비닐봉지에 담아 서늘하고 어두운 곳에 보관한 뒤 3월에 뿌린다. 바로 뿌리는 경우에는 추위를 피할수 있도록 따뜻한 곳에 둔다. 밝은 그늘에 두고 싹이 트면 서서히 햇빛에 익숙해지게 한 뒤 옅은 액체비료를 준다. 다음해 4월경에 옮겨 심는데, 빠른 것은 6~7년이면 꽃이 핀다. 2~3년만 지나도 꽃이 피는 종류도 있다.

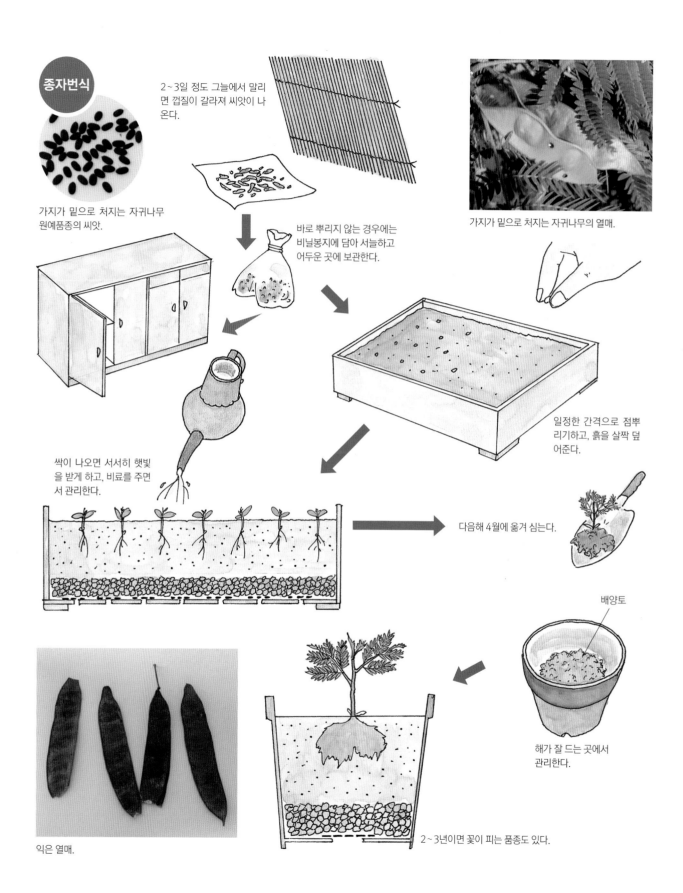

종자번식

가지가 밑으로 처지는 자귀나무 원예품종의 씨앗.

2~3일 정도 그늘에서 말리면 껍질이 갈라져 씨앗이 나온다.

가지가 밑으로 처지는 자귀나무의 열매.

바로 뿌리지 않는 경우에는 비닐봉지에 담아 서늘하고 어두운 곳에 보관한다.

일정한 간격으로 점뿌리기하고, 흙을 살짝 덮어준다.

싹이 나오면 서서히 햇빛을 받게 하고, 비료를 주면서 관리한다.

다음해 4월에 옮겨 심는다.

배양토

해가 잘 드는 곳에서 관리한다.

익은 열매.

2~3년이면 꽃이 피는 품종도 있다.

향기도 뛰어난 꽃의 여왕

장미

분류
장미과
장미속
갈잎떨기나무 ~
큰키나무(높이 0.1~10m)

장미과 장미속의 떨기나무를 통틀어 장미라고 부르는데, 정원수로 많이 심는 것은 서양장미이다. 4계절 피는 장미는 크게 하이브리드티(대륜), 플로리번다(중륜), 미니어처계열, 덩굴장미로 나눌 수 있다. 각각 매우 많은 원예품종이 있다. 하이브리드티가 만들어지기 이전의 장미를 고대장미(old rose)라고 부른다.

월	1월	2월	3월	4월	5월	6월	7월	8월	9월	10월	11월	12월
상태						개화				개화		
관리	가지치기											가지치기
	대묘심기				신묘심기						대묘심기	
번식작업		종자번식							종자번식			
		접붙이기					꺾꽂이					
		꺾꽂이				꺾꽂이			꺾꽂이			
비료	비료주기					비료주기	비료주기		비료주기			비료주기

POINT_ 해가 잘 들고 바람이 잘 통하며 물이 잘 빠지는 장소에 밑거름을 충분히 준 다음에 심는다.

관리 NOTE

신묘는 4월 하순~6월 초순에 심고, 대묘는 11~2월에 심는다. 해가 잘 들고 바람이 잘 통하며 물이 잘 빠지는 곳에 밑거름을 충분히 주고 심는다. 12~2월에 목적에 맞게 기본 가지치기를 한 다음, 꽃이 핀 가지를 1/3 정도 잘라서 새가지가 자라게 한다. 생장기인 4~10월에는 정기적으로 약제를 살포한다. 접붙이기, 꺾꽂이로 번식시키며, 가지치기한 가지로 간단하게 꺾꽂이할 수 있다.

※ 신묘_ 9월에 눈접 또는 1월에 깎기접으로 접붙여서 4월까지 키운 어린 묘목. / 대묘_ 접붙인 어린 묘목을 땅에 심고 가을까지 키운 묘목.

꺾꽂이의 기술

2~3월(봄꺾꽂이), 6~7월(장마철꺾꽂이), 9~10월 초순(가을꺾꽂이)에 하는 것이 좋다.

봄꺾꽂이에는 전년도 가지의 튼튼한 부분을 사용하고, 장마철꺾꽂이와 가을꺾꽂이에는 튼튼한 새가지를 사용한다.

꺾꽂이모는 10~15cm로 잘라서 소엽(5매엽)을 2장 남기고 아랫잎을 제거한다. 밑부분을 비스듬히 잘라 꺾꽂이모판에 꽂은 다음 봄가을에는 따뜻한 곳에 두고, 장마철에는 밝은 그늘에서 마르지 않게 관리한다.

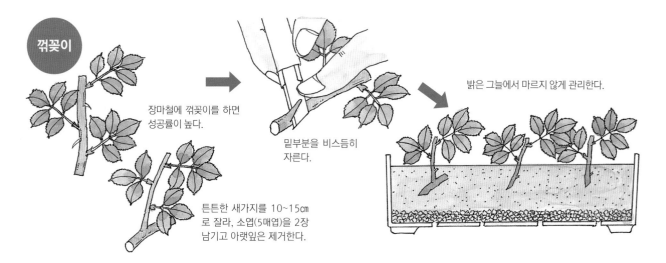

꺾꽂이

장마철에 꺾꽂이를 하면 성공률이 높다.

밑부분을 비스듬히 자른다.

튼튼한 새가지를 10~15cm로 잘라, 소엽(5매엽)을 2장 남기고 아랫잎은 제거한다.

밝은 그늘에서 마르지 않게 관리한다.

접붙이기의 기술

2~3월에는 전년도 가지의 튼튼한 부분을 이용해 깎기접을 한다. 6~9월에는 새가지나 눈을 사용해서 접붙인다. 바탕나무는 찔레나무를 종자번식이나 꺾꽂이로 번식시킨 1~2년생 묘목을 사용한다.

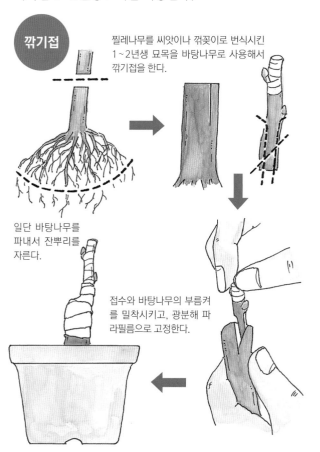

깎기접

찔레나무를 씨앗이나 꺾꽂이로 번식시킨 1~2년생 묘목을 바탕나무로 사용해서 깎기접을 한다.

일단 바탕나무를 파내서 잔뿌리를 자른다.

접수와 바탕나무의 부름켜를 밀착시키고, 광분해 파라필름으로 고정한다.

종자번식으로 바탕나무 만들기

찔레나무를 씨앗으로 번식시켜 바탕나무로 사용한다.

가을에 열매가 붉게 익으면 작은 새들이 먹기 전에 채취한다. 과육을 물로 씻어내고 바로 뿌리거나, 마르지 않도록 비닐봉지에 넣어 냉장보관한 뒤 2월 하순에 뿌린다. 본잎이 4~5장 나오면 옮겨 심는다. 빠른 것은 가을이면 바탕나무로 사용할 수 있다.

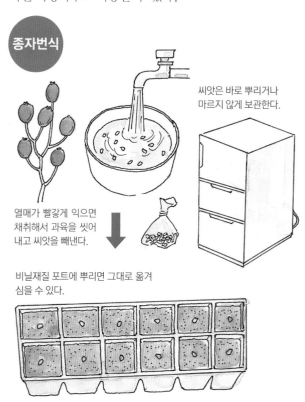

종자번식

씨앗은 바로 뿌리거나 마르지 않게 보관한다.

열매가 빨갛게 익으면 채취해서 과육을 씻어 내고 씨앗을 빼낸다.

비닐재질 포트에 뿌리면 그대로 옮겨 심을 수 있다.

빨간 열매가 사랑스러운

참빗살나무

다른 이름 물뿌리나무

분류
노박덩굴과
화살나무속
갈잎떨기나무(높이 1~5m)

각지의 산과 들에 자생한다. 목질이 단단해서 예로부터 활이나 도장, 가구 등을 만드는 데 사용되었다. 가을의 단풍과 더불어, 담홍색 열매가 4개로 갈라져 붉은 가종피에 싸인 씨앗이 드러난 모습이 이 나무의 매력 포인트. 참빗살나무는 암수딴그루로 열매는 암그루에 열린다. 열매가 열리는 것을 확인하고 묘목을 고른다.

월	1월	2월	3월	4월	5월	6월	7월	8월	9월	10월	11월	12월
상태					개화					성숙기		
관리		가지치기	심기								심기	가지치기
번식작업			종자번식							종자번식		
		꺾꽂이					꺾꽂이					
			뿌리꽂이		휘묻이							
비료		비료주기						비료주기				

POINT_ 가지치기는 필요 없는 가지를 정리하는 정도면 충분하다.

관리 N O T E

심거나 옮겨 심는 시기는 11~12월이나 2~3월이 좋다. 심는 장소는 해가 잘 들고 물이 잘 빠지는 곳을 선택한다. 나무자람새가 강해 토질은 가리지 않으며, 열매가 많이 열리게 하려면 햇빛을 잘 받는 것이 중요하다.
그대로 자라게 방치해도 나무모양이 크게 흐트러지지 않는다. 잎이 떨어진 뒤 필요 없는 가지를 정리해서, 나무 속까지 햇빛이 잘 들고 바람이 잘 통하게 하는 정도로 충분하다. 종자번식이나 꺾꽂이, 접붙이기, 뿌리꽂이 등으로 번식시킨다.

종자번식의 기술

10월경에 열매가 익어서 반 정도 벌어지면 채취한다. 붉은 가종피를 씻어내고 씨앗을 꺼낸다.

바로 뿌리거나 마르지 않도록 냉장보관하고 다음해 3월에 뿌린다.

참빗살나무는 암수딴그루이므로, 3년차 개화기에 열매가 달리는지 확인하고 암그루를 고른다.

種子繁殖 (종자번식)

붉은 가종피를 물로 씻어낸다.

다음해 봄에 뿌릴 경우에는 비닐봉지에 담아 냉장보관 한다.

용토는 적옥토나 강모래를 사용한다.

뿌리꽂이의 기술

3월에 밑동을 파내 사방으로 뻗은 지름 1cm 정도의 뿌리를 15~20cm 길이로 자른다. 밑동쪽이 위로 오고, 흙 위로 2cm 정도 나오게 꽂는다.

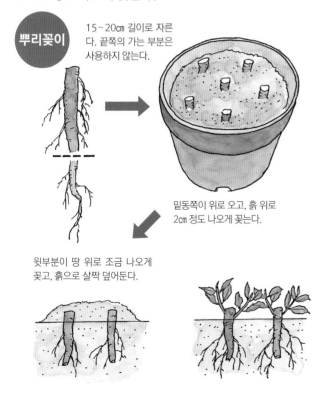

뿌리꽂이

15~20cm 길이로 자른다. 끝쪽의 가는 부분은 사용하지 않는다.

밑동쪽이 위로 오고, 흙 위로 2cm 정도 나오게 꽂는다.

윗부분이 땅 위로 조금 나오게 꽂고, 흙으로 살짝 덮어둔다.

꺾꽂이의 기술

2~4월 중순(봄꺾꽂이)과 6~8월(여름꺾꽂이)에 하는 것이 좋다. 봄꺾꽂이에는 전년도 가지의 튼튼한 부분을, 여름꺾꽂이에는 튼튼한 새가지를 사용한다. 잎이 3~5장 붙어 있는(커다란 잎은 반으로 자른다) 꺾꽂이모를 만들어, 몇 시간 정도 물올림을 해준 뒤에 꽂는다. 봄꺾꽂이는 따뜻한 곳에, 여름꺾꽂이는 밝은 그늘에 두고, 뿌리를 내리면 서서히 햇빛에 익숙해지게 한다.

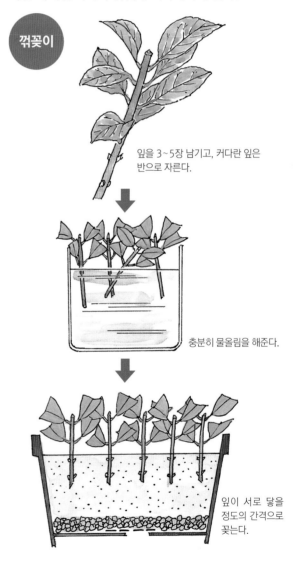

꺾꽂이

잎을 3~5장 남기고, 커다란 잎은 반으로 자른다.

충분히 물올림을 해준다.

잎이 서로 닿을 정도의 간격으로 꽂는다.

휘묻이의 기술

4~6월에 하는 것이 좋다. 환상박피해서 곡취법으로 휘묻이한다(p.31 참조).

가로수의 왕자

플라타너스 · 버즘나무

다른 이름 방울나무, 플라타누스

분류
버즘나무과
버즘나무속
갈잎큰키나무(높이 15~30m)

공해에 잘 견디기 때문에 가로수로 많이 심는 나무. 플라타너스는 버즘나무속에 속하는 나무를 통틀어 부르는 이름이다. 지중해 연안~아시아 원산의 버즘나무, 미국 원산의 「양버즘나무」, 버즘나무와 양버즘나무의 잡종인 「단풍버즘나무」가 있다. 가로수로 심는 것은 대부분 양버즘나무이다.

월	1월	2월	3월	4월	5월	6월	7월	8월	9월	10월	11월	12월
상태			개화						성숙기			
관리				심기			가지치기				심기	가지치기
번식작업		꺾꽂이						꺾꽂이				
비료												

POINT_ 가지가 옆으로 뻗는 성질을 살려서 울타리로 만들어도 재미있다.

관리 NOTE

심는 시기는 3~5월과 10~12월이 좋다. 해가 잘 들고 물이 잘 빠지며, 유기질이 풍부해서 비옥하고, 적당히 습기가 있는 곳을 선택한다. 대기오염에 강하고 토질은 가리지 않는다. 가지치기는 1년에 2번, 7~8월과 12월에 한다. 가지가 옆으로 자라는데, 7~8월에는 지나치게 자란 가지를 잘라내고 복잡해진 부분을 솎아내서 태풍으로 인해 가지가 부러지지 않게 정리한다. 잎이 떨어진 뒤 12월에 나무모양을 정리한다.
종자번식도 가능하지만 대부분 꺾꽂이로 번식시킨다.

꺾꽂이의 기술

2~3월의 봄꺾꽂이와 8~9월의 여름꺾꽂이가 가능하다. 봄에는 전년도 가지의 튼튼한 부분을, 여름에는 튼튼한 새가지를 꺾꽂이모로 사용한다. 15~20㎝로 잘라서 잎을 2~3장 남기고 아랫잎을 제거한다. 남긴 잎이 크면 반 정도로 잘라둔다. 1~2시간 정도 물올림을 해준 뒤 적옥토 등을 넣은 꺾꽂이모판에 꽂는다. 밝은 그늘에 두고 마르지 않게 관리한다. 새눈이 자라기 시작하면 서서히 햇빛에 익숙해지게 하고, 비료를 주면서 관리한다. 다음해 3월에 옮겨 심는다.

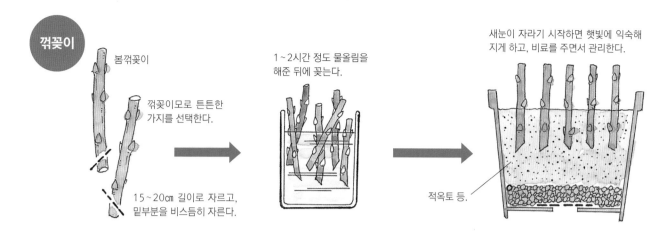

꺾꽂이

봄꺾꽂이

꺾꽂이모로 튼튼한 가지를 선택한다.

15~20cm 길이로 자르고, 밑부분을 비스듬히 자른다.

1~2시간 정도 물올림을 해준 뒤에 꽂는다.

새눈이 자라기 시작하면 햇빛에 익숙해 지게 하고, 비료를 주면서 관리한다.

적옥토 등.

버즘나무 이름의 유래

버즘나무라는 이름은 나무껍질이 조각조각 벗겨져 얼룩진 모습이, 피부병의 일종인 버짐이 핀 것처럼 보여서 붙여진 이름이다. 버즘나무라는 이름보다는 플라타너스라는 속명으로 더 많이 알려져 있으며, 북한에서는 방울나무라고 부른다. 일본 이름은 스즈카케노키인데, 산에서 수행하는 승려가 입는 스즈카케[篠懸]라는 옷에 붙어 있는 장식이 열매꼭지가 긴 플라타너스 열매를 닮은 데

서 유래된 이름으로, 그 모습이 방울을 늘어뜨린 모습을 연상시킨다고 해서 방울 령(鈴)자를 써서 「스즈카케[鈴懸]」라고도 한다.

대기오염에 강하고 공기정화능력이 뛰어나 예전에는 가로수로 많이 이용되었는데, 꽃가루 문제도 있고 오래되면 내부가 썩어 속이 비는 공동화 현상으로 사고의 원인이 되기도 하므로 최근에는 잘 심지 않는다.

(위 사진은 일본 신주쿠교엔의 오래된 버즘나무)

버즘나무 울타리

버즘나무는 줄기가 곧고 가지는 두꺼우면서 옆으로 쭉 뻗는 성질이 있다.

30m 정도까지 자라는 큰키나무로 개인주택에서 가로 수처럼 크게 키우기는 힘들기 때문에, 여기서는 조금이 라도 버즘나무의 세련된 분위기를 살릴 수 있는 울타리 만드는 방법을 소개한다. 가지끼리 열십자 모양으로 접 붙여서 울타리를 만드는 방법으로, 붙이고 싶은 부분의 표피를 깎아내고 부름켜끼리 밀착시킨 다음 떨어지지 않 도록 광분해 파라필름을 감아 고정한다. 잘 붙을 때쯤이 면 테이프도 풍화된다.

❶ 아래쪽의 옆으로 뻗은 가지에서 자란 새로운 가지. 위쪽의 옆으로 뻗은 가지와 붙일 위치를 정한다.

❷ 붙일 위치를 정한 다음 위쪽 가지의 표피를 깎 아 부름켜를 드러낸다.

❸ 아래쪽의 옆으로 뻗은 가지에서 자란 새로운 가지도, 붙일 위치의 표피를 깎아 부름켜를 드러낸다.

❹ 아래쪽에서 자란 새가지와 위쪽 가지의 부름켜를 밀착시킨다.

❺ 밀착시킨 부분이 떨어지지 않도록 잘 잡고 광분해 파라필름을 감아 고정시킨다. 떨어지지 않도록 테이프를 당겨가며 감는다.

❻ 잘 붙으면 위로 튀어나온 부분을 잘라낸다.

❼ 위쪽의 옆으로 뻗은 가지와 아래쪽의 옆으로 뻗은 가지 사이를, 아래쪽에서 자란 새로운 가지로 연결하면 울타리가 완성된다.

아래쪽의 옆으로 뻗은 가지에서 자란 새눈. 이 눈을 키워서 위쪽 가지에 붙인다.

가지에 화살깃을 닮은 날개가 달린

화살나무

다른 이름 금목, 위모, 귀우전, 귀전우, 귀견우, 참빗나무

분류
노박덩굴과
화살나무속
갈잎떨기나무(높이 1~3m)

가지에 화살처럼 코르크질의 살깃 모양 날개가 있어서 화살나무라고 한다. 일본에서는 가을 단풍이 비단처럼 아름답다는 의미로 비단 금(錦)자를 써서「니시키기(錦木)」라고 부른다. 근연종인 회잎나무는 날개가 없어서 쉽게 구분할 수 있다.

월	1월	2월	3월	4월	5월	6월	7월	8월	9월	10월	11월	12월
상태					개화					성숙기·단풍		
관리	가지치기											가지치기
	심기											심기
번식작업			종자번식							종자번식		
			꺾꽂이				꺾꽂이					
			휘묻이									
비료		비료주기										

POINT_ 가지치기는 필요 없는 가지를 정리하는 정도면 충분하다.

관리 **NOTE**

심거나 옮겨 심는 시기는 12~3월 초순이 좋다. 심는 장소는 햇빛이 잘 들고, 물이 잘 빠지며, 유기질이 풍부하고, 비옥한 곳을 선택한다. 나무자람새가 강해서 토질은 가리지 않는다.

자라는 대로 방치해도 자연스럽게 나무모양이 정리되므로, 굳이 가지치기를 할 필요는 없다. 나무갓 내부의 잔가지나 나무갓 밖으로 튀어나온 가지와 움돋이 등을 정리하는 정도면 충분하며, 12~2월에 하는 것이 좋다.

보통 꺾꽂이로 번식시키지만 휘묻이나 종자번식도 가능하다.

꺾꽂이의 기술

2월 하순~3월(봄꺾꽂이)과 6~9월(여름꺾꽂이)에 하는 것이 좋다. 봄에는 전년도 가지의 튼튼한 부분을, 여름에는 튼튼한 새가지를 사용한다. 봄꺾꽂이를 하면 따뜻한 곳에 두고 서리에 주의해야 하며, 여름꺾꽂이의 경우 밝은 그늘에 두고 마르지 않게 관리하면 1달 정도 뒤에 뿌리를 내린다. 서서히 햇빛에 적응시킨 다음 옅은 액체비료를 준다. 다음해 3월 초순에 옮겨 심는다.

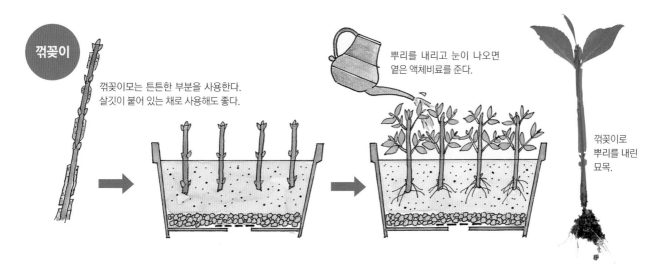

꺾꽂이

꺾꽂이모는 튼튼한 부분을 사용한다. 살깃이 붙어 있는 채로 사용해도 좋다.

뿌리를 내리고 눈이 나오면 옅은 액체비료를 준다.

꺾꽂이로 뿌리를 내린 묘목.

휘묻이의 기술

눈이 나오기 전인 3월에 하는 것이 좋다. 환상박피를 한 뒤 고취법으로 휘묻이한다.

고취법

마디 사이를 환상 박피한다.

물이끼로 감싸고 비닐로 싸서 마르지 않게 관리한다.

비닐 너머로 뿌리가 보이면 잘라내서 심는다.

종자번식의 기술

10월경 열매껍질이 조금씩 갈라지기 시작하면 씨앗을 채취한다. 과육을 잘 씻어내고 바로 뿌리거나, 마르지 않도록 비닐봉지에 담아 냉장보관한 뒤 3월에 뿌린다.

종자번식

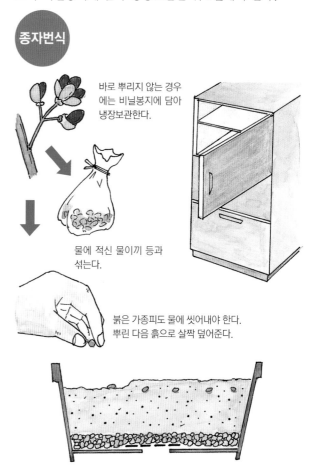

바로 뿌리지 않는 경우에는 비닐봉지에 담아 냉장보관한다.

물에 적신 물이끼 등과 섞는다.

붉은 가종피도 물에 씻어내야 한다. 뿌린 다음 흙으로 살짝 덮어준다.

금사슬나무

분류 콩과 금사슬나무속 / 갈잎떨기나무 ~ 큰키나무(높이 5~10m)

초여름이면 레몬색 나비모양의 꽃송이를 길게 늘어뜨린 모습이 화려하다. 등나무처럼 보인다고 해서 노랑등나무라고 부르기도 한다. 심는 시기는 2~3월이 좋다. 옮겨 심는 것을 싫어하므로 심는 장소를 신중하게 선택해야 한다. 꽃눈은 튼튼한 짧은 가지에 달리며, 잎이 떨어진 뒤 긴 가지를 잘라 짧은 가지를 늘리면 꽃이 잘 핀다. 번식방법은 꺾꽂이가 일반적이며, 2월에 가지치기로 자른 긴 가지의 튼튼한 부분을 15~20cm로 잘라 꺾꽂이모로 사용한다.

낙상홍

분류 감탕나무과 감탕나무속 / 갈잎떨기나무(높이 1~3m)

가지 전체에 달린 붉은 열매가 겨울 정원을 밝혀준다. 암수딴그루이므로 열매를 즐기려면 암그루를 선택한다. 비슷한 종류로 감탕나무나 동청목 등이 있다. 잎이 진 뒤인 11~3월에 심고, 가지고르기는 2~3월에 하는 것이 좋다. 번식방법은 종자번식이 가장 간단하며, 열매가 붉게 물들기 시작하면 채취해서 바로 뿌리거나 다음해 봄에 뿌린다. 씨를 뿌리면 3년 정도 뒤에 꽃을 볼 수 있다. 암수를 구분해서 수그루는 접붙이기의 바탕나무로 사용한다(p.100 감탕나무 참조).

납매

분류 납매과 납매속 / 갈잎떨기나무(높이 2~3m)

봄이 오기 전 음력 12월경에 노란색의 밀랍처럼 향기 좋은 꽃이 핀다. 납매는 안쪽 꽃잎이 어두운 자주색으로 꽃이 작고, 소심납매는 납매보나 꽃이 크고 전체가 노란색이다. 심는 시기는 혹한기를 제외하고 11월 하순~3월이 좋다. 방치해도 나무모양은 자연스럽게 정리되지만, 11~12월에 꽃눈이 없는 가지를 자르고 필요 없는 가지를 정리한다. 보통 접붙이기로 번식시키는데 2~3월에 하는 것이 좋고, 2~3년생 씨모를 바탕나무로 사용한다. 종자번식은 8월에 잘 익은 열매를 채취해서 사용한다.

능소화

분류 능소화과 능소화속 / 갈잎덩굴나무

무더위가 한창일 때 꽃을 피우는 보기 드문 꽃나무. 밑으로 처진 가지 끝에 나팔 모양의 오렌지색 꽃이 핀다. 하루만 피는 일일화이지만 가지 밑동에서 계속 꽃이 펴서 여름내 즐길 수 있다. 줄기에서 붙는뿌리(부착근)가 나와 다른 물체를 휘감으면서 자란다. 심는 시기는 3~4월 초순이 좋다. 가지치기는 잎이 떨어진 12~3월에 하고, 엉켜있는 작은 가지는 전부 잘라낸다. 번식방법은 꺾꽂이가 가장 간단하며, 3~4월 초순과 6월 중순~7월 초순에 하는 것이 좋다.

단풍철쭉

분류 진달래과 등대꽃속 / 갈잎떨기나무(높이 1~3m)

봄이면 항아리 모양의 작은 꽃이 가득 피어 있는 모습이 사랑스럽다. 가을의 단풍도 장관이며, 붉은 꽃이 피는 종류도 있다. 심는 시기는 혹한기를 제외한 11월 중순~4월 초순이 좋으며, 단풍을 즐기고 싶다면 꽃이 진 뒤에 바로 가지치기를 해야 한다. 잎이 떨어지면 솎음 가지치기로 나무모양을 정리한다. 번식방법은 꺾꽂이가 간단하며, 3~4월과 6~8월에 하는 것이 좋다. 봄꺾꽂이에는 전년도 가지의 튼튼한 가지를, 여름꺾꽂이에는 새가지의 튼튼한 부분을 꺾꽂이모로 사용한다.

도사물나무/일행물나무

분류 조록나무과 히어리속 / 갈잎떨기나무(높이 1~3m)

잎이 나오기 전에 7~8개의 노랗고 작은 꽃을 이삭처럼 늘어뜨리며 피는, 이른 봄의 대표적인 꽃나무이다. 일행물나무(드문히 어리)는 도사물나무에 비해 전체적으로 작고, 밑동에서 가지가 무더기로 나와 다간형이 된다. 심는 시기는 혹한기를 제외하고 잎이 떨어진 12~3월이 좋으며, 꽃이 피어 있어도 가능하다. 방치하면 땅쪽에서 가지가 많이 나온다. 1~2월에 필요 없는 가지를 자르고 나무모양을 정리한다. 번식방법은 접붙이기가 일반적이며, 3월 중~하순, 6월 중순~7월, 9월에 하는 것이 좋다.

라일락

분류 물푸레나무과 수수꽃다리속 / 갈잎떨기나무 ~ 작은큰키나무(높이 2~6m)

라일락은 영어 이름이고 불어로는 리라라고 부른다. 큰꽃정향나무, 양정향나무라고도 한다. 4~5월에 피는 꽃은 향이 좋으며, 심는 시기는 11~2월 중순이 좋다. 방치하면 가지가 복잡해진다. 잎이 떨어진 12~2월에 꽃눈을 확인하고 솎음 가지치기를 해서 나무모양을 정리한다. 보통 접붙이기로 번식시키며, 2~3월에 하는 것이 좋다. 바탕나무로는 번식시키기 쉬운 쥐똥나무를 종자번식 또는 꺾꽂이로 번식시킨 1~2년생 묘목을 사용한다.

모란

분류 작약과 모란속 / 갈잎떨기나무(높이 1~2m)

꽃이 화려해서 「화중왕」이라 불린다. 꽃 색깔이 다채롭고 모양도 다양하며, 원예품종도 많다. 심는 시기는 9월 하순~11월 초순이 좋다. 시든 꽃은 빨리 잘라내고 가지치기는 특별히 하지 않아도 된다. 겨울에 꽃눈이 없는 잔가지나 필요 없는 가지를 정리하는 정도면 충분하다. 접붙이기, 포기나누기로 번식시키는데, 접붙이기는 모란의 씨모나 작약의 뿌리를 바탕나무로 사용한다. 8월 하순~9월 중순에 하는 것이 좋다.

박태기나무

분류 콩과 박태기나무속 / 갈잎떨기나무(높이 2~4m)

잎이 돋아나기 전 자홍색 꽃이 나무 전체를 뒤덮을 정도로 피어서 주위를 밝혀준다. 꽃은 콩과 식물답게 나비모양이고, 심는 시기는 혹한기를 제외한 11월 중순~3월 중순이 좋다. 가지치기는 12~2월에 하는데, 꽃눈을 확인하고 나무모양을 정리한다. 번식방법은 종자번식이 일반적이며, 10월경에 갈색으로 변하기 시작한 껍질을 떼어내고 그늘에서 3일 정도 말려 씨앗을 꺼낸다. 바로 뿌리거나 마르지 않도록 비닐봉지에 담아 냉장보관하고 다음해 봄에 뿌린다.

부들레야

분류 마전과 부들레야속 / 갈잎떨기나무(높이 2~4m)

여름부터 가을에 걸쳐서 가지 끝에 달콤한 향기가 나는 꽃송이가 계속 달린다. 꽃 색깔은 보라색 외에 붉은색과 흰색 등의 원예품종도 있다. 심는 시기는 혹한기를 제외한 11~3월이 좋다. 시든 꽃은 빨리 잘라내고, 잎이 떨어진 11월 하순~3월에 짧게 자르는 가지치기로 나무모양을 정리해 새로운 가지가 자라게 한다. 번식방법은 꺾꽂이가 가장 간단하며, 3~4월과 5~8월에 하는 것이 좋다. 봄꺾꽂이에는 전년도 가지 중 튼튼한 가지를 사용하고, 여름꺾꽂이에는 튼튼한 새가지를 사용한다.

붉은꽃칠엽수 / 칠엽수

분류 칠엽수과 칠엽수속 / 갈잎큰키나무 (높이 10~15m)

붉은꽃칠엽수는 마로니에(서양칠엽수)와 미국 원산인 붉은칠엽수의 교배종이다. 5~6월, 가지 끝에 붉은색 작은 꽃이 이삭모양으로 핀다. 칠엽수는 한국, 일본 등에 분포하며 씨앗을 식용하기도 한다. 심는 시기는 혹한기를 제외한 11~3월 중순이 좋고, 가지치기는 잎이 떨어진 뒤에 한다. 붉은꽃칠엽수는 접붙이기로 번식시키고, 칠엽수의 2~3년생 씨모를 바탕나무로 사용해서 2~3월에 하는 것이 좋다. 칠엽수는 10월경에 열매가 갈색으로 물들면 씨앗을 채취해서 바로 뿌린다.

산수유

분류 층층나무과 층층나무속 / 갈잎작은큰키나무 (높이 2~5m)

봄을 대표하는 꽃나무. 심는 시기는 혹한기를 제외하고 잎이 떨어진 시기면 가능하다. 가지치기도 잎이 졌을 때 하고, 번식방법은 종자번식과 접붙이기가 일반적이다. 열매는 10월이 되면 빨갛게 익는데, 채취해서 과육을 씻어내고 바로 뿌리거나, 마르지 않도록 다음해 봄까지 보관한 뒤에 뿌린다. 싹이 트려면 2년 정도 걸린다. 접붙이기는 2~3월에 하고, 씨앗으로 번식시킨 2~3년생 묘목을 바탕나무로 사용한다.

서부해당화

분류 장미과 사과속 / 낙엽소교목 (높이 2~4m)

사과나무 종류. 할리아나꽃사과라고도 한다. 밝은 붉은색 꽃이 가지 전체에 늘어지듯이 핀 모습이 아름다워, 잠에서 덜 깬 양귀비를 이 꽃에 비유했다는 고사도 있다. 심는 시기는 12~3월이 좋으며, 가지치기는 11월 하순~2월에 한다. 꽃눈을 확인하고 나무모양을 정리한다. 번식방법은 접붙이기가 일반적이며, 벚잎꽃사과를 꺾꽂이로 번식시킨 1~3년생 묘목을 바탕나무로 사용한다. 1~3월에 하는 것이 좋다(p.160 사과나무 참조).

싸리

분류 콩과 싸리속 / 갈잎떨기나무 (높이 1~2m)

산과 들에서 흔히 볼 수 있으며 심는 시기는 12~3월 중순이 좋다. 땅속에서 싹이 빨리 움트기 때문에, 봄이 시작될 무렵 되도록 빨리 심는 것이 좋다. 부드럽게 뻗은 새가지에 꽃이 핀 모습이 싸리의 가장 큰 매력이다. 가지 수가 많아져 복잡해지면 적당히 솎아낸다. 포기나누기와 꺾꽂이로 번식시키는데, 꺾꽂이는 3월과 6~7월 초순에 하는 것이 좋다. 봄꺾꽂이에는 전년도 가지를, 여름꺾꽂이에는 새가지 중 튼튼한 가지를 꺾꽂이모로 사용한다.

안개나무(스모크트리)

분류 옻나무과 안개나무속 / 갈잎작은큰키나무 (높이 1~3m)

꽃이 진 뒤에 꽃자루가 실처럼 자라 가지 끝에 모여있는 모습이 안개처럼 보이는 데서 붙여진 이름이다. 암수딴그루이며 수그루는 꽃이 펴도 꽃자루가 자라지 않는다. 잎 색깔이나 나무키가 다른 품종이 많이 있다. 심는 시기는 3~4월 초순이 좋으며, 가지치기는 꽃이 진 뒤에 바로 자르거나 잎이 떨어진 뒤에 잘라서 나무모양을 정리한다. 번식방법은 종자번식이 일반적이며, 7월경 꽃자루 끝에 달린 열매에서 씨앗을 채취해 바로 뿌린다. 옻나무 종류에 약한 사람은 주의해야 한다.

양골담초(금작화)

분류 콩과 양골담초속 / 갈잎떨기나무(높이 1~3m)

유럽 원산. 4~5월경에 나비모양의 작고 노란 꽃이 가지 가득 핀다. 붉은색이나 흰색 꽃이 피는 원예품종도 많이 있다. 심는 시기는 4~5월 초순과 9~10월이 좋다. 방치해두면 가지가 처지고 나무모양이 흐트러진다. 꽃이 지면 가지치기를 한다. 보통 꺾꽂이로 번식시키며, 3~4월과 6~8월에 하는 것이 좋다. 봄꺾꽂이에는 전년도 가지를, 여름꺾꽂이에는 튼튼한 새가지를 꺾꽂이모로 사용한다. 종자번식과 포기나누기도 가능하다.

일본고광나무

분류 범의귀과 고광나무속 / 갈잎떨기나무(높이 2~3m)

5~6월경 향기 좋고 매화를 닮았으며 4개의 꽃잎을 가진 흰 꽃이 송이 모양으로 핀다. 꽃송이가 큰 것이나 겹꽃으로 피는 것 등 원예품종도 많다. 심는 시기는 혹한기를 제외한 11~3월이 좋다. 밝은 그늘에서도 잘 자라고, 방치해도 나무모양이 자연스럽게 정리된다. 잎이 지면 웃자람가지나 복잡해진 부분을 가지치기한다. 번식방법은 꺾꽂이가 간단하다. 3~4월 초순과 6~7월에 하는 것이 좋으며, 봄꺾꽂이에는 전년도의 튼튼한 가지를 꺾꽂이모로 사용하고 여름꺾꽂이에는 튼튼한 새가지를 사용한다.

작살나무 / 좀작살나무

분류 마편초과 작살나무속 / 갈잎떨기나무(높이 2~3m)

가을이면 광택이 있는 작은 보라색 열매가 가지 전체에 달린다. 정원수로는 작살나무보다 조금 작고 열매도 잘 열리는 좀작살나무를 많이 심는다. 전체에 털이 없는 것은 민작살나무, 열매가 흰색인 것은 흰작살나무이다. 심는 시기는 혹한기를 제외한 11~3월이 좋다. 방치해도 나무모양은 어느 정도 정리된다. 보통 꺾꽂이와 종자번식으로 번식시키는데, 3월에는 봄꺾꽂이, 5~9월에는 여름꺾꽂이가 가능하다. 종자번식을 하려면 10월에 익은 열매에서 씨앗을 채취한다.

풍년화

분류 조록나무과 풍년화속 / 갈잎떨기나무 ~ 작은큰키나무(높이 1.5~6m)

이른 봄에 잎보다 먼저 노란색의 쭈글쭈글한 꽃잎을 가진 꽃이 무리지어 핀다. 붉은 꽃을 비롯해 원예품종도 많다. 심는 시기는 11월 하순부터 혹한기를 제외하고 꽃이 질 때까지가 좋다. 방치해도 나무모양은 자연스럽게 정리되지만 해마다 포기가 커지므로, 12~1월에 가지치기를 한다. 종자번식, 접붙이기로 번식시키는데, 접붙이기는 2~3년생 묘목을 바탕나무로 사용해서 2~3월에 한다. 종자번식은 10월에 씨앗을 채취해 바로 뿌리거나 다음해 봄에 뿌린다.

라일락의 왜성품종 「레드 픽시」.

「육종의 아버지」 루서 버뱅크의 업적①

버뱅크 포테이토

루서 버뱅크는 어떤 연구기관에도 소속되지 않고, 수많은 유용한 식물을 만들기 위해 심혈을 기울인 육종가이다.

1849년 매사추세츠주에서 태어난 그는 외가의 감자밭에서 1개의 열매를 발견했다. 당시 그 지방에서 널리 재배되던 「얼리 로즈(Early Rose)」라는 품종으로, 기후 관계상 씨앗이 맺히지 않는 것이었다.

마침 「좀 더 우수한 품종은 없을까」 고민하던 그는 그 열매에 들어 있는 23개의 씨앗을 뿌렸다. 1872년의 일이었다.

진화론으로 유명한 찰스 다윈의 「모든 생물은 작은 변화에 의해 단계적으로 진화한 것으로, 종은 고정적이지 않고 불안정한 것이다. 종은 환경 변화의 영향을 많이 받으며 변화무쌍하다」라는 생각에 큰 감명을 받은 그는, 뭔가 특별한 개체를 기대하며 씨앗을 뿌린 것이다.

그런데 가을에 수확한 감자는 그의 예상을 크게 뛰어넘는 다른 모양의 감자였다. 어떤 줄기에는 기묘한 모양의 작은 감자, 어떤 줄기에는 눈이 깊게 파인 큰 감자, 그 밖에도 껍질이 붉은색인 감자, 표면이 거친 감자, 표면에 혹이 가득한 감자 등 천차만별이었다.

그중에 한눈에 봐도 훌륭한 감자가 2개 있었는데, 크기가 크고 껍질이 희며 표면이 매끄럽고 균형이 잘 잡힌, 지금까지 보지 못한 우수한 감자였다.

그는 그 감자를 씨감자로 심은 뒤 재배를 반복해서, 크기가 고르고 수확량도 많으며 어미품종을 한참 뛰어넘는 형질을 가진 것을 확인했다. 이 감자는 「버뱅크 포테이토」라는 이름으로 세계의 식량문제 해결에 큰 역할을 했다.

그는 이 감자에 대한 권리를 판 돈으로 식물 육종에 적합한 캘리포니아주로 이주해서 본격적인 식물개량에 돌입했다.

씨 없는 자두

프랑스에 씨(핵)가 없는 자두가 있다는 것을 알게 된 버뱅크는 그 자두를 들여왔는데, 나무는 빈약하고 열매도 크렌베리처럼 작으며 게다가 신맛이 지나치게 강해서 생식은커녕 삶아도 먹을 수 없을 것 같은 상태였다. 게다가 불완전하지만 씨도 남아 있었다.

그래도 그는 씨를 없애는 것을 목표로 다른 우수품종과 교배·선발을 반복해, 15년 뒤에 씨를 완전히 없앤 자두 「캉퀘스트(Conquest)」를 세상에 내놨다. 씨 없는 자두에 세계의 원예계가 놀랐지만 이 품종이 실제로 널리 퍼지지는 못했다. 아쉽게도 겉모습이나 맛이 별로여서 특이한 자두에 그쳤기 때문이다.

그는 씨 없는 자두와 함께 일반 자두 품종도 개발했다. 미국을 비롯해 유럽, 일본, 중국 등에서 다양한 품종을 들여와 교배와 선발을 반복해 「산타로사」, 「뷰티」 등의 신품종을 만들어냈는데, 이 자두는 일본이나 한국에서도 익숙한 품종이다. 참고로 「산타로사」는 버뱅크의 농장이 있는 캘리포니아주의 지명이다.

플럼코트

플럼코트는 자두와 살구의 잡종이다. 버뱅크는 1900년대 초반에는 절대 불가능한 것으로 알려져 있던 종간잡종을 만들어내는 일에 도전하였다. 실패가 계속되자 한때는 끈기 있는 버뱅크도 포기할 뻔했지만, 그런 그를 구원한 것이 일본의 자두 「사쓰마」였다. 그는 「사쓰마」와 다양한 살구를 교배해서 많은 열매를 채취하는 데 성공했다.

이 성공에 힘을 얻은 버뱅크는 계속 교배와 선발을 반복해 「러틀랜드」, 「에이펙스」, 「트라이엄프」 등의 품종을 만들어냈다. 이 품종들은 저자의 미니 과수원에서도 앵두와 접붙여서 재배하고 있다. 이 열매는 자두와 살구의 장점을 모두 가진, 부드럽고 매우 맛있는 열매이다. 다만 열매가 많이 안 열리는 것이 단점으로, 좀 더 품종개량이 필요하다. 품종개량을 목표로 하는 사람에게는 좋은 소재가 될 것이다(p.142에 계속).

PART 03

늘푸른나무

약으로도 사용하는

감탕나무

다른 이름 떡가지나무, 끈제기나무

분류
감탕나무과
감탕나무속
늘푸른큰키나무(높이 5~20m)

새를 잡거나 나무를 붙이는 데 사용하는 접착제인 감탕에서 비롯된 이름이다. 옛날에는 감탕나무 껍질을 찧어서 얻은 끈적거리는 물질을 새를 잡는 데 사용했다. 암수딴그루이며, 4월경에 황녹색의 작은 꽃이 모여서 핀다. 열매는 가을에 빨갛게 익으며, 잎은 두껍고 광택이 있다. 근연종으로 열매가 감탕나무보다 작은「먼나무」, 열매가 아래로 처지는「동청목」, 작은 새의 먹이로 인기가 많은「낙상홍」등이 있다.

월	1월	2월	3월	4월	5월	6월	7월	8월	9월	10월	11월	12월
상태				개화							성숙기	
관리					심기		가지치기		심기		가지치기	
번식작업			종자번식			꺾꽂이					종자번식	
		접붙이기										
비료		비료주기						비료주기				

POINT_ 1년에 2번 7월과 11월에 강하게 가지치기 할 수 있다.

관리 N O T E

심는 시기는 4~5월 초순과 9월이 좋다. 대기오염에 강하고 그늘에서도 자라지만, 해가 잘 들고 물이 잘 빠지며 비옥하고 습기가 적당히 있는 곳을 좋아한다.

싹이 잘 나오기 때문에 짧게 가지치기할 수 있다. 1년에 2번, 7월과 11월에 하는데, 여름에는 길게 자란 가지를 2~3마디 남기고 잘라내고 겨울에는 빽빽한 부분의 가지를 정리한다.

대부분 씨앗으로 번식시키지만 꺾꽂이, 접붙이기도 가능하다.

종자번식의 기술

11월경에 열매가 붉은색으로 익으면 채취한다. 과육을 물로 씻어서 제거하고 바로 뿌리거나, 마르지 않도록 비닐봉지에 담아 냉장보관한 뒤 다음해 3월에 뿌린다. 밝은 그늘에서 마르지 않게 관리한다. 싹이 나오면 서서히 햇빛에 익숙해지게 하고, 2~3년째 봄에 옮겨 심는다.

감탕나무 열매.

종자번식

씨앗

열매가 빨갛게 익으면 채취한다. 과육을 씻어내고 바로 뿌리거나, 마르지 않게 보관해서 3월에 뿌린다.

뿌리고 나면 흙으로 살짝 덮어준다.

싹이 나오면 서서히 햇빛에 익숙해지게 하고, 옅은 액체비료를 준다.

꺾꽂이의 기술

6월 중순~7월 초순에 하는 것이 좋다. 튼튼한 새가지를 꺾꽂이모로 사용해서 밀폐삽을 한다.

접붙이기의 기술

2~3월에 하는 것이 좋다. 2~3년생 씨모에 깎기접을 한다.

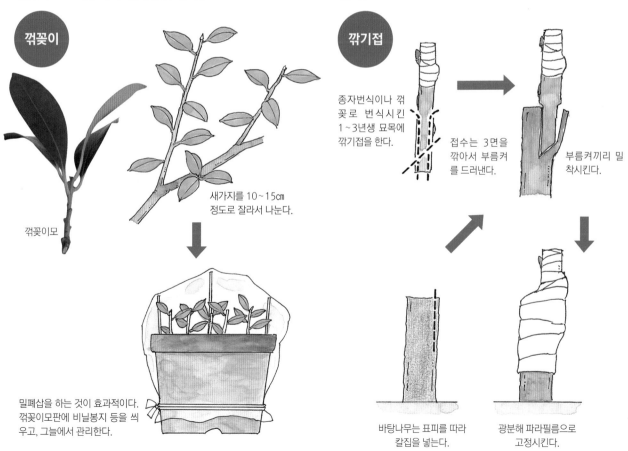

꺾꽂이

꺾꽂이모

새가지를 10~15㎝ 정도로 잘라서 나눈다.

밀폐삽을 하는 것이 효과적이다. 꺾꽂이모판에 비닐봉지 등을 씌우고, 그늘에서 관리한다.

깎기접

종자번식이나 꺾꽂로 번식시킨 1~3년생 묘목에 깎기접을 한다.

접수는 3면을 깎아서 부름켜를 드러낸다.

부름켜끼리 밀착시킨다.

바탕나무는 표피를 따라 칼집을 넣는다.

광분해 파라필름으로 고정시킨다.

굿하는 데 쓰이는

굴거리나무

다른 이름 굿거리나무

분류
대극과
굴거리나무속
늘푸른큰키나무(높이 5~10m)

굿을 하는데 사용되어 굿거리에서 유래된 이름이라고도 한다. 한자로는 서로 양보한다는 의미로「교양목(交讓木)」이라고 하는데, 새잎이 난 뒤에 지난해에 난 잎이 떨어져 나가기 때문에 자리를 물려주고 떠난다는 의미에서 붙여진 이름이다. 잎자루는 붉은색을 띠며, 4~5월경에 녹황색의 꽃이 핀다. 암수딴그루이며, 잎에 무늬가 있는「무늬굴거리나무」와 굴거리나무보다 잎이 작은「좀굴거리나무」등이 있다.

월	1월	2월	3월	4월	5월	6월	7월	8월	9월	10월	11월	12월
상태				개화						성숙기		
관리					심기		가지치기		심기		가지치기	
번식작업		종자번식 접붙이기				껍꽂이	접붙이기			종자번식		
비료												

POINT_ 지나치게 복잡해진 부분이나 많이 자란 가지는 6월 하순~7월과 12월에 정리한다.

관리 NOTE

심는 시기는 4월 중순~5월 초순과 9~10월 초순이 좋다. 그늘에서도 자라지만 해가 잘 들고 물이 잘 빠지며, 유기질이 풍부해서 비옥하고 습기가 적당히 있는 곳을 좋아한다.
그대로 방치해도 나무모양은 자연스럽게 정리된다. 지나치게 복잡해진 부분이나 많이 자란 가지는 6월 하순~7월과 11~12월에 가지치기하는 것이 좋다.
종자번식, 껍꽂이, 접붙이기로 번식시킨다.

종자번식의 기술

10월경 열매가 어두운 청색으로 익기 시작하면 채취한다. 과육을 물로 씻어내고 씨앗을 꺼내 바로 뿌리거나, 마르지 않도록 비닐봉지에 담아 냉장보관하고 2월 하순 ~ 3월 초순에 뿌린다. 밝은 그늘에서 마르지 않게 관리하고, 싹이 나오기 시작하면 서서히 햇빛에 익숙해지게 한 다음 옅은 액체비료를 준다. 다음해 봄에 옮겨 심는다.

굴거리나무 열매.

연한 녹색 무늬가 아름다운 굴거리나무의 무늬종.

좀굴거리나무의 3가지 무늬종. 각각 무늬 모양이 다르다. 좀굴거리나무는 해안 지역의 그늘에서 주로 자란다.

꺾꽂이의 기술

봄꺾꽂이도 가능하지만 6월 중순~7월 초순의 장마철꺾꽂이가 성공확률이 더 높다. 암수딴그루이므로 열매를 즐기고 싶으면 암그루의 튼튼한 새가지를 꺾꽂이모로 사용한다. 10~15㎝로 잘라서 잎을 3~4장 남기고 아랫잎은 제거한다. 남은 잎도 끝부분을 1/3 정도 잘라둔다. 1~2시간 정도 물올림을 해준 뒤 꺾꽂이모판에 꽂는다.

접붙이기의 기술

2~3월에 전년도 가지를 사용해서 2~3년생 씨모에 깎기접을 한다. 또한 6~9월에는 새가지나 새눈을 사용한 접붙이기도 가능하다. 잎이 아름다운 무늬종을 보통의 녹색잎 품종에 고접으로 접붙여도 재미있는 모양이 나온다.

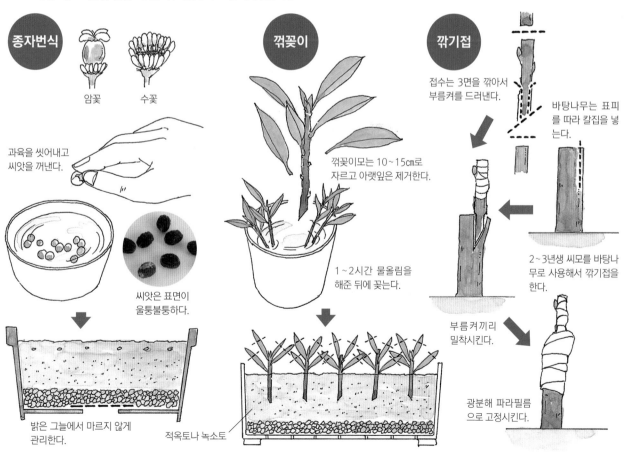

종자번식

암꽃 　 수꽃

과육을 씻어내고 씨앗을 꺼낸다.

씨앗은 표면이 울퉁불퉁하다.

밝은 그늘에서 마르지 않게 관리한다.

꺾꽂이

꺾꽂이모는 10~15㎝로 자르고 아랫잎은 제거한다.

1~2시간 물올림을 해준 뒤에 꽂는다.

적옥토나 녹소토

깎기접

접수는 3면을 깎아서 부름켜를 드러낸다.

바탕나무는 표피를 따라 칼집을 넣는다.

2~3년생 씨모를 바탕나무로 사용해서 깎기접을 한다.

부름켜끼리 밀착시킨다.

광분해 파라필름으로 고정시킨다.

향기가 좋기로 소문난 꽃나무

금목서

다른 이름 단계목, 만리향

금목서

은목서(목서)

분류
물푸레나무과
목서속
늘푸른작은큰키나무(높이 4~10m)

향기 좋은 꽃이 피는 나무로 유명하다. 9~10월경에 작고 귀여운 꽃을 피우는데, 진하고 달콤한 향기가 만 리 밖까지 난다고 해서, 「만리향」이라고도 한다. 원산지는 중국. 꽃이 황금색인 「금목서」와 흰색인 「은목서(목서)」, 노란빛을 띄는 「박황목서」 등이 있다.

월	1월	2월	3월	4월	5월	6월	7월	8월	9월	10월	11월	12월
상태									개화			
관리		가지치기		심기					심기	가지치기		
번식작업					꺾꽂이							
				휘묻이								
비료		비료주기										

POINT_ 개화한 가지를 2~3마디 남기고 자르면 새로운 가지가 자라 꽃눈이 달린다.

관리 NOTE

심거나 옮겨 심는 시기는 4월~5월 초순과 9~10월 중순이 좋다. 심는 장소는 해가 잘 들고 물이 잘 빠지며 비옥한 곳을 선택한다. 토질은 특별히 가리지 않는다. 가지치기는 꽃이 진 직후 또는 2~3월에 하는데, 꽃이 핀 가지를 2~3마디 남기고 자르면 4월경에 새로운 가지가 자라 그곳에 꽃눈이 달린다.
암수딴그루이며 번식은 주로 꺾꽂이와 휘묻이로 한다. 비료를 줄 때는 질소성분이 많으면 꽃이 피지 않으므로 주의한다.

꺾꽂이의 기술

5월 중순~7월에 하는 것이 좋다. 튼튼한 새가지를 선택해 15~20㎝ 정도로 자른 뒤, 잎을 3~5장 정도 남기고 아랫잎은 제거한다. 남긴 잎이 크면 반으로 자른다.

녹소토, 버미큘라이트, 펄라이트, 피트모스를 같은 비율로 섞은 혼합용토를 담은 꺾꽂이모판에 꽂은 뒤, 밝은 그늘에 두고 마르지 않게 관리한다. 꺾꽂이모판에 비닐봉지를 씌워서 밀폐삽을 하면 더 잘 자란다. 다음해 봄에 옮겨 심는다.

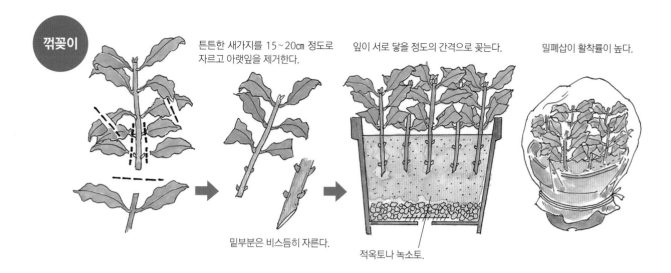

꺾꽂이

튼튼한 새가지를 15~20㎝ 정도로 자르고 아랫잎을 제거한다.

밑부분은 비스듬히 자른다.

잎이 서로 닿을 정도의 간격으로 꽂는다.

적옥토나 녹소토.

밀폐삽이 활착률이 높다.

휘묻이의 기술

4~8월에 고취법으로 휘묻이한다.

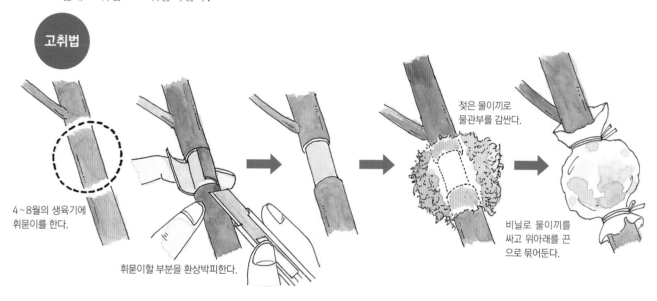

고취법

4~8월의 생육기에 휘묻이를 한다.

휘묻이할 부분을 환상박피한다.

젖은 물이끼로 물관부를 감싼다.

비닐로 물이끼를 싸고 위아래를 끈으로 묶어둔다.

금목서의 꽃.

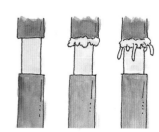

캘러스(callus)가 형성되어 뿌리가 나오기 시작한다.

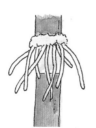

물이끼 밖으로 뿌리가 보이면 잘라낸다.

대기오염에 강한 정원수

꽝꽝나무

다른 이름 둔치동청, 큰잎꽝꽝나무

분류
감탕나무과
감탕나무속
늘푸른작은큰키나무(높이 1~6m)

꽝꽝나무는 회양목과 많이 닮아서 혼동하는 경우가 많은데, 꽝꽝나무는 잎이 어긋나고 회양목은 잎이 마주나기 때문에 쉽게 구별할 수 있다. 감탕나무과에 속하는 꽝꽝나무는 잎이 두꺼워 태울 때 꽝꽝 소리가 난다고 해서 꽝꽝나무라고 부른다. 잎이 동그란「콘벡사꽝꽝나무」와 잎끝이 황금색인「황금꽝꽝나무」, 가지가 수직으로 서는「직립꽝꽝나무」, 그리고 잎에 노란 무늬가 있거나 열매가 노랗게 또는 붉게 익는 것 등 다양한 변종이 있다.

월	1월	2월	3월	4월	5월	6월	7월	8월	9월	10월	11월	12월
상태					개화						개화	
관리			심기			가지치기			심기			
번식작업		종자번식					꺾꽂이			종자번식		
		꺾꽂이										
비료		비료주기										

POINT_ 자주 가지치기해서 아름다운 나무모양을 유지한다.

관리 NOTE

나무자람새가 강해서 그늘에서도 잘 자라며 대기오염에도 강하므로, 정원수로 널리 이용된다. 심는 시기는 3~5월 초순과 9~10월이 좋다. 밝은 그늘을 좋아하지만 햇빛을 많이 받는 곳에서도 잘 자란다. 토질은 가리지 않지만 뿌리가 가늘고 촘촘하게 나므로, 유기질이 풍부하고 비옥한 곳에 심는 것이 좋다.
자주 가지치기를 해서 아름다운 나무모양을 유지하는 것이 중요하다. 3~10월에 2~3번 정도 가지치기한다.
종자번식, 꺾꽂이로 쉽게 번식시킬 수 있다.

종자번식의 기술

10~11월경 열매가 검게 익으면 채취한다. 과육을 물에 씻어 씨앗을 꺼내고 바로 뿌리거나, 마르지 않도록 비닐봉지에 담아 냉장보관하고 2월 하순에 뿌린다. 추위를 피할 수 있도록 따뜻한 곳에서 마르지 않게 관리한다. 싹이 나오면 서서히 햇빛에 익숙해지게 하고, 비료를 주면서 관리한다.
　묘목이 5~10㎝ 정도로 자라면 옮겨 심는다.

꽝꽝나무 열매.

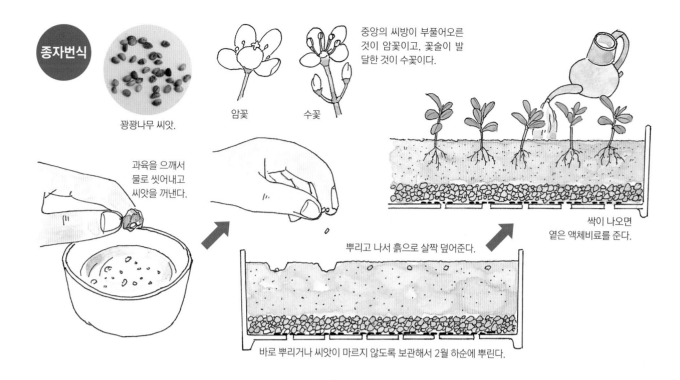

종자번식

꽝꽝나무 씨앗.

암꽃　수꽃

중앙의 씨방이 부풀어오른 것이 암꽃이고, 꽃술이 발달한 것이 수꽃이다.

과육을 으깨서 물로 씻어내고 씨앗을 꺼낸다.

뿌리고 나서 흙으로 살짝 덮어준다.

싹이 나오면 옅은 액체비료를 준다.

바로 뿌리거나 씨앗이 마르지 않도록 보관해서 2월 하순에 뿌린다.

꺾꽂이의 기술

3~4월 중순과 6월 하순~9월에 하는 것이 좋다. 봄꺾꽂이에는 전년도 가지를, 여름꺾꽂이와 가을꺾꽂이에는 튼튼한 새 가지를 사용한다. 무늬종 등은 그 품종의 특징이 뚜렷한 부분을 골라서 꺾꽂이모로 사용한다.

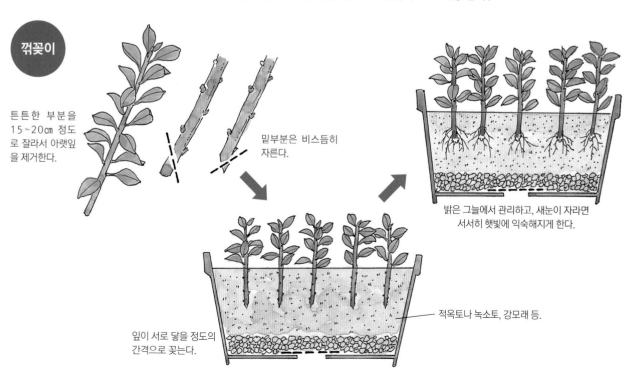

꺾꽂이

튼튼한 부분을 15~20㎝ 정도로 잘라서 아랫잎을 제거한다.

밑부분은 비스듬히 자른다.

밝은 그늘에서 관리하고, 새눈이 자라면 서서히 햇빛에 익숙해지게 한다.

적옥토나 녹소토, 강모래 등.

잎이 서로 닿을 정도의 간격으로 꽂는다.

겨울 정원을 장식하는 나무

남천

다른 이름 남천촉, 남천죽

분류
매자나무과
남천속
늘푸른떨기나무(높이 1~3m)

원산지는 중국이며 잎, 꽃, 단풍과 열매가 모두 아름다워 관상용으로 많이 심는다. 6월에 작은 꽃잎 6장으로 이루어진 흰 꽃이 뭉쳐서 피고, 열매는 가을에 빨갛게 익는다. 일본에서는 남천의 잎이 식품의 부패를 방지하고 소독 작용이 있다고 알려져서, 요리의 장식으로 사용하기도 한다. 노란빛을 띤 흰색 열매, 또는 주황색 열매가 열리는 원예품종도 있다.

월	1월	2월	3월	4월	5월	6월	7월	8월	9월	10월	11월	12월
상태	성숙기					개화					성숙기	
관리	가지치기											가지치기
				심기					심기			
	종자번식										종자번식	
번식작업			꺾꽂이					꺾꽂이				
				포기나누기					포기나누기			
비료		비료주기							비료주기			

POINT_ 한 번 열매가 달린 가지는 3년 정도 열매가 달리지 않는다.

관리 NOTE

심는 시기는 3월 하순~4월 중순과 9~10월 초순이 좋다. 그늘에서도 자라지만 해가 잘 들고 물이 잘 빠지는 장소를 좋아한다. 토질은 가리지 않는다.
그대로 방치해두면 가지가 엉켜서 복잡해지므로, 가지와 줄기를 5~7개로 정리하고, 지나치게 자란 가지는 잘라낸다. 한 번 열매가 달린 가지는 3년 정도 열매가 달리지 않는다. 가지치기는 12~3월 초순에 하는 것이 좋다.
꺾꽂이, 종자번식, 포기나누기 등으로 번식시킨다.

꺾꽂이의 기술

2월 하순~3월(봄꺾꽂이)과 6월 하순~9월(여름꺾꽂이)에 하는 것이 좋다. 봄꺾꽂이에는 전년도 가지나 2~3년차 가지를, 여름꺾꽂이에는 튼튼한 새가지를 사용한다. 꺾꽂이모는 눈이 2~3개 붙어 있도록 10~15cm 길이로 잘라서 사용한다. 잎은 없어도 관계없다. 1~2시간 정도 물올림을 해서 꽂은 다음 봄꺾꽂이는 추위를 피할 수 있도록 따뜻한 곳에 두고, 여름꺾꽂이는 밝은 그늘에서 마르지 않게 관리한다. 1~2달 뒤에 뿌리를 내리면 서서히 햇빛에 익숙해지게 하고, 다음해 3월에 옮겨 심는다.

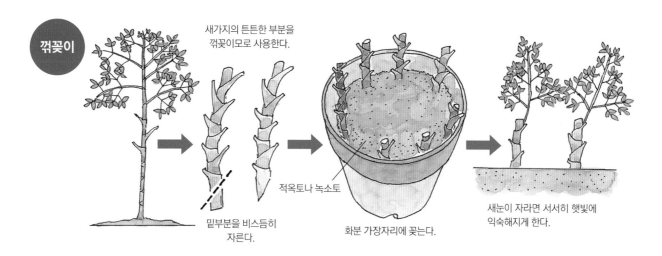

꺾꽂이

새가지의 튼튼한 부분을
꺾꽂이모로 사용한다.

밑부분을 비스듬히
자른다.

적옥토나 녹소토

화분 가장자리에 꽂는다.

새눈이 자라면 서서히 햇빛에
익숙해지게 한다.

종자번식의 기술

11월~다음해 2월경까지 채취할 수 있는데, 새가 먹기 전에 채취해야 한다. 채취한 다음 과육을 물로 씻어내고 바로 뿌린다. 여름쯤에는 싹이 나오지만 자라는 속도는 느리다. 3년째 봄에 옮겨 심는다. 겨울에는 추위로 인한 피해를 입지 않도록 보호한다.

종자번식

열매와 씨앗.

씨앗은 반구형이다.

채취하면 과육을 으깨서 물에
씻어낸 다음 뿌린다.

적옥토나 녹소토

뿌린 다음 흙으로
살짝 덮어준다.

포기나누기의 기술

밑동에서 가지가 잘 자라므로 큰 포기가 되면 파내서 포기나누기를 한다.

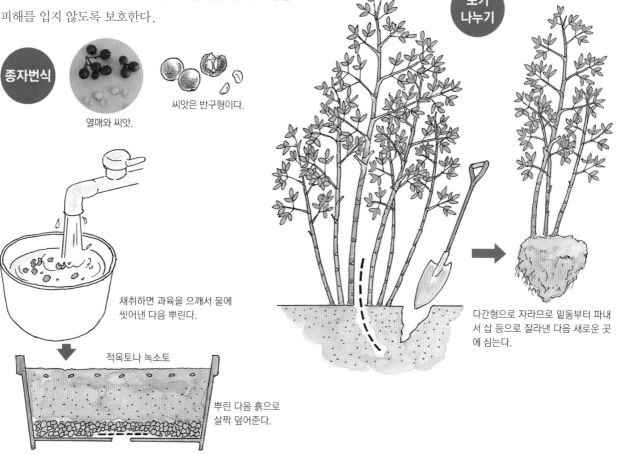

포기
나누기

다간형으로 자라므로 밑동부터 파내
서 삽 등으로 잘라낸 다음 새로운 곳
에 심는다.

기품 넘치는 꽃을 피우는

동백나무 / 애기동백

다른 이름 산다수, 남산다 / 늦동백, 산다화

동백나무

애기동백

분류
차나무과
동백나무속
늘푸른떨기나무~큰키나무
(높이 0.3~10m)

오래전부터 꽃을 즐겨온 친숙한 나무. 매우 많은 품종과 변종이 있으며 꽃의 형태나 색상도 다양하다. 대부분의 동백나무는 봄에 꽃이 피고, 질 때는 송이째로 떨어진다. 꽃과 잎이 동백보다 작은 애기동백은 주로 가을~겨울에 피고, 꽃잎이 산산이 흩어져서 떨어지므로 쉽게 구별할 수 있다.

월	1월	2월	3월	4월	5월	6월	7월	8월	9월	10월	11월	12월
상태	동백 개화									동백·애기동백 개화		
관리				가지치기					심기			가지치기
				심기								
번식작업			종자번식						종자번식			
			접붙이기			접붙이기						
			꺾꽂이				꺾꽂이		꺾꽂이			
비료		비료주기			비료주기			비료주기				

POINT_ 차독나방이 발생하므로 정기적으로 방제한다.

관리 N O T E

심는 시기는 4월과 8월 하순~10월 초순이 좋다. 밝은 그늘에서도 자라지만 해가 잘 들고 물이 잘 빠지며 비옥한 곳을 좋아한다.

가지치기는 꽃이 진 직후에 하고, 또한 차독나방이 발생하므로 정기적으로 방제해야 한다.

꺾꽂이를 가장 많이 하지만 접붙이기나 종자번식도 가능하다. 단, 종자번식을 하면 꽃이 늦게 피므로, 접붙이기용 바탕나무를 만들 때 사용한다. 비료는 겨울과 꽃이 진 후, 그리고 8~9월의 덧거름까지 3번 정도 준다.

꺾꽂이의 기술

3월 중순~4월 초순(봄꺾꽂이), 6월 중순~8월 초순(여름꺾꽂이), 9월(가을꺾꽂이)에 하는 것이 좋다. 봄꺾꽂이에는 전년도 가지를, 여름꺾꽂이와 가을꺾꽂이에는 튼튼한 새가지를 사용한다. 10~15㎝ 정도로 잘라서 잎을 2~3장 남기고 아랫잎은 떼어낸다. 잎이 크면 1/3 정도 잘라낸다. 2~3시간 정도 물올림을 해준 뒤에 꽂고, 밝은 그늘에서 마르지 않게 관리한다. 뿌리가 나오면 서서히 햇빛에 익숙해지게 하고, 옅은 액체비료를 준다. 겨울에는 추위로 인해 피해를 입지 않도록 보호하고, 다음 해 4월에 옮겨 심는다.

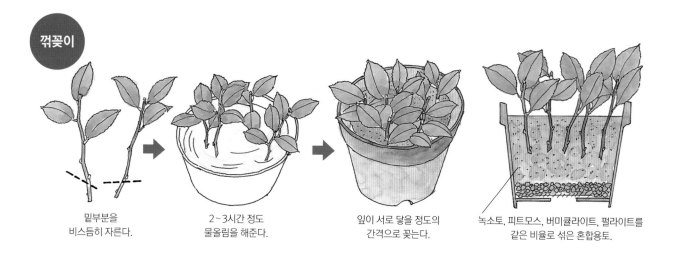

꺾꽂이

밑부분을
비스듬히 자른다.

2~3시간 정도
물올림을 해준다.

잎이 서로 닿을 정도의
간격으로 꽂는다.

녹소토, 피트모스, 버미큘라이트, 펄라이트를
같은 비율로 섞은 혼합용토.

접붙이기의 기술

3월 초순~4월 초순과 6~7월에 하는 것이 좋다. 봄에
는 튼튼한 전년도 가지를, 여름에는 튼튼한 새가지를 꺾
꽂이모로 사용한다. 동백나무를 씨앗이나 꺾꽂이로 번
식시킨 바탕나무에 깎기접을 한다.

종자번식으로 바탕나무 만들기

9~10월경 열매의 일부가 갈라질 때쯤 채취한다. 며칠
동안 말려두면 껍질이 갈라져 씨앗이 나온다. 바로 뿌리
거나, 마르지 않도록 젖은 물이끼 등을 섞어서 비닐봉지
에 담아 냉장보관한 뒤 다음해 3월에 뿌린다.

깎기접

표피를 따라 칼집을 넣어 부
름켜가 드러나게 한다.

씨앗이나 꺾꽂이로 번식시킨
바탕나무를 사용한다.

부름켜끼리 밀착시키고 광분
해 파라필름으로 고정한다.

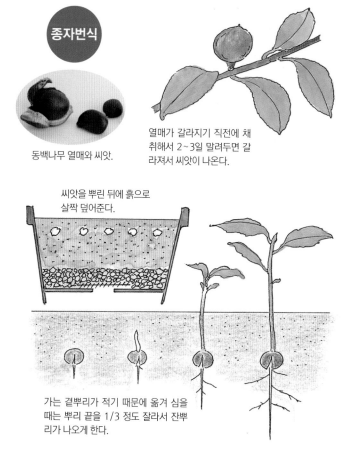

종자번식

동백나무 열매와 씨앗.

열매가 갈라지기 직전에 채
취해서 2~3일 말려두면 갈
라져서 씨앗이 나온다.

씨앗을 뿌린 뒤에 흙으로
살짝 덮어준다.

가는 곁뿌리가 적기 때문에 옮겨 심을
때는 뿌리 끝을 1/3 정도 잘라서 잔뿌
리가 나오게 한다.

독특한 모양의 붉은색 꽃이 특징인

병솔나무

다른 이름 칼리스테몬, 금보수

분류
도금양과
병솔나무속
늘푸른떨기나무 ~ 작은큰키나무
(높이 1 ~ 5m)

5~6월경에 가지 끝에 진한 붉은색의 꽃이 피는데, 그 꽃이 병을 닦는 솔을 닮았다고 해서 병솔나무라고 부른다. 영어로도 보틀브러시(Bottlebrush)라고 부른다. 열매는 동그랗고 벌레알 같이 보이며 끝이 비어 있는데, 단단하게 목질화되어 가지 둘레에 계속 붙어 있다. 잎이 살짝 넓은 「리기두스 병솔나무」와 왜성이고 꽃이 잘 피는 품종도 있다.

월	1월	2월	3월	4월	5월	6월	7월	8월	9월	10월	11월	12월
상태					개화							
관리	가지치기			심기							가지치기	
번식작업			꺾꽂이	종자번식		꺾꽂이						
비료			비료주기									

POINT_ 심는 시기는 충분히 따뜻해진 4월 중순부터 9월 하순까지가 좋다.

관리 **NOTE**

따뜻한 곳에서 자라는 남부수종(호주 원산)이므로 심는 시기는 충분히 따뜻해진 4월 중순부터 9월까지 가능하다. 겨울의 찬바람을 피할 수 있는 곳을 선택한다. 해가 잘 들고 물이 잘 빠지며, 유기질이 풍부하고 비옥한, 약간 점토질의 토양을 좋아한다.
그대로 방치해도 나무모양은 자연스럽게 정리된다. 꽃은 튼튼한 새가지에서 핀다. 11~2월에 나무갓 내부의 가는 가지 등을 정리해 바람이 잘 통하고 햇빛을 잘 받게 해준다.
종자번식, 꺾꽂이로 번식하며, 비료는 3월 초~중순에 준다.

종자번식의 기술

꽃이 지면 지름 5㎜ 정도의 둥근 열매가 가지를 감싸듯이 달리는데, 그 모습이 마치 벌레알이 가지에 붙어 있는 것 같다. 열매가 나무에 붙어 있으면 2~3년 정도 발아력이 유지된다. 4월에 채취하는데, 껍질을 벗기면 작은 씨앗이 많이 나온다. 소립 적옥토를 넣은 파종상자에 뿌리고, 밝은 그늘에서 마르지 않게 관리한다. 싹이 트면 서서히 햇빛에 익숙해지게 하고, 비료를 주면서 관리한다. 튼튼한 것은 3~4년이면 꽃이 핀다.

꺾꽂이의 기술

3~4월의 봄꺾꽂이와 6~9월의 여름꺾꽂이가 가능하다. 봄꺾꽂이에는 전년도 가지의 튼튼한 부분을, 여름꺾꽂이에는 튼튼한 새가지를 사용한다. 꽃눈은 미리 제거한다. 마르지 않도록 관리하고 겨울에는 추위로 인한 피해를 입지 않도록 보호한다. 다음해 봄에 옮겨 심는다.

튼튼한 가지를 골라서 자른다.

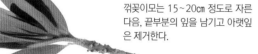

꺾꽂이모는 15~20㎝ 정도로 자른 다음, 끝부분의 잎을 남기고 아랫잎은 제거한다.

꽃이 핀 병솔나무.

새눈이 자라기 시작하면 옅은 액체비료를 준다. 다음해 봄에 옮겨 심는다.

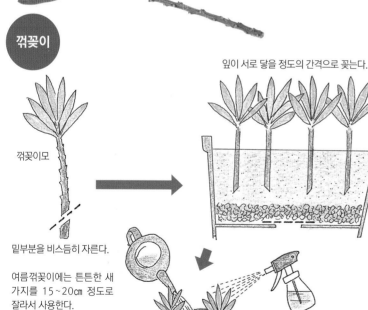

꺾꽂이

꺾꽂이모

밑부분을 비스듬히 자른다.

여름꺾꽂이에는 튼튼한 새 가지를 15~20㎝ 정도로 잘라서 사용한다.

잎이 서로 닿을 정도의 간격으로 꽂는다.

분무기로 잎에 물을 자주 뿌려준다.

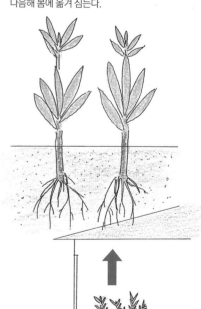

밝은 그늘에 두고 마르지 않게 관리한다.

향이 천리를 가는

서향

다른 이름 천리향

분류
팥꽃나무과
팥꽃나무속
늘푸른떨기나무(높이 1~2m)

봄에 가지 끝에 4장의 꽃잎으로 이루어진 붉은 자주색 꽃이 모여서 핀다. 중국이 원산지이고, 꽃이 피면 향이 천리를 간다고 해서 「천리향」이라고도 한다. 암수딴그루인데 한국이나 일본에 있는 서향은 대부분 수그루여서 열매를 보기 힘들다. 흰색 꽃이 피는 「백서향」과 잎에 무늬가 있는 종류도 있다.

월	1월	2월	3월	4월	5월	6월	7월	8월	9월	10월	11월	12월
상태				개화								
관리				심기	가지치기				심기			
번식작업			꺾꽂이				꺾꽂이					
비료		비료주기						비료주기				

POINT_ 옮겨 심는 것을 싫어하므로 처음부터 심을 장소를 신중하게 선택해야 한다.

관리 NOTE

심는 시기는 4월과 9~10월이 좋다. 따뜻한 곳에서 자라는 남부수종이므로, 찬바람을 맞지 않고 해가 잘 들며, 물이 잘 빠지고 유기질이 풍부한, 비옥한 곳을 선택한다. 옮겨 심는 것 싫어하므로 처음부터 심을 장소를 잘 선택해야 한다. 그대로 방치해도 나무모양은 자연스럽게 정리되므로 가지치기는 거의 필요 없다. 자르고 싶을 때는 꽃이 진 다음에 자른다.
옮겨 심는 것은 싫어하지만 묘목은 꺾꽂이로 쉽게 번식시킬 수 있다.

꺾꽂이의 기술

3~4월 초순(봄꺾꽂이)과 6월 중순~9월(여름꺾꽂이)에 하는 것이 좋다. 봄꺾꽂이에는 꽃이 진 직후에 꽃자루를 떼어내고 그 가지를 사용한다. 여름과 가을 꺾꽂이에는 튼튼한 새가지를 사용한다. 가지 끝부분이나 중간 부분을 10~15㎝로 잘라 잎을 2~5장 남기고, 아랫잎은 제거한다. 1~2시간 정도 물올림을 해준 뒤에 꽂는다.

밝은 그늘에 두고 마르지 않게 관리한다. 새눈이 자라기 시작하면 서서히 햇빛에 익숙해지게 하고, 액체비료를 조금씩 준다. 겨울에는 찬바람이 닿지 않는 따뜻한 곳에 두고, 다음해 4월에 옮겨 심는다.

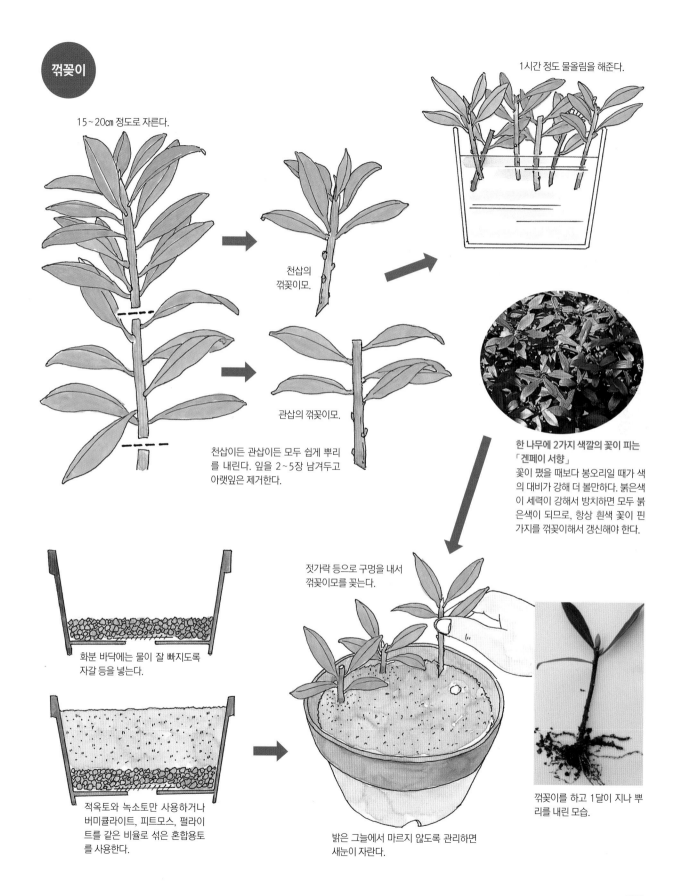

꺾꽂이

15~20㎝ 정도로 자른다.

천삽의 꺾꽂이모.

관삽의 꺾꽂이모.

천삽이든 관삽이든 모두 쉽게 뿌리를 내린다. 잎을 2~5장 남겨두고 아랫잎은 제거한다.

1시간 정도 물올림을 해준다.

한 나무에 2가지 색깔의 꽃이 피는 「겐페이 서향」
꽃이 폈을 때보다 봉오리일 때가 색의 대비가 강해 더 볼만하다. 붉은색이 세력이 강해서 방치하면 모두 붉은색이 되므로, 항상 흰색 꽃이 핀 가지를 꺾꽂이해서 갱신해야 한다.

화분 바닥에는 물이 잘 빠지도록 자갈 등을 넣는다.

적옥토와 녹소토만 사용하거나 버미큘라이트, 피트모스, 펄라이트를 같은 비율로 섞은 혼합용토를 사용한다.

젓가락 등으로 구멍을 내서 꺾꽂이모를 꽂는다.

밝은 그늘에서 마르지 않도록 관리하면 새눈이 자란다.

꺾꽂이를 하고 1달이 지나 뿌리를 내린 모습.

그늘에서도 잘 자라는 늘푸른나무

식나무

다른 이름 청목, 넓적나무

분류
층층나무과
식나무속
늘푸른떨기나무(높이 1~2m)

잎뿐 아니라 줄기나 가지도 1년 내내 파릇파릇해서「청목」이라고도 한다. 내음·내한성이 있으며 대기오염에도 강해, 그늘에서 키우기 좋은 나무이다. 암수딴그루이며 암그루는 늦가을부터 겨울에 걸쳐 선명한 붉은 열매를 맺어, 황량한 겨울 정원을 아름답게 장식해준다. 흰색이나 노란색 무늬가 있는 품종도 있다.

월	1월	2월	3월	4월	5월	6월	7월	8월	9월	10월	11월	12월
상태		성숙기			개화							성숙기
관리			가지치기		심기					심기		
번식작업		종자번식		꺾꽂이·접붙이기			꺾꽂이·접붙이기					종자번식
비료		필요 없음										

POINT_ 그늘지고 유기질이 풍부하며 습기가 있는 곳을 좋아한다.

관리 NOTE

심거나 옮겨 심는 시기는 따뜻해진 4월 중순~5월과 9~10월이 좋다. 심는 장소는 그늘진 곳으로 유기질이 풍부하고 약간 습기가 있는 곳을 선택한다. 많이 건조한 곳은 피해야 한다. 해가 잘 드는 곳에서도 자라지만 그늘에 심어야 잎 색깔이 보기 좋게 나온다.

그대로 방치해도 나무모양은 자연스럽게 정리된다. 가지치기는 지나치게 긴 가지를 자르고 복잡해진 부분을 솎아내는 정도면 충분하다. 눈이 나오기 전인 3월에 한다.

종자번식, 꺾꽂이, 접붙이기로 번식시킨다.

종자번식으로 바탕나무 만들기

열매는 12월경부터 빨갛게 익어서 꽃이 피는 4~5월 정도까지 나무에 남아 있다. 익기 시작할 때부터 3월 정도까지 채취해서 과육을 씻어내고 씨앗을 꺼내 바로 뿌린다.

서리나 추위를 피할 수 있도록 따뜻한 곳에 두고, 마르지 않게 관리해서 다음해 봄에 옮겨 심는다.

단, 종자번식으로는 어미의 형질이 그대로 전해지지 않으므로, 무늬종은 꺾꽂이나 접붙이기로 번식시킨다.

종자번식

열매를 으깨서 과육을
씻어내고 씨앗을 꺼낸다.

서리를 맞지 않는
장소에 둔다.

1달 정도면 싹이 튼다.

꺾꽂이의 기술

3~4월(봄꺾꽂이)과 6~9월(여름꺾꽂이)에 하는 것이 좋다. 봄꺾꽂이에는 튼튼한 전년도 가지를, 여름꺾꽂이에는 튼튼한 새가지를 사용한다. 무늬종은 무늬가 보기 좋은 부분을 꺾꽂이모로 사용한다. 암수딴그루이므로 열매를 즐기고 싶은 경우에는 열매가 많이 달린 암그루에서 꺾꽂이모를 고른다.

접붙이기의 기술

3~4월과 6~9월에 깎기접을 한다. 바탕나무는 생육이 왕성한 청엽종을 종자번식이나 꺾꽂이로 번식시킨 1~2년생 묘목이나, 무늬종을 씨앗으로 번식시켜 무늬가 나오지 않은 묘목을 사용하면 성공할 확률이 높아진다.

꺾꽂이

청엽종

무늬종은 무늬가 잘 나타난 가지를 꺾꽂이모로 사용한다.

꺾꽂이모의 밑부분을 비스듬히 잘라 꺾꽂이모판에 꽂는다.

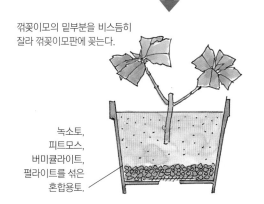

녹소토,
피트모스,
버미큘라이트,
펄라이트를 섞은
혼합용토.

깎기접

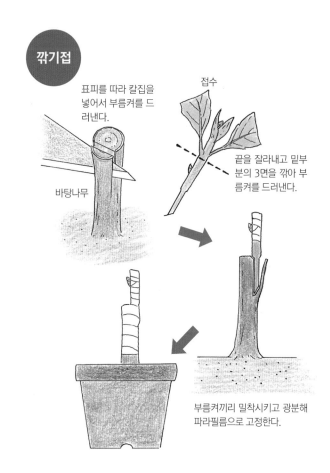

표피를 따라 칼집을 넣어서 부름켜를 드러낸다.

접수

끝을 잘라내고 밑부분의 3면을 깎아 부름켜를 드러낸다.

바탕나무

부름켜끼리 밀착시키고 광분해 파라필름으로 고정한다.

잎도 아름다운 과일나무

올리브

분류
물푸레나무과
올리브나무속
늘푸른작은큰키나무
(높이 0.3~8m)

신화와 성서에 등장하는 나무로, 평화의 상징으로 잘 알려져 있다. 봄에 노란색을 띠고 좋은 향기가 나는 하얗고 작은 꽃을 피운다. 잎 표면은 진한 녹색이고 뒷면은 은백색으로 아름다워서, 관엽수로도 인기가 많다. 열매는 녹색인데 익으면서 노란색, 검은색으로 변한다. 전채요리나 곁들임 요리에 많이 사용하고, 또한 올리브유는 식용 및 약용으로 이용된다.

월	1월	2월	3월	4월	5월	6월	7월	8월	9월	10월	11월	12월
상태				개화					성숙기			
관리		가지치기		심기					심기			가지치기
번식작업		접붙이기	종자번식							종자번식		
			꺾꽂이			꺾꽂이						꺾꽂이
비료		비료주기										

POINT_ 3~4년에 1번 가지를 솎아내고 잘라서 나무모양을 정리한다.

관리 NOTE

심는 시기는 4~5월 초순과 9~10월 중순이 좋다. 해가 잘 들고 물이 잘 빠지며 비옥하고, 겨울의 건조한 바람을 피할 수 있는 곳을 선택한다.
자라는 대로 방치해도 나무모양은 자연스럽게 정리된다. 가지치기는 내부의 잔가지를 정리하는 정도면 충분하며, 3~4년에 1번 가지를 솎아내거나 잘라서 나무모양을 정리한다. 2~3월 초순에 한다.
종자번식, 꺾꽂이, 접붙이기로 번식시킨다.

종자번식의 기술

10월경 열매가 검은색으로 익기 시작하면 채취한다. 과육을 물로 씻어 제거하고 바로 뿌리거나, 비닐봉지에 담아 서늘하고 어두운 곳에 보관한 뒤 3월에 뿌린다. 바로 뿌린 뒤에는 추위를 피할 수 있는 장소에 둔다.
봄에 뿌릴 때는 밝은 그늘에 두고 싹이 나오면 서서히 햇빛에 익숙해지게 하며, 옅은 액체비료를 주고 마르지 않게 관리한다. 다음해 4월에 옮겨 심는다.

종자번식

열매가 검게 변하기 시작하면 채취한다.

과육을 씻어내고 씨앗을 꺼낸다.

바로 뿌리거나, 비닐봉지에 담아 보관한 뒤 다음 해 3월에 뿌린다.

싹이 나오면 서서히 햇빛에 익숙해지게 하고, 옅은 액체비료를 준다.

꺾꽂이의 기술

품종이 많아 1000종 이상이나 된다. 품종에 따라 뿌리를 내리는 데도 차이가 있다. 꺾꽂이모로는 튼튼한 새가지를 사용한다. 3～4월과 6～9월, 12월에 하는 것이 좋다. 꺾꽂이모가 준비되면 시험해보자.

접붙이기의 기술

1～3월에 하는 것이 좋다. 전년도 가지의 튼튼한 부분을 접수로 사용하고, 1～3년생 씨모를 바탕나무로 사용해서 깎기접을 한다.

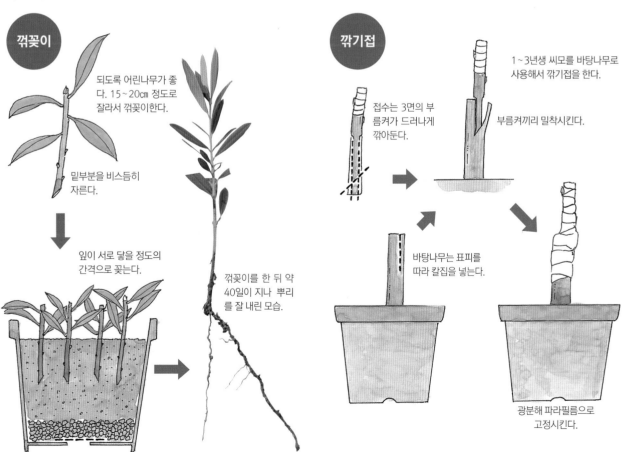

꺾꽂이

되도록 어린나무가 좋다. 15～20㎝ 정도로 잘라서 꺾꽂이한다.

밑부분을 비스듬히 자른다.

잎이 서로 닿을 정도의 간격으로 꽂는다.

꺾꽂이를 한 뒤 약 40일이 지나 뿌리를 잘 내린 모습.

깎기접

접수는 3면의 부름켜가 드러나게 깎아둔다.

1～3년생 씨모를 바탕나무로 사용해서 깎기접을 한다.

부름켜끼리 밀착시킨다.

바탕나무는 표피를 따라 칼집을 넣는다.

광분해 파라필름으로 고정시킨다.

허브로 유명한

월계수

다른 이름 감람수

분류
녹나무과
월계수속
늘푸른큰키나무(높이 5~12m)

원산지는 지중해 연안 지방이다. 고대 그리스에서는 월계수 가지로 월계관을 만들어 경기의 승리자에게 바쳤는데, 이 풍습이 지금도 이어지고 있다. 잎을 문지르면 좋은 향기가 나는데, 향신료로 사용하는 베이리프는 월계수 잎을 말린 것이다. 새가지가 단단해지는 6~7월에 작은 가지를 통째로 잘라 그늘에서 말리면, 일반 가정에서도 간단하게 베이리프를 만들 수 있다.

월	1월	2월	3월	4월	5월	6월	7월	8월	9월	10월	11월	12월
상태				개화						성숙기		
관리					심기	가지치기					가지치기	
번식작업		종자번식		꺾꽂이			꺾꽂이			종자번식		
비료	필요 없음			휘묻이								

POINT_ 눈이 나오는 힘이 강하므로 원하는 나무모양으로 가지치기할 수 있다.

관리 NOTE

심는 시기는 따뜻해지는 4월 중순~5월이 좋다. 그늘에서도 자라지만 추위에 약해서, 겨울의 찬바람을 피할 수 있고 물이 잘 빠지며 유기질이 풍부한 곳을 선택한다.
그대로 방치해도 나무모양은 자연스럽게 정리된다. 눈이 나오는 힘이 강해 원기둥 모양이나 길쭉한 타원모양 등 원하는 모양으로 가지치기가 가능하다. 6월과 11~12월에 하는 것이 좋다.
꺾꽂이, 휘묻이, 종자번식 등으로 번식시키며, 비료는 특별한 경우가 아니면 줄 필요 없다.

꺾꽂이의 기술

3~4월(봄꺾꽂이)과 6~9월(여름꺾꽂이)에 하는 것이 좋지만, 1년 내내 가능하다. 봄꺾꽂이에는 전년도 가지의 튼튼한 부분을, 여름꺾꽂이와 가을꺾꽂이에는 튼튼한 새가지를 사용한다. 10~20㎝로 잘라 꺾꽂이모판에 꽂는다. 관리는 밀폐삽으로 하는 것이 효과적이다.

꺾꽂이모

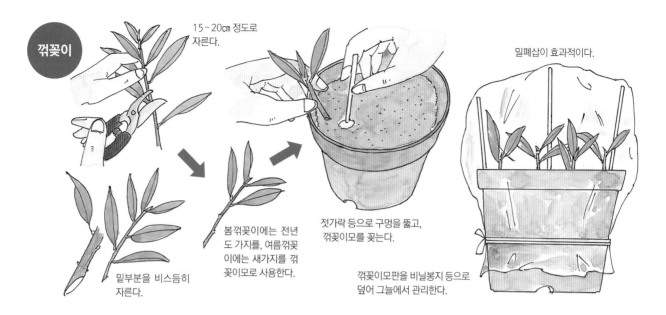

꺾꽂이

15~20cm 정도로 자른다.

밀폐삽이 효과적이다.

밑부분을 비스듬히 자른다.

봄꺾꽂이에는 전년도 가지를, 여름꺾꽂이에는 새가지를 꺾꽂이모로 사용한다.

젓가락 등으로 구멍을 뚫고, 꺾꽂이모를 꽂는다.

꺾꽂이모판을 비닐봉지 등으로 덮어 그늘에서 관리한다.

휘묻이의 기술

밑동에서 가지가 잘 자라므로 흙을 두둑하게 덮어두고, 4월 중순~5월에 뿌리를 내린 가지를 떼어내 휘묻이한다.

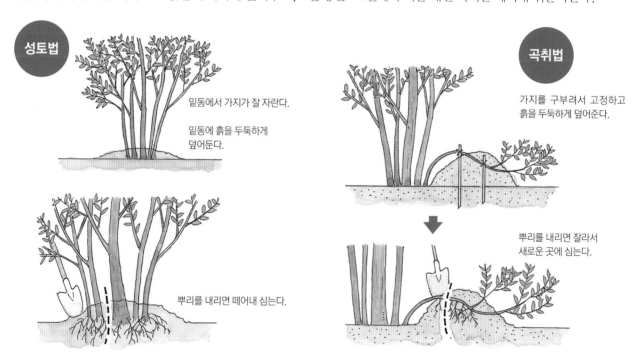

성토법

밑동에서 가지가 잘 자란다.

밑동에 흙을 두둑하게 덮어둔다.

뿌리를 내리면 떼어내 심는다.

곡취법

가지를 구부려서 고정하고 흙을 두둑하게 덮어준다.

뿌리를 내리면 잘라서 새로운 곳에 심는다.

종자번식의 기술

10월경에 열매가 검은빛을 띤 자주색으로 익기 시작하면 채취한다. 과육을 물로 씻어내고 바로 뿌리거나, 마르지 않도록 비닐봉지에 담아 냉장보관해서 2~3월 중순에 뿌린다. 서리나 추위를 피할 수 있는 곳에 두고, 마르지 않게 관리한다. 싹이 나오면 2번 정도 액체비료를 주고 다음해 4월에 옮겨 심는다.

바늘잎의 존재감을 뽐내는

주목 · 눈주목

다른 이름 노가리나무, 적목, 화솔나무, 설악눈주목

주목

눈주목

분류
주목과
주목속
늘푸른큰키나무(높이 10~15m)

주목은 추운 지방에서 많이 볼 수 있다. 설악눈주목이라고도 부르는 눈주목은 주목의 변종. 주목은 단간형으로 큰키나무이지만, 눈주목은 다간형으로 옆으로 퍼지는 떨기나무이다. 잎도 주목은 가지의 좌우에 2줄로 나지만, 눈주목은 부채꼴 모양으로 사방에 나서 쉽게 구별할 수 있다.

월	1월	2월	3월	4월	5월	6월	7월	8월	9월	10월	11월	12월
상태					잎 갱신				성숙기			
관리			심기				가지치기			심기	가지치기	
번식작업		종자번식				꺾꽂이			종자번식			
		꺾꽂이							꺾꽂이			
비료		비료주기						비료주기				

POINT_ 눈이 왕성하게 나오므로 짧게 자르는 강한 가지치기를 할 수 있다.

관리 N O T E

심는 시기는 3~5월 하순과 9~11월이 좋다. 밝은 그늘에서도 자라지만 되도록 해가 잘 들고 물이 잘 빠지는, 유기질이 풍부하고 비옥한 곳에 심는다.
눈이 잘 나오기 때문에 짧게 자르는 강한 가지치기가 가능하다. 1년에 2번, 6월 하순~7월과 11~12월에 짧게 가지치기한다.
꺾꽂이, 종자번식으로 번식시킨다. 암수딴그루이므로 열매를 즐기고 싶으면 암그루를 번식시킨다.

꺾꽂이의 기술

2~3월의 봄꺾꽂이, 6월 중순~7월 중순의 여름꺾꽂이, 9~10월의 가을꺾꽂이가 가능하다. 봄꺾꽂이에는 전년도 가지의 튼튼한 부분을, 여름꺾꽂이와 가을꺾꽂이에는 튼튼한 새가지를 사용한다. 암그루를 번식시키고 싶을 때는 열매가 달린 것을 확인하고 꺾꽂이모를 만든다.

바람이 닿지 않는 밝은 그늘에서 마르지 않게 관리한다. 겨울에는 추위로 인해 피해를 입지 않도록 보호하고, 다음해 3월에 옮겨 심는다.

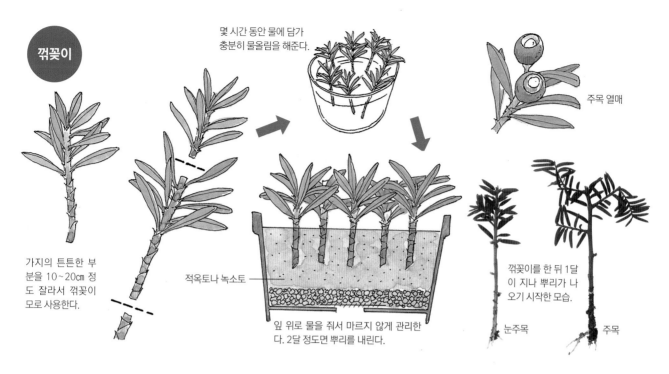

꺾꽂이

몇 시간 동안 물에 담가
충분히 물올림을 해준다.

주목 열매

가지의 튼튼한 부
분을 10~20㎝ 정
도 잘라서 꺾꽂이
모로 사용한다.

적옥토나 녹소토

잎 위로 물을 줘서 마르지 않게 관리한
다. 2달 정도면 뿌리를 내린다.

꺾꽂이를 한 뒤 1달
이 지나 뿌리가 나
오기 시작한 모습.

눈주목   주목

종자번식의 기술

열매는 9월경부터 붉게 익기 시작하는데 열매가 떨어지기 전에 빨리 채취해야 한다. 늦으면 싹이 잘 안 나온다. 채취한
뒤 과육과 붉은 가종피를 물로 씻어내고 바로 뿌리거나, 마르지 않도록 물에 적신 물이끼 등과 섞어서 비닐봉지에 담아
냉장보관한 뒤 다음해 봄에 뿌린다.

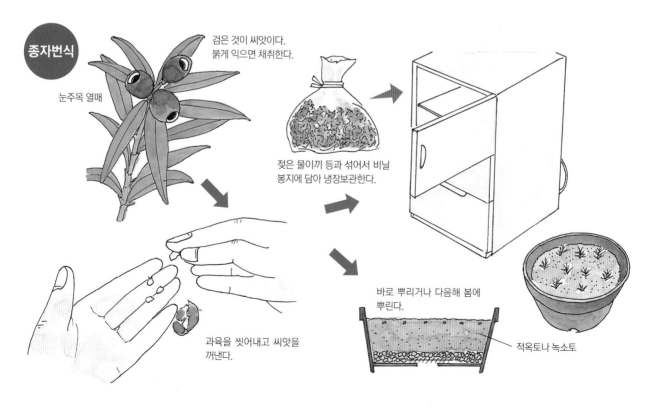

종자번식

눈주목 열매

검은 것이 씨앗이다.
붉게 익으면 채취한다.

젖은 물이끼 등과 섞어서 비닐
봉지에 담아 냉장보관한다.

과육을 씻어내고 씨앗을
꺼낸다.

바로 뿌리거나 다음해 봄에
뿌린다.

적옥토나 녹소토

다양한 품종이 있는

철쭉 / 영산홍

다른 이름 아잘레아 / 왜철쭉

캠퍼 철쭉(늘푸른나무)

털진달래(갈잎나무)

분류
진달래과
진달래속
철쭉_ 갈잎떨기나무(높이 0.5~3m)
영산홍_ 늘푸른떨기나무(높이 0.5~3m)

전국적으로 분포하는 갈잎떨기나무인 철쭉은 진달래에 비해 조금 늦게, 그리고 잎과 동시에 꽃이 핀다. 진달래와 달리 꽃에 독성이 있기 때문에 그냥 먹으면 심한 복통을 일으킨다. 일본 원산인「캠퍼 철쭉(일본 산철쭉)」과「자산홍」처럼 늘푸른나무 종류도 있다. 철쭉의 일종인 영산홍은 늘푸른나무인데, 수백 종의 품종이 개발되어 세계적으로 많은 품종이 존재한다.

월	1월	2월	3월	4월	5월	6월	7월	8월	9월	10월	11월	12월
상태			개화									
관리			늘푸른나무 심기						늘푸른나무 심기			
	갈잎나무 심기				가지치기						갈잎나무 심기	
번식작업		종자번식								종자번식		
			꺾꽂이			꺾꽂이						
비료					비료주기		비료주기					

POINT_ 뿌리를 얕게 뻗고 산성토양을 좋아한다. 가지치기는 꽃이 진 뒤에 되도록 빨리 한다.

관리 NOTE

늘푸른나무는 3~6월과 9~11월, 갈잎나무는 잎이 떨어진 낙엽기에 심는 것이 좋다. 심는 장소는 해가 잘 들고 물이 잘 빠지는 장소를 선택한다. 얕은뿌리성(천근성)이고 산성토를 좋아하므로 용토는 녹소토나 피트모스가 가장 적합하다.
가지치기는 꽃이 지면 최대한 빨리 하는 것이 좋다. 늦게 하면 꽃이 잘 안 핀다.
꺾꽂이가 간단하지만 갈잎나무인 철쭉 종류는 꺾꽂이로 뿌리를 잘 내리지 못하므로 씨앗으로 번식시킨다.

꺾꽂이의 기술

3월 중순~4월(봄꺾꽂이)과 6~7월(장마철꺾꽂이)에 하는 것이 좋다. 봄꺾꽂이에는 튼튼한 전년도 가지를, 장마철 꺾꽂이에는 튼튼한 새가지를 사용한다. 무늬가 있는 꽃이 피는 품종은 그 꽃이 핀 가지로 꺾꽂이모를 만든다.
8~10㎝ 정도로 자르고 잎을 1/3 정도 떼어낸다. 1시간 정도 물에 담가두었다가 꺾꽂이모판에 꽂는다.
비바람을 피할 수 있는 밝은 그늘에 두고 마르지 않게 관리한다. 10~40일 정도면 뿌리를 내린다. 9월에는 옮겨 심을 수 있다.

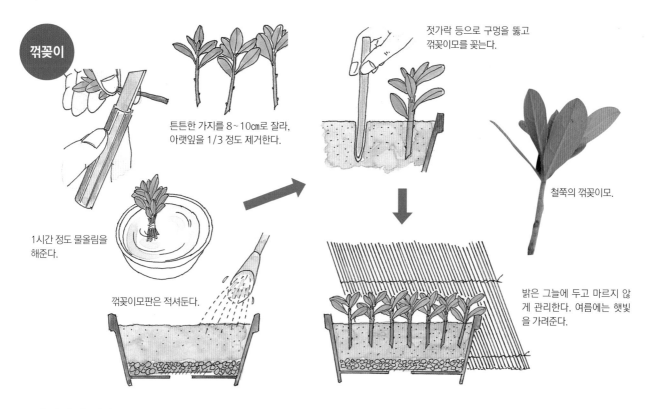

꺾꽂이

튼튼한 가지를 8~10㎝로 잘라, 아랫잎을 1/3 정도 제거한다.

1시간 정도 물올림을 해준다.

꺾꽂이모판은 적셔둔다.

젓가락 등으로 구멍을 뚫고 꺾꽂이모를 꽂는다.

철쭉의 꺾꽂이모.

밝은 그늘에 두고 마르지 않게 관리한다. 여름에는 햇빛을 가려준다.

종자번식의 기술

10~11월경 열매가 익어 갈색을 띠기 시작하면 채취한다. 용기에 담아 말리면 갈라져서 씨앗이 나온다. 바로 뿌리거나 건조한 상태에서 보관한 뒤 다음해 2~3월에 뿌린다.

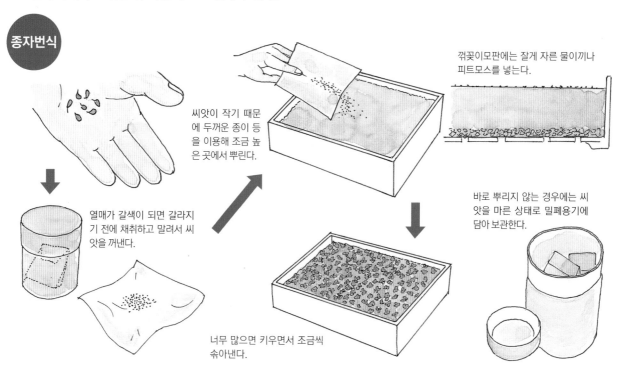

종자번식

씨앗이 작기 때문에 두꺼운 종이 등을 이용해 조금 높은 곳에서 뿌린다.

꺾꽂이모판에는 잘게 자른 물이끼나 피트모스를 넣는다.

열매가 갈색이 되면 갈라지기 전에 채취하고 말려서 씨앗을 꺼낸다.

바로 뿌리지 않는 경우에는 씨앗을 마른 상태로 밀폐용기에 담아 보관한다.

너무 많으면 키우면서 조금씩 솎아낸다.

달콤한 향기를 뿜어내는 꽃이 피는

치자나무

다른 이름 치자수, 담복, 황치자, 산치자

분류
꼭두서니과
치자나무속
늘푸른떨기나무(높이 0.2~1m)

초여름에 꽃이 적어질 무렵 달콤한 향기를 내뿜는 순백의 꽃을 피운다. 가을에 주황색으로 익는 열매는 익어도 벌어지지 않으며, 약이나 염료로 이용하기도 한다. 잎에 흰 줄이나 노란색 반점이 있는 것, 잎이 좁은 것, 꽃이 여러 겹인 것 등 다양한 원예품종이 있으며, 치자나무를 닮았지만 잎과 꽃이 작은 「꽃치자」는 6~7월에 가지 끝에 흰색의 향기가 강한 꽃을 피운다.

월	1월	2월	3월	4월	5월	6월	7월	8월	9월	10월	11월	12월
상태						개화				성숙기		
관리					심기		가지치기	심기				
번식작업					휘묻이·포기나누기	꺾꽂이		휘묻이·포기나누기				
비료		비료주기						비료주기				

POINT_ 잎을 먹어치우는 줄녹색 박각시나방 애벌레에 주의하고, 발견하면 바로 제거한다.

관리 NOTE

따뜻한 곳에서 자라는 남부수종이므로 심는 시기는 5~6월과 8월 하순~9월이 좋다. 물이 잘 빠지고 유기질이 풍부하며, 비옥하고 습기가 많은, 찬바람을 피할 수 있는 곳을 선택한다.

가지치기는 꽃이 지면 최대한 빨리 해야 한다. 치자나무의 가장 큰 적은 줄녹색박각시라는 나방의 애벌레인데, 하룻밤 사이에 잎을 모두 갉아먹기 때문에 발견하는 즉시 제거한다. 꺾꽂이, 휘묻이, 포기나누기, 종자번식 등 어떤 방법으로든 번식이 가능하지만 꺾꽂이를 가장 많이 한다.

꺾꽂이의 기술

6~8월에 하는 것이 좋다. 튼튼한 새가지를 골라 15~20㎝로 자른뒤, 잎을 3~5장 남기고 아랫잎은 잘라낸다. 남은 잎이 크면 반으로 자른다. 꺾꽂이모는 2~3시간 물에 담가 물올림을 해준 뒤 꺾꽂이한다.

밝은 그늘에서 마르지 않게 관리한다. 새눈이 나오기 시작하면 서서히 햇빛에 익숙해지게 한다.

겨울에는 찬바람이 닿지 않는 따뜻한 곳에 둔다.

다음해 5월에 옮겨 심는다.

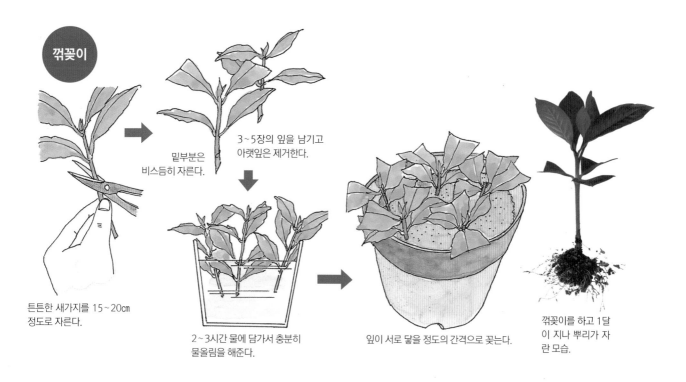

꺾꽂이

튼튼한 새가지를 15~20cm 정도로 자른다.

밑부분은 비스듬히 자른다.

3~5장의 잎을 남기고 아랫잎은 제거한다.

2~3시간 물에 담가서 충분히 물올림을 해준다.

잎이 서로 닿을 정도의 간격으로 꽂는다.

꺾꽂이를 하고 1달이 지나 뿌리가 자란 모습.

포기나누기·휘묻이의 기술

밑동에서 가지가 자라는 다간형이므로 크게 자라면 파내서 2~3포기로 나눈다.

휘묻이는 5~6월과 8월 중순~9월에 밑동에서 자란 가지를 구부려서 지면에 고정시키고 흙을 덮어둔다. 1달 정도 지나서 뿌리를 내리면 잘라서 심는다.

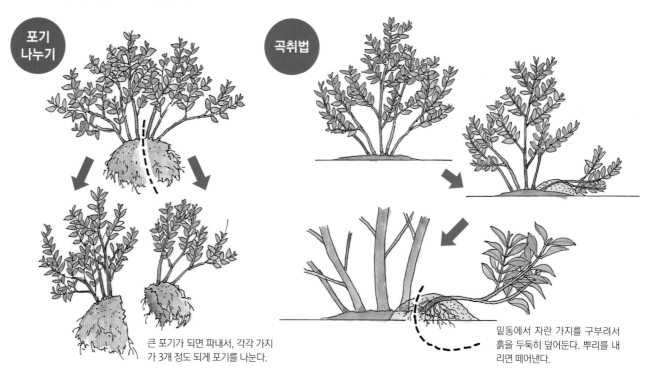

포기 나누기

곡취법

큰 포기가 되면 파내서, 각각 가지가 3개 정도 되게 포기를 나눈다.

밑동에서 자란 가지를 구부려서 흙을 두둑히 덮어둔다. 뿌리를 내리면 떼어낸다.

늘푸른 잎이 아름다운

침엽수류

다른 이름 코니퍼류

분류
편백나무과 등
늘푸른떨기나무~큰키나무
(높이 1~20m)

여기서는 소나무, 삼나무, 편백나무, 주목 같은 침엽수류 중 소형이고 잎이 아름다운 원예용 침엽수류의 번식방법을 소개한다. 종류가 많으며, 나무모양도 직립형, 구형, 포복형 등 여러 가지가 있다. 잎 색깔도 황녹색, 황금색, 은녹색, 회녹색 등으로 다양하다.

월	1월	2월	3월	4월	5월	6월	7월	8월	9월	10월	11월	12월
상태												
관리			심기						가지치기		심기	
번식작업			꺾꽂이				꺾꽂이					
비료		비료주기							비료주기			

POINT_ 5월 하순~12월에 3~4번 정도 가지를 쳐내 나무모양을 유지한다.

관리 NOTE

심는 시기는 2월 중순~5월 초순과 9~11월이 좋다. 심는 장소는 해가 잘 들고 바람이 잘 통하며 물이 잘 빠지는 곳을 선택한다. 토질은 특별히 가리지 않는다. 그대로 두어도 자연스럽게 나무모양이 정리되지만, 아름다운 모양을 유지하기 위해서는 5월 하순~12월에 3~4번 정도 가지 끝을 쳐낸다.

종류가 다양해서 번식방법도 다양하다. 원예품종은 대부분 꺾꽂이가 가능하다. 비료는 잎 색깔이 크게 나빠지거나, 나무자람새가 약해졌을 때만 주고 보통은 주지 않는다.

구과식물

꺾꽂이모 만드는 방법(서양측백나무)

❶ 튼튼한 가지를 15~20㎝ 길이로 자른다.

❷ 아랫잎을 절반 정도 잘라낸다.

❸ 남은 잎 중에 지나치게 많이 자란 부분은 솎아낸다.

❹ 잎이 붙어 있는 상태를 보면서, 15~20㎝ 정도의 꺾꽂이모를 만든다.

❺ 잘 잘리는 나이프로 밑부분을 비스듬히 잘라둔다.

❻ 절단면이 상하지 않게 꽂고, 손가락으로 흙을 단단히 눌러준다.

꺾꽂이의 기술

3월 중순~4월(봄꺾꽂이)과 6~9월(여름꺾꽂이)에 하는 것이 좋다. 봄꺾꽂이에는 튼튼한 전년도 가지를 사용하고, 여름꺾꽂이에는 잎살(엽육)이 두껍고 튼튼한 새가지를 꺾꽂이모로 사용한다. 15~20㎝ 정도로 잘라 아래 절반은 잎을 제거하고, 잘 잘리는 나이프로 절단면을 깔끔하게 잘라둔다. 2~3시간 물에 담가서 충분히 물올림을 해준 뒤, 꺾꽂이모판에 꽂는다.

　바람이 닿지 않고 햇빛이 잘 드는 장소에 두고, 여름에는 햇빛을 가려준다. 마르지 않게 관리하고 다음해에 눈이 나오기 시작하면 액체비료를 조금씩 준다. 2년째 봄에 옮겨 심는다.

꺾꽂이

2~3시간 정도 물에 담가서 충분히 물올림을 해준다.

여름에는 햇빛을 가려주고 마르지 않게 관리한다.

잎이 서로 닿을 정도의 간격으로 꽂는다.

그늘에서도 잘 자라는

팔손이

다른 이름 팔각금성, 팔금반, 팔각금반, 총각나무

분류
두릅나무과
팔손이속
늘푸른떨기나무(높이 1~3m)

그늘에서도 잘 자라고 공해에 강해, 남쪽 지방에서는 정원수로 심을 뿐 아니라 가로수로도 많이 심는다. 커다란 손바닥 같은 잎이 특징으로, 늦가을에 하얗고 작은 꽃이 공모양으로 모여서 핀다. 잎에 노란색을 띤 흰색의 커다란 무늬가 있는 팔손이도 있다. 팻츠헤데라는 팔손이의 원예품종인 모세리와 아이비(헤데라 헬릭스)를 교배시켜 만든 속간잡종으로, 잎모양이 예뻐서 관엽식물로 인기가 많다.

월	1월	2월	3월	4월	5월	6월	7월	8월	9월	10월	11월	12월
상태				성숙기							개화	
관리	가지치기					심기				가지치기		
번식작업			꺾꽂이	종자번식		휘묻이		꺾꽂이				
비료		비료주기								비료주기		

POINT_ 그늘이나 대기오염에 강하지만 햇빛이 강하고 건조한 곳은 피한다.

관리 NOTE

심는 시기는 5~6월이 좋다. 유기질이 풍부하고 습한 곳을 좋아하며 햇빛이 강하고 건조한 곳을 싫어한다. 그늘이나 대기오염에 강해서 건물의 북쪽에 위치한 정원에 심기 좋다. 밑동에서 움돋이가 잘 나오며, 1개의 줄기에 가지가 3~5개 정도 되게 정리하면 깔끔한 모양이 된다. 9월부터 다음해 2월경에 필요 없는 가지를 정리한다.
종자번식, 꺾꽂이, 휘묻이가 가능하며, 비료는 2~3월과 10월 하순에 준다.

종자번식의 기술

4월 중순경 열매가 검은색이 되면 채취한다. 과육을 물로 씻어 제거하고 적옥토나 녹소토 같은 수분보유력이 좋은 용토를 넣은 파종상자에 뿌린 다음, 그늘에 두고 마르지 않게 관리한다. 성장은 느리며 잎이 겹칠 정도가 되면 솎아낸다. 겨울에는 추위로 인해 피해를 입지 않도록 보호하고, 2년째의 5월에 옮겨 심는다.

팻츠헤데라

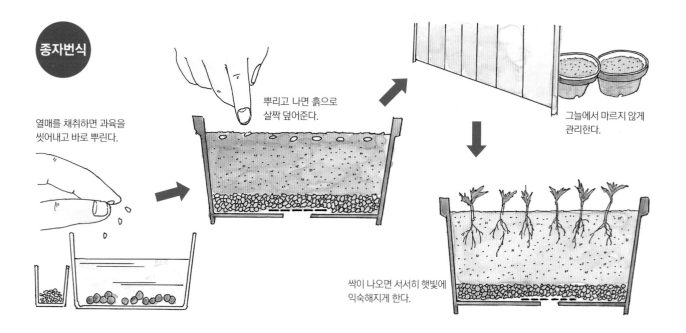

종자번식

열매를 채취하면 과육을 씻어내고 바로 뿌린다.

뿌리고 나면 흙으로 살짝 덮어준다.

그늘에서 마르지 않게 관리한다.

싹이 나오면 서서히 햇빛에 익숙해지게 한다.

꺾꽂이의 기술

3~4월 초순의 봄꺾꽂이와 7~8월의 여름꺾꽂이가 가능하다. 봄꺾꽂이에는 전년도 가지의 튼튼한 부분을, 여름꺾꽂이에는 원줄기에서 나온 곁가지를 꺾꽂이모로 사용한다. 크기가 큰 잎은 최대한 잘라낸다. 적옥토나 녹소토처럼 물이 잘 빠지고 수분보유력이 좋은 용토를 넣은 꺾꽂이모판에 꽂는다. 그늘에서 마르지 않게 관리한다. 튼튼한 것은 다음해 5월이면 옮겨 심을 수 있다.

휘묻이의 기술

밑동에서 가지가 잘 자란다. 밑동에 흙을 덮어두고, 심기 좋을 때(5~6월) 가지를 잘라서 휘묻이한다.

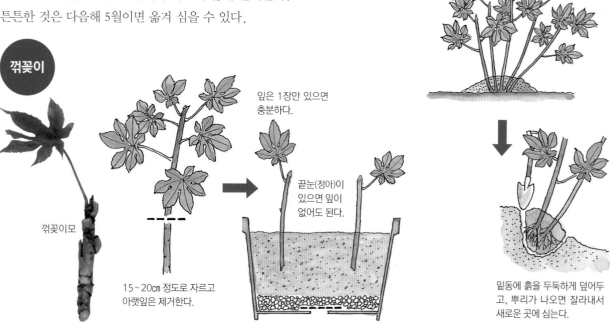

꺾꽂이

꺾꽂이모

15~20㎝ 정도로 자르고 아랫잎은 제거한다.

잎은 1장만 있으면 충분하다.

끝눈(정아)이 있으면 잎이 없어도 된다.

성토법

밑동에 흙을 두둑하게 덮어두고, 뿌리가 나오면 잘라내서 새로운 곳에 심는다.

열매가 아름다운

피라칸타

다른 이름 피라칸타 코키네아 / 피라칸타 앙구스티폴리아

붉은피라칸타
(피라칸타 코키네아)

좁은잎피라칸타
(피라칸타 앙구스티폴리아)

분류
장미과
피라칸타속
늘푸른떨기나무(높이 1~2m)

황량한 겨울에 진한 녹색 잎 사이로 새빨간 열매송이가 달린 피라칸타가 유독 눈에 띈다. 장미과 피라칸타속에 속하는 식물을 통틀어 피라칸타라고 하는 데, 일반적으로 피라칸타로 알려진 것은 가을에 열매가 등황색으로 익는 「좁은잎피라칸타(앙구스티폴리아)」와 선홍색으로 익는 「붉은피라칸타(코키네아)」이다. 큰 열매가 많이 달리는 붉은피라칸타가 인기가 많다.

월	1월	2월	3월	4월	5월	6월	7월	8월	9월	10월	11월	12월
상태	성숙기			개화							성숙기	
관리		가지치기		심기						심기		
번식작업	종자번식					휘묻이					종자번식	
				꺾꽂이			꺾꽂이					
비료		비료주기						비료주기				

POINT_ 따뜻한 곳에서 자라는 남부수종이므로 해가 잘 들고 겨울에 찬바람을 피할 수 있는 곳에 심는다.

관리 NOTE

따뜻한 곳에서 자라는 남부수종이므로 심는 시기는 4월 및 9~10월 초순이 좋다. 심는 장소는 해가 잘 들고 물이 잘 빠지며, 겨울에 찬바람을 피할 수 있는 곳을 선택한다. 꽃눈은 그해에 자란 가지의 밑동쪽에 있는 짧은 가지에 달린다. 나무가 크게 자라도 긴 가지가 잘 자라는데, 밑동보다는 중간에서 잘라 열매 맺을 가지를 만든다. 가지치기는 2월에 한다.
꺾꽂이, 휘묻이, 종자번식 등으로 쉽게 번식시킬 수 있다.
비료는 2월과 8~9월에 준다.

꺾꽂이의 기술

3월 중순~4월(봄꺾꽂이)과 6~9월 중순(여름꺾꽂이)에 하는 것이 좋다. 봄꺾꽂이에는 전년도 가지나 2년차 가지를, 여름꺾꽂이에는 튼튼한 새가지를 사용한다.

10~20㎝ 길이로 잘라 아래쪽 1/3분 정도의 잎을 제거하고, 1시간 정도 물올림을 해준 뒤에 꽂는다. 바람이 닿지 않는 밝은 그늘에 두고 마르지 않게 관리한다.

1달 정도면 뿌리를 내린다. 뿌리를 내리면 서서히 햇빛에 익숙해지게 하고, 옅은 액체비료를 준다. 다음해 봄, 눈이 나오기 직전에 옮겨 심는다.

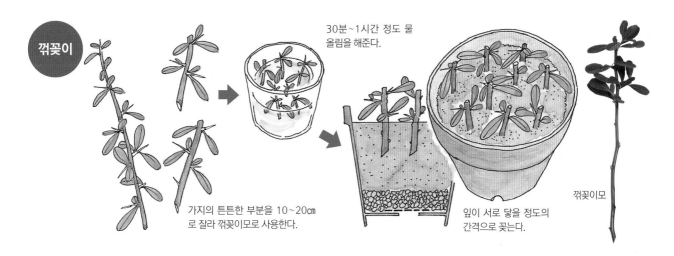

꺾꽂이

30분~1시간 정도 물 올림을 해준다.

가지의 튼튼한 부분을 10~20㎝로 잘라 꺾꽂이모로 사용한다.

잎이 서로 닿을 정도의 간격으로 꽂는다.

꺾꽂이모

종자번식의 기술

12~2월경까지 채취할 수 있지만 새에게 먹히기 전에 채취해야 한다. 과육을 물로 씻어내고 바로 뿌린다. 추위로 인해 피해를 입지 않도록 관리하고, 묘목이 5~6㎝ 정도로 자라면 옮겨 심는다.

종자번식

씨앗

과육을 씻어내고 바로 뿌린다.

심고 나면 흙을 살짝 덮어준다.

묘목이 5~6㎝ 정도로 자라면 옮겨 심는다.

휘묻이의 기술

5~6월에 고취법으로 휘묻이한다.

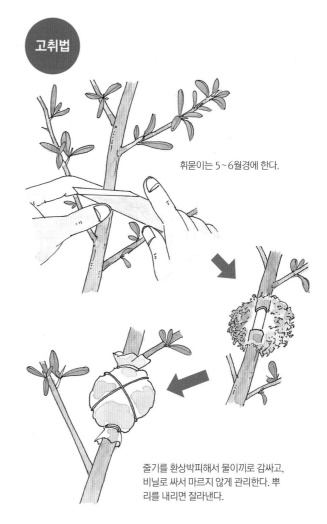

고취법

휘묻이는 5~6월경에 한다.

줄기를 환상박피해서 물이끼로 감싸고, 비닐로 싸서 마르지 않게 관리한다. 뿌리를 내리면 잘라낸다.

한여름을 화려하게 장식하는

협죽도

다른 이름 홍화협죽도, 유도화, 류엽도, 류선화

분류
협죽도과
협죽도속
늘푸른작은큰키나무(높이 3~5m)

꽃이 적은 한여름에 7월부터 시작해 9월 지나서까지 계속 꽃을 피운다. 잎이 대나무처럼 가늘고 꽃이 복숭아를 닮았다고 해서 협죽도라고 부른다. 또한 잎모양이 길쭉해서 버드나무잎을 닮았다고 「유도화」라고 부르기도 한다. 원산지는 인도. 꽃이 붉은색이고 겹꽃인 「만첩협죽도」와 꽃이 흰색인 「흰협죽도」, 그리고 노란색인 「노랑협죽도」 등 원예품종도 다양하다.

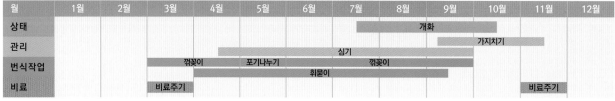

월	1월	2월	3월	4월	5월	6월	7월	8월	9월	10월	11월	12월
상태								개화				
관리					심기					가지치기		
번식작업			꺾꽂이	포기나누기		휘묻이	꺾꽂이					
비료			비료주기								비료주기	

POINT_ 해가 잘 들고, 물이 잘 빠지며, 찬바람이 닿지 않는 곳에 심는다.

관 리 N O T E

심거나 옮겨 심는 시기는 따뜻해지는 4월 중순~9월이 좋다. 따뜻한 곳에서 자라는 남부수종이므로 심는 장소는 해가 잘 들고 물이 잘 빠지며 찬바람이 닿지 않는 곳을 선택한다. 토질은 특별히 가리지 않는다.

가지가 복잡한 부분은 꽃이 진 다음에 가지치기해서, 나뭇갓 내부에 햇빛이 잘 들고 바람이 잘 통하게 한다.

다간형이므로 포기나누기, 휘묻이로 번식시킨다. 꺾꽂이도 가능하다. 비료는 줄 필요 없지만, 필요하면 3월이나 11월경에 소량을 흙속에 섞어준다.

꺾꽂이의 기술

3~4월(봄꺾꽂이)과 6~9월(여름꺾꽂이)에 하는 것이 좋다. 봄꺾꽂이에는 전년도 가지나 2년차 가지를, 여름꺾꽂이에는 튼튼한 새가지나 전년도 가지를 사용한다.

물꽂이도 간단하다. 5~7월에 물을 담은 컵에 꺾꽂이모를 넣고, 실내의 해가 잘 드는 곳에 둔다. 뿌리가 20㎝ 정도로 자라면 흙에 심는다.

왜성종 꺾꽂이모.

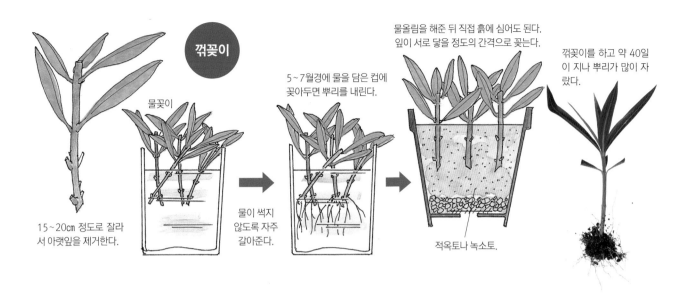

꺾꽂이

15~20cm 정도로 잘라서 아랫잎을 제거한다.

물꽂이

물이 썩지 않도록 자주 갈아준다.

5~7월경에 물을 담은 컵에 꽂아두면 뿌리를 내린다.

물올림을 해준 뒤 직접 흙에 심어도 된다.
잎이 서로 닿을 정도의 간격으로 꽂는다.

적옥토나 녹소토.

꺾꽂이를 하고 약 40일이 지나 뿌리가 많이 자랐다.

포기나누기 · 휘묻이의 기술

밑동에서 가지가 많이 자라 큰 포기가 되면 포기나누기를 한다. 파내서 흙을 최대한 털어내고 2~3포기로 나눈다.

휘묻이는 가지를 흙 속에 묻고 흙을 두둑하게 덮어준다. 뿌리를 내리면 잘라내서 심는다.

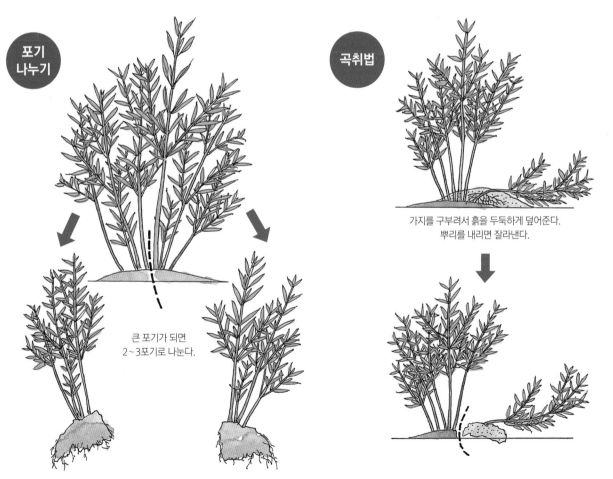

포기
나누기

큰 포기가 되면
2~3포기로 나눈다.

곡취법

가지를 구부려서 흙을 두둑하게 덮어준다.
뿌리를 내리면 잘라낸다.

짙은 붉은색 어린잎이 아름다운

홍가시나무

다른 이름 붉은순나무

분류
장미과
홍가시나무속
늘푸른작은큰키나무(높이 5~10m)

새순이 나올 때의 모습과 윤기 있는 붉은색 어린잎이 매력적이다. 5~6월에 작은 가지 끝에 작고 하얀 꽃이 많이 피는데, 그 모습이 메밀(소바)꽃과 닮아 일본에서는 「소바노키」라고 부르기도 한다. 가을이면 열매가 빨갛게 익는다. 레드로빈 품종은 그중에서도 특히 어린잎이 타오르는 듯한 짙은 붉은색으로 아름다우며, 눈이 잘 나오고 가지치기에도 잘 견뎌서 산울타리로 많이 이용한다.

월	1월	2월	3월	4월	5월	6월	7월	8월	9월	10월	11월	12월
상태					개화					성숙기		
관리			가지치기	심기				가지치기	심기			
번식작업			꺾꽂이			꺾꽂이						
비료		비료주기										

POINT_ 3월과 8월에 가지치기해서 어린잎의 선명한 색채를 즐긴다.

관리 NOTE

심는 시기는 4~5월 초순과 9~10월 초순이 좋다. 장소는 해가 잘 들고 물이 잘 빠지며, 유기질이 풍부하고 비옥한, 적당히 습기가 있는 곳을 선택한다.

잎이 새로 나올 때면 선명한 붉은색이 보기 좋다. 1년에 2번 정도 3월과 8월에 가지치기를 해서 봄, 가을의 아름다운 잎 색깔을 즐긴다. 한 번에 많이 자르면 가지가 마를 수 있으므로 조금씩 자주 가지치기한다.

보통 꺾꽂이로 번식시키며, 2월에 겨울비료를 준다.

꺾꽂이의 기술

3월의 봄꺾꽂이와 6~9월의 여름꺾꽂이가 가능하다. 봄꺾꽂이에는 전년도 가지의 튼튼한 부분을, 여름꺾꽂이에는 튼튼한 새가지를 꺾꽂이모로 사용한다. 15~20㎝ 길이로 잘라 잎을 3~4장 남기고 아랫잎은 제거한다. 3시간 정도 물올림을 해준 뒤, 적옥토 등을 넣은 꺾꽂이모판에 꽂는다. 밝은 그늘에 두고 마르지 않게 관리한다.

새눈이 자라면 서서히 햇빛에 익숙해지게 하고, 비료를 주면서 관리한다. 다음해 4월에 옮겨 심는다.

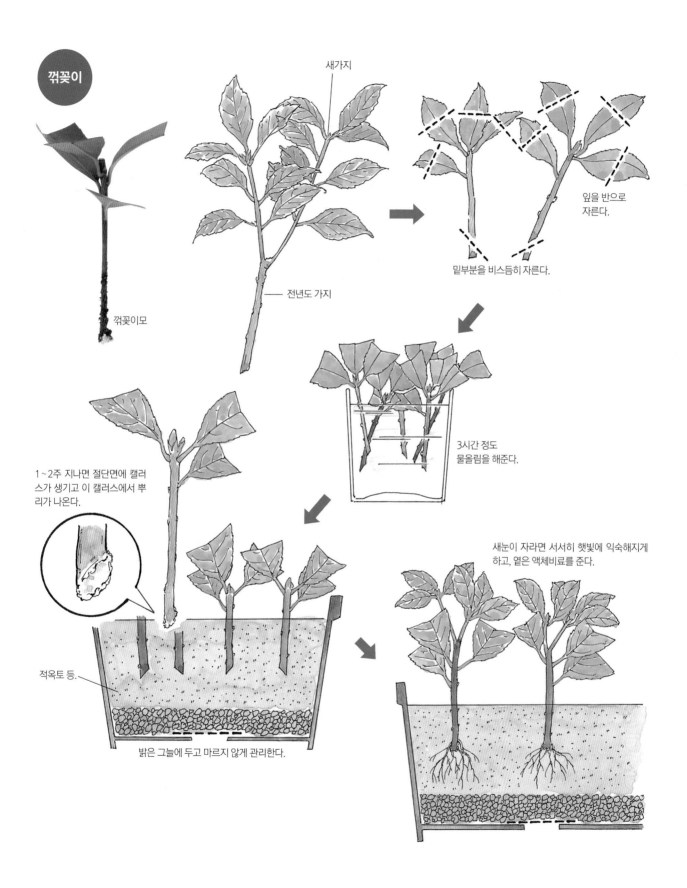

꺾꽂이

꺾꽂이모

새가지

전년도 가지

잎을 반으로
자른다.

밑부분을 비스듬히 자른다.

3시간 정도
물올림을 해준다.

1~2주 지나면 절단면에 캘러
스가 생기고 이 캘러스에서 뿌
리가 나온다.

적옥토 등.

밝은 그늘에 두고 마르지 않게 관리한다.

새눈이 자라면 서서히 햇빛에 익숙해지게
하고, 옅은 액체비료를 준다.

윤기 있는 잎과 붉은 열매가 아름다운

후피향나무

다른 이름 야서향

분류
차나무과
후피향나무속
늘푸른큰키나무(높이 10~15cm)

사계절 내내 정리된 나무모양이 유지되며, 윤기 있는 잎과 붉은 열매가 아름다운 나무이다. 일본에서는 예전부터 감탕나무, 목서와 더불어 3대 정원수로 꼽는다. 윤기 있는 두툼한 잎이 빙 둘러 나있는 모습에서 품격이 느껴진다. 6월경에 잎겨드랑이에 하얗고 작은 꽃이 피며, 열매는 가을에 붉게 익는다.

월	1월	2월	3월	4월	5월	6월	7월	8월	9월	10월	11월	12월
상태						개화				성숙기		
관리				가지치기 심기			가지치기			가지치기		
번식작업			종자번식 꺾꽂이						심기	종자번식		
						꺾꽂이						
비료		비료주기						비료주기				

POINT_ 1년에 1번 정도 가지를 솎아낸다. 차잎말이나방에 주의해야 한다.

관리 **NOTE**

따뜻한 곳에서 자라는 남부수종이므로 심는 시기는 충분히 따뜻해진 4~5월 초순과 9월이 좋다. 대기오염에 강하고 그늘에서도 잘 자라는 튼튼한 나무이지만, 해가 잘 들고 물이 잘 빠지며 찬바람을 피할 수 있는 곳을 좋아한다. 그대로 방치해도 나무모양은 정리되지만 잔가지가 촘촘해진다. 4월이나 6월 하순~7월, 10~11월 중에 1번 정도 가지치기를 해서 바람이 잘 통하고 햇빛이 잘 들게 한다. 종자번식이나 꺾꽂이로 번식시킨다. 별다른 문제 없이 자라면 비료는 주지 않아도 된다.

종자번식의 기술

10~11월경 열매가 붉게 익으면 갈라지기 전에 채취하고, 그늘에서 2~3일 말리면 갈라져서 씨앗이 나온다. 바로 뿌리거나 마르지 않도록 물기가 있는 강모래 등과 섞어 비닐봉지에 담아 보관한 뒤 다음해 3월에 뿌린다. 5~6월에는 싹이 튼다. 다음해 봄에 옮겨 심는다.

후피향나무 열매.

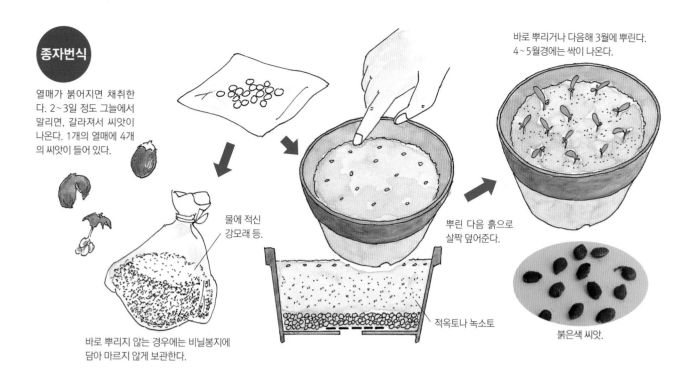

종자번식

열매가 붉어지면 채취한다. 2~3일 정도 그늘에서 말리면, 갈라져서 씨앗이 나온다. 1개의 열매에 4개의 씨앗이 들어 있다.

물에 적신 강모래 등.

바로 뿌리지 않는 경우에는 비닐봉지에 담아 마르지 않게 보관한다.

뿌린 다음 흙으로 살짝 덮어준다.

적옥토나 녹소토

바로 뿌리거나 다음해 3월에 뿌린다. 4~5월경에는 싹이 나온다.

붉은색 씨앗.

꺾꽂이의 기술

3월 중순~4월 초순에 전년도 가지를 사용해서 봄꺾꽂이도 할 수 있지만, 6~7월 중순에 여름꺾꽂이를 하면 성공할 확률이 더 높다. 튼튼한 새가지를 10~15㎝로 잘라 잎을 4~5장 남기고 아랫잎은 제거한다. 1~2시간 정도 물올림을 해준 뒤에 꽂는다. 밝은 그늘에 두고 마르지 않게 관리한다.

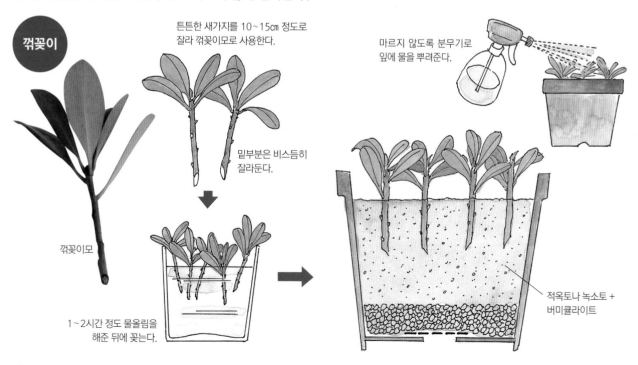

꺾꽂이

튼튼한 새가지를 10~15㎝ 정도로 잘라 꺾꽂이모로 사용한다.

밑부분은 비스듬히 잘라둔다.

꺾꽂이모

1~2시간 정도 물올림을 해준 뒤에 꽂는다.

마르지 않도록 분무기로 잎에 물을 뿌려준다.

적옥토나 녹소토 + 버미큘라이트

꽃댕강나무

분류 인동과 댕강나무속 / 반상록성 떨기나무(높이 1~2m)

여름부터 가을까지 담홍색의 작은 꽃을 피운다. 오랜 기간 꽃을 즐길 수 있고 달콤하고 은은한 향기도 매력적이다. 따뜻한 곳에서는 녹색잎을 그대로 단 채 겨울을 나지만, 추운곳에서는 잎이 진다. 심는 시기는 3월 하순~4월과 9~10월이 좋고, 가지치기는 11~3월에 한다. 나무갓에서 삐져나온 가지는 적당히 잘라서 나무모양을 정리한다. 보통 꺾꽂이로 번식시키며, 3~10월 초순까지는 수시로 할 수 있다. 봄꺾꽂이에는 전년도 가지를, 여름과 가을 꺾꽂이에는 튼튼한 새가지를 꺾꽂이모로 사용한다.

마취목

분류 진달래과 마취목속 / 늘푸른떨기나무(높이 1~3m)

봄에 은방울꽃을 닮은 하얗고 작은 꽃을 이삭모양으로 늘어뜨리며 핀다. 흰 꽃 외에도 핑크색 꽃이 피는 것 등 많은 원예품종이 있다. 심는 시기는 3~4월과 10월이 좋다. 방치해도 나무모양은 자연스럽게 정리되며, 가지고르기는 꽃이 진 직후에 한다. 나무모양을 흐트러트리는 가지나 필요 없는 가지를 정리하는 정도면 충분하다. 번식방법은 꺾꽂이가 가장 간단하고 3~4월과 4~6월에 하는 것이 좋다. 봄꺾꽂이에는 전년도의 튼튼한 가지를, 여름꺾꽂이에는 튼튼한 새가지를 꺾꽂이모로 사용한다.

만병초류

분류 진달래과 진달래속 / 늘푸른떨기나무(높이 1~3m)

한국, 중국, 일본 등에 분포하는 만병초류는 높은 산에서 자란다. 아시아 원산의 만병초류를 구미에서 개량한 서양만병초(로도덴드론)는 꽃 색깔이 다채로우며 많은 원예품종이 있는데, 튼튼하고 키우기 쉬워서 많이 재배한다. 심는 시기는 2월 하순~5월, 9~10월이 좋으며, 가지치기는 필요 없다. 종자번식, 접붙이기, 꺾꽂이로 번식시키는데, 종자번식은 10월경에 색이 든 열매를 채취하여 냉장보관한 뒤 다음해 봄에 씨앗을 빼내 뿌린다.

백량금 / 자금우

분류 자금우과 자금우속 / 늘푸른떨기나무(높이 0.1~1m)

백량금은 6월경에 흰 꽃이 피고 열매는 가을에 붉게 익는다. 자금우는 여름쯤에 흰색 또는 담홍색의 꽃이 피고, 열매는 가을에 빨갛게 익는다. 땅속줄기가 퍼져나가므로 지피식물로 이용되기도 한다. 심는 시기는 4~5월 초순과 8월 하순~9월이 좋다. 번식방법은 꺾꽂이, 종자번식이 일반적이며, 종자번식은 3~4월에 전년도 열매의 씨앗을 뿌린다. 자금우는 포기나누기도 할 수 있다.

자금우 열매.

부겐빌레아

분류 분꽃과 부겐빌레아속 / 늘푸른덩굴나무(높이 2~3m)

열대성이며 꽃으로 보이는 것은 꽃을 둘러싸고 있는 이삭잎(포엽)이다. 꽃 색깔이 빨간색이나 흰색인 것 외에, 잎에 무늬가 있는 품종도 있다. 꽃은 5~11월에 가끔 쉬어가면서 계속 핀다. 심는 시기는 5~6월이 좋다. 꽃은 새가지의 끝부분에 피며, 꽃이 진 가지는 잘라준다. 번식방법은 꺾꽂이가 일반적이며 4~9월에 한다. 튼튼한 새가지를 꺾꽂이모로 사용하고, 뿌리를 내리기 어려우므로 뿌리가 상하지 않도록 주의해서 적옥토나 강모래를 넣은 2호 포트에 꽂는다.

꺾꽂이

뿌리가 쉽게 잘라지므로, 처음부터 포트에 꽂는 것이 좋다.

10㎝ 정도

튼튼한 새가지를 꺾꽂이모로 사용한다.

상록풍년화

분류 조록나무과 로로페탈룸속 / 늘푸른작은큰키나무(높이 2~5m)

5월경에 황녹색 꽃이 잎겨드랑이에 3~5개씩 모여서 핀다. 가는 끈 모양의 꽃으로 꽃잎은 4장이다. 꽃이 피면 처진 가지가 꽃으로 뒤덮여, 포기 전체가 나무갓처럼 보인다. 심는 시기는 4월 중순~5월 초순, 9~10월 초순이 좋다. 방치해도 나무모양은 자연스럽게 정리되지만, 웃자람가지 등은 꽃이 진 뒤에 정리한다. 번식방법은 꺾꽂이가 일반적이며, 6~8월에 하는 것이 좋다. 봄부터 자란 튼튼한 가지를 골라 8~10㎝로 자른 다음, 아랫잎을 조금 제거하고 꺾꽂이모로 사용한다.

죽절초

분류 홀아비꽃대과 죽철초속 / 늘푸른떨기나무(높이 1m)

6~7월경 가지 끝에 황녹색의 작은 꽃이 가득 피고, 열매는 12~1월에 붉게 익는다. 심는 시기는 4월 및 8월 하순~9월이 좋다. 방치해도 나무모양은 자연스럽게 정리되지만, 12월에 열매가 달리지 않은 빈약한 가지를 잘라내고 열매가 달린 가지는 잘라낸다. 꺾꽂이, 종자번식으로 쉽게 번식시킬 수 있다. 꺾꽂이는 3월 중순~5월 초순, 6월 중순~7월에 하는 것이 좋으며, 봄꺾꽂이에는 전년도 가지를, 여름꺾꽂이에는 그 해의 튼튼한 가지를 꺾꽂이모로 사용한다.

초령목 / 촛대초령목

분류 목련과 초령목속 / 늘푸른작은큰키나무(높이 3~10m)

초령목은 일본 원산의 늘푸른큰키나무이다. 가지를 불상 앞에 꽂는 풍습이 있어서 초령목이라고 부른다. 근연종인 촛대초령목은 바나나와 같은 달콤한 향기가 난다. 심는 시기는 기온이 안정된 5월 초순~중순이 좋다. 꽃이 지면 나무모양을 흐트러뜨리는 가지 등을 정리한다. 번식방법은 꺾꽂이와 휘묻이가 가능하다. 꺾꽂이를 할 때는 6~7월에 단단해지기 시작한 새가지를 꺾꽂이모로 사용한다. 휘묻이는 4~8월에 하는 것이 좋다.

「육종의 아버지」 루서 버뱅크의 업적 ②

가시 없는 밤

버뱅크는 어릴 때부터 숲속에서 밤 줍는 것을 좋아했는데, 그는 밤을 주우면서 나무에 따라 밤에도 큰 차이가 있다는 것을 깨달았다. 그는 캘리포니아주로 이주해서 본격적으로 밤나무 품종 만들기를 시작했다.

미국의 재배종이나 야생종, 외국에서 들여온 각종 밤나무를 교배시키면 다양한 형질의 밤이 나올 것이라고 생각한 버뱅크는 일본에서도 25개의 밤을 들여왔는데, 그 밤들은 그의 생각을 뛰어넘는 훌륭한 밤이었다.

버뱅크는 이 밤을 심어 적당한 두께가 되었을 때 다 자란 밤나무에 접붙였다. 이 방법은 서양자두 등의 품종 만들기에도 사용하던 방법으로, 개화 및 결실에 걸리는 기간을 크게 줄일 수 있다.

꽃이 핀 다음 꽃가루받이를 시켜 여러 잡종을 만들어냈는데, 이렇게 만든 열매를 심은 뒤 18개월이 지나자 큰 열매가 많이 열리는 왜성종이 완성되었다. 그리고 그중에는 계절에 관계없이 꽃이 피는 사계성 개체도 있었다.

사계성이라는 점에서는 일본의 「칠립(七立)」(p.175 참조)과 비슷하지만, 열매의 크기에 차이가 있었다고 한다. 이 훌륭한 왜성 밤이 아직 존재한다면 꼭 한 번 키워보고 싶다.

그리고 버뱅크는 「가시가 없는 밤이 있다면 얼마나 좋을까」라는 생각으로, 품종 만들기를 시작했다. 교배에 교배를 거듭해 조금씩 가시가 적은 밤나무를 선발한 것이다. 그런데 가시가 거의 없어진 밤은, 정작 중요한 맛을 잃어서 과일나무로서 가치가 없었다. 버뱅크는 맛도 좋고 가시도 없는 밤을 만들기 위해 의욕을 불태웠지만, 아쉽게도 생전에 완성하지는 못했다.

그가 만든 「가시 없는 밤」은 품종 만들기를 목표로 하는 사람에게 여전히 흥미로운 소재이다.

샤스타 데이지

소년시절 버뱅크가 사랑한 꽃은 「옥스 아이 데이지」였다. 이 꽃은 길가에서 흔히 볼 수 있는 흰색의 홑꽃을 피우는 야생 국화로, 농민들이 싫어하는 잡초였다.

그는 이 꽃의 품종을 만들기 위해 영국에서는 원예종을 들여오고, 독일에서는 야생종을 들여왔다.

이렇게 3가지를 이용해 5~6년 동안 교배와 선발을 반복한 결과, 꽃의 크기, 아름다움, 풍부한 꽃 수, 강한 성질을 모두 갖춘 하나의 개체를 얻는 데 성공했다. 하지만 버뱅크는 그 개체에 한 가지 불만이 있었는데, 그가 좋아했던 야생 국화의 특징인 맑은 순백색이 부족했기 때문이다. 그는 이후에도 교배와 선발을 반복했지만 원하는 꽃은 나오지 않았다. 방법을 찾기 위해 고민을 거듭하다 알게 된 것이 동양의 섬국화였다.

섬국화는 많은 면에서 옥스 아이 데이지보다 열등했지만, 그 맑은 순백의 꽃은 그가 기대를 품기에 충분했다. 버뱅크는 이 2가지 품종을 교배시켰는데, 1세대에서는 아무런 변화도 없었다. 그런데 다음해에 이들의 잡종을 서로 교배시킨 것 중에서 원하는 특성을 가진 개체가 1포기 나왔다. 그 개체를 품종으로 고정시키는 데 몇 년이 걸렸고 마침내 완성되었다. 발상부터 완성해서 세상에 발표하기까지 17년의 세월이 걸렸다. 그는 이 꽃에 샤스타 데이지라는 이름을 붙였다. 그의 농장에서 멀리 보이는 시에라네바다 산맥의 샤스타봉에 쌓인 순백의 눈에서 딴 이름이다.

그 밖의 품종 만들기

「선인장으로 사막의 숲 되살리기」를 목표로 선인장 가시에 시달리면서 18년 동안 연구한 결과, 버뱅크는 내한성이 있어서 어떤 환경에서도 잘 자라며, 가축이 잘 먹고, 생장도 빠르고 수확량이 많은 「가시 없는 부채선인장」을 만들었다.

현재 브라질 북동부의 건조지대에서는 이 「가시없는 부채선인장」이 가축 사료로 대량 재배되고 있는데, 총 재배면적이 55만 ㏊에 달한다. 이 선인장은 멕시코에서는 식용으로 이용되고, 미국에서는 다이어트 식품의 원료로 이용되고 있다.

버뱅크는 77세로 운명을 달리할 때까지 여러 가지 유용한 식물의 품종을 만들어 세상에 선보였다. 사사로운 욕심 없이 세상에 도움이 되는 식물을 만드는 데 심혈을 기울인 생애였다. (참고도서 : 『실험원의 버뱅크』 다카나시 기쿠지로 지음)

열매를 수확하는 즐거움

감귤류

온주밀감, 금귤, 오렌지, 유자, 레몬 등을 통틀어 감귤류라고 한다.

온주밀감

오렌지

분류
운향과
귤속 등
늘푸른떨기나무~큰키나무
(높이 2~10m)

감귤류는 종류가 많다. 대표적인 것이 「온주밀감」이며, 비교적 추위에 강한 「유자」부터 크기가 작은 「금귤」까지 다양한 종류가 있다. 온주밀감은 연평균 기온이 16℃ 이상이 아니면 제대로 된 열매를 얻을 수 없다. 유자는 남부 수종 중에서는 내한성이 강하며, 날것으로 먹기에는 적합하지 않으나 요리에 향기를 더하는 용도로 이용된다.

월	1월	2월	3월	4월	5월	6월	7월	8월	9월	10월	11월	12월
상태					개화					성숙기		
관리			가지치기	심기								
번식작업		종자번식					접붙이기			종자번식		
		접붙이기										
비료			비료주기			비료주기					비료주기	

POINT_ 따뜻한 곳에서 자라는 남부수종이므로 따뜻한 계절에 접붙여야 잘 번식한다.

관리 NOTE

따뜻한 곳에서 자라는 남부수종이므로 심는 시기는 따뜻해지는 4~5월경이 좋다. 심는 장소는 해가 잘 들고 물이 잘 빠지며, 겨울의 차가운 바람을 피할 수 있는, 따뜻한 곳을 선택한다.

가지치기는 3월경에 하는 것이 좋은데, 가을에 자란 가늘고 긴 가지를 1/2 정도로 짧게 자른다.

종자번식도 할 수 있지만 대부분 접붙이기로 번식시킨다.

접붙이기의 기술

묵은가지 접붙이기 1~4월에 작업한다. 전년도 가지의 튼튼한 부분을 접수로 사용하여 깎기접을 한다. 바탕나무는 탱자의 2~3년생 씨모를 사용한다. 시판되는 유자 묘목을 사용해도 좋다.

새가지 접붙이기 6~8월에 튼튼한 새가지를 접수로 사용해서, 탱자의 2~3년생 씨모에 깎기접을 한다. 깎기눈접도 가능하다.

※ 경험상으로는 남부수종인 감귤류는 묵은가지 접붙이기보다, 기온이 안정되었을 때 하는 새가지 접붙이기가 성공률이 더 높다.

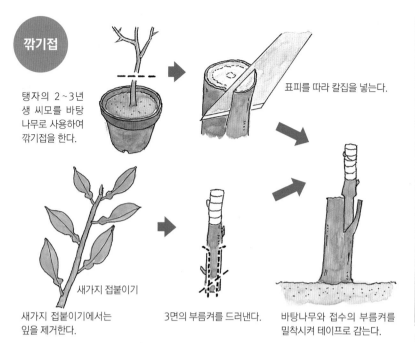

깎기접

탱자의 2~3년생 씨모를 바탕나무로 사용하여 깎기접을 한다.

표피를 따라 칼집을 넣는다.

새가지 접붙이기

새가지 접붙이기에서는 잎을 제거한다.

3면의 부름켜를 드러낸다.

바탕나무와 접수의 부름켜를 밀착시켜 테이프로 감는다.

유자나무에 여러 가지 감귤류를 접붙인 모습.

종자번식으로 바탕나무 만들기

분재에 많이 사용되는 금두나 접붙이기용 바탕나무로 사용하는 탱자는 씨앗으로 번식시킨다.

　10~11월경 완전히 익은 열매를 채취해 과육을 깨끗하게 제거하고 씨앗을 꺼낸다. 바로 뿌리거나, 마르지 않도록 비닐봉지에 담아 보관한 뒤 2~3월에 뿌린다. 마르지 않도록 관리하고 다음해 봄에 옮겨 심는다.

종자번식

탱자의 종자번식

10~11월경 열매가 노랗게 익으면 과육을 씻어내고 씨앗을 꺼낸다.

바로 뿌리거나 마르지 않도록 보관한 뒤 다음해 2~3월에 뿌린다.

감귤류는 1개의 씨앗에서 2개 이상의 싹이 나온다.

다음해 봄에 옮겨 심고, 접붙이기용 바탕나무로 사용한다.

145

가을을 상징하는

감나무

다른 이름 시수

분류
감나무과
감나무속
갈잎큰키나무(높이 5~10m)

가을이면 나뭇잎이 떨어지고 쓸쓸해진 정원에, 주황색 열매가 달린 감나무가 서 있는 풍경을 흔히 볼 수 있다. 튼튼하고 재배하기 쉬워 정원수로 많이 심는다. 단감과 떫은감이 있는데, 단감을 추운 지방에서 재배하면 떫은맛이 완전히 빠지지 않기 때문에 지역에 맞는 품종을 선택해야 한다.

월	1월	2월	3월	4월	5월	6월	7월	8월	9월	10월	11월	12월
상태					개화					성숙기		
관리	가지치기											가지치기
	심기											심기
번식작업		종자번식								종자번식		
		접붙이기				접붙이기						
비료		비료주기						비료주기				

POINT_ 전년도에 열매가 달린 가지는 꽃눈이 달리지 않으므로, 가지치기할 때 솎아낸다.

관 리 **NOTE**

심는 시기는 11월 하순~3월 초순이 좋다. 심는 장소는 해가 잘 들고 물이 잘 빠지며 비옥한 곳을 선택한다.
가지치기는 12월~다음해 2월에 한다. 꽃눈은 튼튼한 가지의 끝부분에 달리며, 웃자람가지에는 달리지 않는다. 또한 전년도에 열매를 맺은 가지에는 꽃눈이 달리지 않으므로 솎아낸다. 웃자람가지나 잔가지도 정리한다.
종자번식도 가능하지만 보통 접붙이기로 번식시킨다. 비료는 심고 나서 2년째부터 겨울비료로 퇴비, 깻묵, 골분 등을 섞어서 준다.

종자번식으로 바탕나무 만들기

종자번식은 간단하지만 열매가 열릴 때까지 많은 시간이 걸리기 때문에, 감나무 씨앗은 주로 접붙이기용 바탕나무를 만들 때 많이 사용된다.

감나무뿐 아니라 과일나무를 씨앗으로 번식시킬 때는, 열매를 먹고 난 뒤에 남은 씨앗을 바로 뿌리는 것도 하나의 방법이다. 완전히 익은 열매의 과육을 제거하고 물로 씻어내 바로 뿌리거나, 마르지 않도록 비닐봉지에 담아 냉장보관한 뒤 2월 중~하순에 뿌린다. 마르지 않도록 관리하고 다음해 봄에 옮겨 심는다.

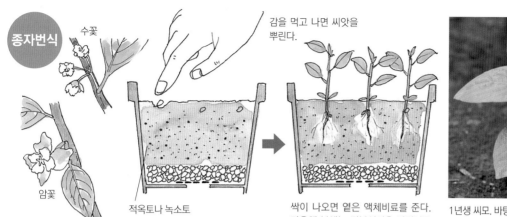

종자번식

수꽃

암꽃

감을 먹고 나면 씨앗을 뿌린다.

적옥토나 녹소토

싹이 나오면 옅은 액체비료를 준다. 다음해 봄에는 접붙이기용 바탕나무 등으로 사용할 수 있다.

1년생 씨모. 바탕나무로 사용한다.

접붙이기의 기술

묵은가지 접붙이기 1~3월에 하는 것이 좋다. 전년도 가지의 튼튼한 부분을 접수로 사용한다. 바탕나무는 2~3년생 씨모를 사용하고 깎기접을 한다. 바탕나무에서 눈이 나오면 제거한다.

새가지 접붙이기 6~8월에 튼튼한 새가지를 접수로 사용하여 깎기접이나 눈접을 한다.

깎기접 방법

❶ 새가지 접붙이기. 바탕나무를 파내지 않고 한다.

❷ 바탕나무에 칼집을 넣어 부름켜가 드러나게 한다.

❸ 접수는 절단면과 앞뒤, 3면의 부름켜를 드러낸다.

❹ 서로 부름켜를 밀착시키고 테이프로 고정한다.

❺ 눈을 남기고 완전히 감싸서 마르지 않게 한다.

눈접 방법

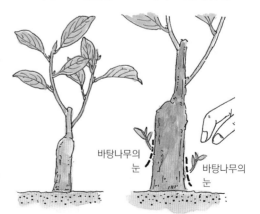

바탕나무의 눈

바탕나무의 눈

튼튼한 눈을 골라 껍질째 길게 깎다가 중간에 비스듬히 잘라낸다. 바탕나무는 마디 사이가 긴 부분을 골라서 깎는다. 껍질 아랫부분을 조금 남기고 잘라낸 뒤 접눈을 꽂는다. 눈의 윗부분은 눈이 자랄 때까지 남겨둔다.

새눈이 자라면 동시에 바탕나무의 눈도 자라므로 제거한다.

그윽한 향기로 봄을 알리는

매실나무

다른 이름 매화나무

분류
장미과
벚꽃속
갈잎작은큰키나무~큰키나무
(높이 2~8m)

다른 꽃보다 먼저 핀 꽃이 기품 있는 그윽한 향기를 내뿜는다. 봄을 부르는 꽃으로 오래전부터 사랑받고 있다. 원산지는 중국이고, 한국에는 삼국시대에 들어온 것으로 추정된다. 원예품종도 많아서 300~500종 정도 되는 것으로 알려져 있다. 주로 꽃을 감상하는「화매」와 열매를 채취하는「실매」로 나눌 수 있다.

월	1월	2월	3월	4월	5월	6월	7월	8월	9월	10월	11월	12월
상태		개화				성숙기						
관리	가지치기											가지치기
		심기										심기
번식작업		접붙이기				종자번식					종자번식	
			꺾꽂이				접붙이기					
비료	비료주기							비료주기				비료주기

POINT_ 긴 가지를 12월부터 다음해 1월 사이에 잘라서, 꽃눈이 달리는 짧은 가지를 늘린다.

관리 **NOTE**

심는 시기는 12월 중순~3월 초순이 좋다. 지역에 따라 차이가 있지만 잎눈보다 뿌리가 빨리 나오므로 싹이 트기 전에 심는다. 해가 잘 들고 물이 잘 빠지며 비옥한 곳을 좋아한다.「벚꽃 자르는 바보, 매화 자르지 않는 바보」라는 일본 속담처럼 꽃눈은 튼튼한 짧은 가지에 달리므로, 길게 자란 가지는 12월부터 다음해 1월까지 잘라서 짧은 가지를 늘린다.

종자번식, 꺾꽂이도 가능하지만 원예품종이 많아서 주로 접붙이기를 한다. 비료는 낙엽기와 늦여름에 준다.

접붙이기의 기술

묵은가지 접붙이기 1~3월이 적당하다. 튼튼한 전년도 가지의 끝부분과 밑부분을 제외하고, 중간부분을 접수로 사용한다. 품종의 특징이 잘 나타난 가지를 고른다. 바탕나무는 1~2년생 씨모 또는 꺾꽂이한 묘목을 사용한다. 접붙이기가 성공해서 눈이 자라면, 바탕나무의 눈도 자라므로 빠른 시일 내에 제거한다.

새가지 접붙이기 6~9월에 하는 것이 좋다. 튼튼한 새가지를 접수로 골라서 깎기접을 한다. 눈접도 가능하다.

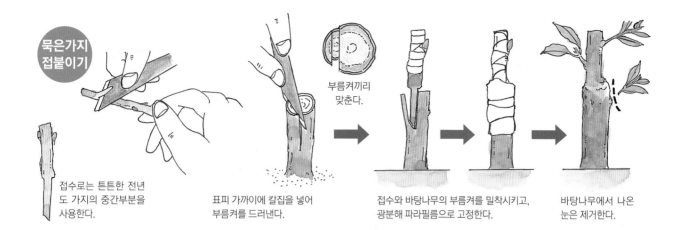

묵은가지 접붙이기

접수로는 튼튼한 전년도 가지의 중간부분을 사용한다.

표피 가까이에 칼집을 넣어 부름켜를 드러낸다.

부름켜끼리 맞춘다.

접수와 바탕나무의 부름켜를 밀착시키고, 광분해 파라필름으로 고정한다.

바탕나무에서 나온 눈은 제거한다.

종자번식으로 바탕나무 만들기

6월에 완전히 익어서 떨어진 열매를 채취한다. 과육을 깨끗이 물로 씻어서 제거하고 씨앗을 바로 뿌리거나, 마르지 않도록 흙 속에 보관한 뒤 11~12월에 뿌린다. 본잎이 5~6장이 되면 옮겨 심고 엷은 액체비료를 준다. 연필 정도의 두께가 되면 바탕나무로 사용한다.

꺾꽂이로 바탕나무 만들기

3월 하순~4월 초순이 적당하다. 전년도 가지의 끝부분과 밑부분을 제외하고 튼튼한 중간부분을 꺾꽂이모로 사용한다. 15~20㎝로 잘라 1~2시간 물올림을 해준 뒤 꽂는다. 밝은 그늘에 두고 마르지 않게 관리한다. 1년 동안 그대로 자라게 둔 다음 바탕나무 등으로 사용한다.

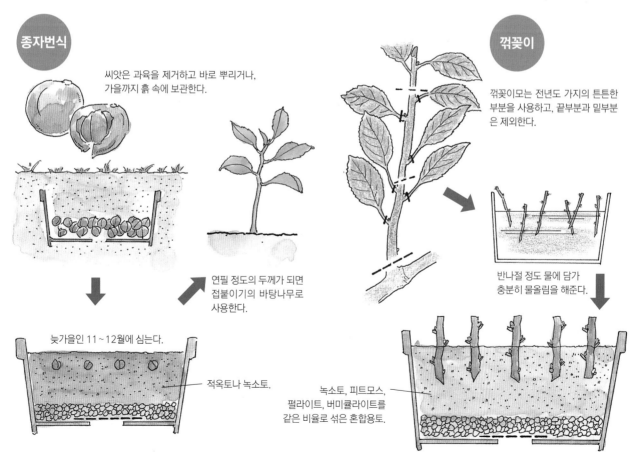

종자번식

씨앗은 과육을 제거하고 바로 뿌리거나, 가을까지 흙 속에 보관한다.

연필 정도의 두께가 되면 접붙이기의 바탕나무로 사용한다.

늦가을인 11~12월에 심는다.

적옥토나 녹소토.

꺾꽂이

꺾꽂이모는 전년도 가지의 튼튼한 부분을 사용하고, 끝부분과 밑부분은 제외한다.

반나절 정도 물에 담가 충분히 물올림을 해준다.

녹소토, 피트모스, 펄라이트, 버미큘라이트를 같은 비율로 섞은 혼합용토.

초보자도 재배하기 좋은

무화과나무

다른 이름 선도

분류
뽕나무과
무화과나무속
갈잎떨기나무(높이 2~4m)

아시아 서부 및 지중해 연안 원산. 아담과 이브의 신화에도 나오는 것처럼 재배 역사가 오래된 식물이다. 따뜻한 곳에서 자라는 남부수종으로, 남부지방에서 재배가 가능하다. 손바닥 모양의 잎이 독특하고, 가지나 줄기를 자르면 하얀 유액이 나온다. 6~7월에 익는 하과종과 8월 이후에 익는 추과종이 있는데, 하과종의 열매는 장마철에 썩기 쉬우므로 가정에서 키우기에는 추과종이 좋다. 하추겸용종도 있다.

월	1월	2월	3월	4월	5월	6월	7월	8월	9월	10월	11월	12월
상태						하과		추과				
관리		가지치기										가지치기
		심기										심기
번식작업			꺾꽂이									
			휘묻이									
비료	비료주기							비료주기				

POINT _ 하과종과 추과종은 가지치기 방법이 다르므로 주의한다.

관리 NOTE

잎이 떨어진 11월 하순~3월 초순에, 해가 잘 들고 유기질이 풍부하며 적당히 습기가 있는 곳에 심는다.
하과종은 그해에 자란 가지 끝에 달린 작은 열매가 다음해 초여름에 익기 때문에, 가지 끝을 자르지 않고 솎음가지치기를 주로 한다. 추과종은 봄에 자란 새로운 가지에 열매가 달리므로, 해마다 12~3월 초순에 밑부분의 눈을 2개 남기고 눈 사이를 잘라 새로운 가지가 자라게 한다.
비료는 겨울거름과 8월 하순에 깻묵과 골분을 같은 비율로 섞은 것, 또는 알갱이형 화성비료를 준다.

꺾꽂이의 기술

2~3월에 하는 것이 좋다. 마디 사이가 짧고 튼튼한 전년도 가지를 꺾꽂이모로 사용하며, 2~3년차 가지도 가능하다. 15~20㎝ 길이로 잘라서 1시간 정도 물올림을 해준 뒤, 꺾꽂이모판에 꽂는다. 윗부분의 눈이 조금 나오는 정도로 깊게 꽂는다. 두꺼운 꺾꽂이모의 경우에는 윗부분의 절단면에 유합제를 발라 마르지 않게 보호한다.

밝은 그늘에 두고 뿌리를 내리면 서서히 햇빛에 익숙해지게 한 다음, 비료를 주면서 관리한다. 다음해 3월에 옮겨 심는다.

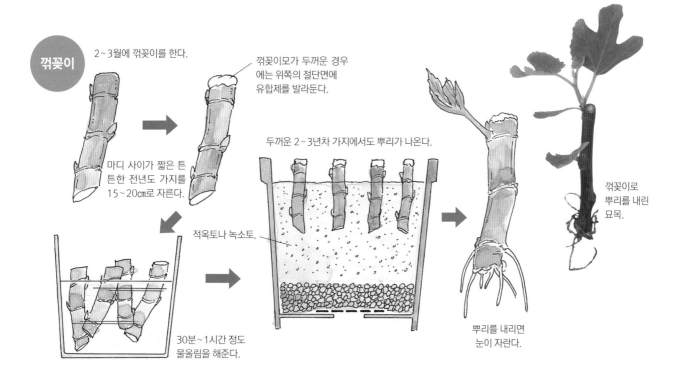

꺾꽂이

2~3월에 꺾꽂이를 한다.

마디 사이가 짧은 튼튼한 전년도 가지를 15~20cm로 자른다.

꺾꽂이모가 두꺼운 경우에는 위쪽의 절단면에 유합제를 발라둔다.

두꺼운 2~3년차 가지에서도 뿌리가 나온다.

적옥토나 녹소토.

30분~1시간 정도 물올림을 해준다.

꺾꽂이로 뿌리를 내린 묘목.

뿌리를 내리면 눈이 자란다.

휘묻이의 기술

밑둥에서 가지와 줄기가 잘 자란다. 봄부터 흙을 덮어두었다가 뿌리가 나오는 3월 초순에 파내서 나눈다.

밑둥에서 여러 개의 가지와 줄기가 나와 있다. 미리 흙을 덮어두고 몇 개월 지난 상태이다.

흙을 파보면 줄기 중간에서 뿌리가 나온 것을 볼 수 있다.

파내서 나누고 옮겨 심는다
(원 안은 뿌리 모습).

가을 미각을 대표하는
밤나무

분류
참나무과
밤나무속
갈잎큰키나무(높이 10~20m)

산과 들에서 흔히 볼 수 있는 밤나무 열매는 오래전부터 중요한 식재료로 사용되었다. 6월경에 노란빛을 띤 흰색의 꽃이 이삭모양으로 피고, 열매는 품종에 따라 다르지만 8월 하순~10월 정도에 수확한다. 달고 맛있는 열매는 가을의 미각을 만끽하게 해준다.

월	1월	2월	3월	4월	5월	6월	7월	8월	9월	10월	11월	12월
상태						개화			성숙기			
관리	가지치기		심기								심기	
번식작업		종자번식 접붙이기				접붙이기			종자번식			
비료		비료주기										

POINT_ 가지 끝에 꽃눈이 달리므로 짧게 자르는 강한 가지치기는 하지 않는다.

관리 NOTE

심는 시기는 11~12월과 2월 중순~3월이 좋다. 심는 장소는 해가 잘 들고 물이 잘 빠지며, 유기질이 풍부하고 비옥한 곳을 선택한다.

가지 끝부분에 꽃눈이 달리므로 짧게 자르지 말고, 지나치게 자란 가지나 복잡해진 부분을 솎아내는 가지치기를 한다. 가지치기는 1~2월에 하는 것이 좋다.

보통 접붙이기로 번식시키며, 바탕나무는 씨앗으로 번식시킨다.

접붙이기의 기술

묵은가지 접붙이기 1~3월에 하는 것이 좋다. 전년도 가지의 튼튼한 부분을 접수로 사용한다. 눈이 1~2개 붙어 있는 상태에서 4~5cm 길이로 자르고, 절단면은 비스듬히 잘라둔다. 접수가 마르지 않도록 눈이 있는 부분을 제외하고, 광분해 파라필름으로 감아둔다.

바탕나무는 2~3년생 씨모를 사용한다. 바탕나무는 접붙이는 위치에서 자르고, 표피와 물관부 사이에 칼집을 넣어 부름켜를 드러낸다. 칼집을 낸 부분에 접수를 꽂아 부름켜끼리 잘 맞춘 다음, 광분해 파라필름을 감아 잘 고정시킨다.

잘 붙어서 눈이 자라면 바탕나무의 눈도 자라므로 빨리 제거한다.

새가지 접붙이기 6~9월에 하는 것이 좋다. 튼튼한 새가지를 접수로 사용한다.

종자번식으로 바탕나무 만들기

주로 접붙이기에 사용할 바탕나무를 씨앗으로 번식시킨다.

완전히 익어서 자연적으로 떨어진 열매를 바로 심는다. 봄에 싹이 나오고 여름까지 1~2번 비료를 주면, 빠른 것은 6~9월에 새가지 접붙이기의 바탕나무로 사용할 수 있다.

종자번식으로 바탕나무를 만들 때는 완전히 익은 열매를 바로 심는다. 정원에 심고 발육이 좋은 묘목을 비료를 주면서 관리하면, 여름에 바탕나무로 이용할 수 있다.

묵은가지 접붙이기

묵은가지 접붙이기는 전년도 가지의 튼튼한 부분을 접수로 사용한다.

눈이 1~2개 붙어 있게 나눈다.

바탕나무는 표피를 따라 칼집을 넣는다.

접수는 3면의 부름켜를 드러낸다.

바탕나무와 접수의 부름켜를 밀착시키는 것이 중요하다.

광분해 파라필름으로 고정한다.

바탕나무에서 눈이 나오면 제거한다.

달콤하고 즙이 많은 열매로 친숙한

배나무

분류
장미과
배나무속
갈잎큰키나무(높이 2~3m)

달콤하고 즙이 많은 열매가 매력적인 과일나무이지만, 4월경에 피는 하얀 꽃은 눈도 즐겁게 해준다. 종류는 일본배, 서양배, 중국배로 크게 나눌 수 있으며, 한국, 중국, 일본 등지에서 주로 재배하는 일본배는 장십랑처럼 껍질이 갈색인 적배, 이십세기처럼 껍질이 녹색인 청배 등 다양한 원예품종이 있다.

월	1월	2월	3월	4월	5월	6월	7월	8월	9월	10월	11월	12월
상태				개화					성숙기			
관리	가지치기		심기								가지치기	심기
번식작업		접붙이기					접붙이기		종자번식			
비료						비료주기					비료주기	

POINT_ 12~2월에 긴 가지의 밑부분에 4~5개의 눈을 남기고 잘라서, 꽃눈이 달리는 짧은 가지를 늘린다.

관리 NOTE

심는 시기는 11월 중순~12월과 2월 중순~3월이 좋다. 심는 장소는 해가 잘 들고 물이 잘 빠지며, 유기질이 풍부하고 적당히 습기가 있는 곳을 선택한다.

꽃눈은 튼튼한 짧은 가지에 달리므로, 길게 자란 가지는 12~2월에 밑부분의 눈을 4~5개 남기고 잘라, 짧은 가지가 자라게 한다.

주로 원예품종이므로 접붙이기로 번식시킨다. 종자번식으로는 어미나무와 같은 성질의 나무가 나온다는 보장이 없다.

접붙이기의 기술

묵은가지 접붙이기 1~3월에 전년도 가지의 튼튼한 부분을 접수로 사용해서 깎기접을 한다. 바탕나무로는 야생 돌배나무를 종자번식시킨 1~3년생 묘목이 좋지만, 구하기 어렵기 때문에 배를 먹은 다음 씨앗을 버리지 말고 바로 뿌려서 미리 바탕나무를 준비해둔다.

보통 바탕나무용 묘목은 구하기 어려우므로, 종자번식이나 꺾꽂이 등으로 미리 준비해두는 것이 중요하다. 배나무뿐 아니라 과일나무를 번식시키고 싶다면, 과일을 먹은 뒤에 바로 씨앗을 뿌리는 습관을 갖는 것이 좋다.

새가지 접붙이기 6~8월에 하는 것이 좋다. 튼튼한 새가지를 접수로 사용해서 깎기접을 한다.

깎기접 방법

❶ 튼튼한 새가지를 접수로 골라서 여름에 작업한다.

❷ 잎은 필요없으므로 전부 제거한다.

❸ 가지의 끝부분을 눈 위에서 잘라낸다.

❹ 눈을 제외하고 광분해 파라필름으로 감아준다.

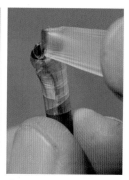
❺ 마르지 않도록 위쪽의 절단면도 감아준다.

❻ 다 감으면 아래쪽 눈 위에서 자른다.

❼ 접수의 밑부분을 비스듬히 자르고 양면을 깎는다.

❽ 바탕나무. 절단면의 가장자리를 살짝 잘라낸다.

❾ 그곳에 나이프를 대고 표피를 따라 칼집을 낸다.

❿ 접수와 바탕나무의 부름켜를 밀착시킨다.

⓫ 테이프를 접합부 아래까지 감고, 다시 위로 올라가 전체를 감는다. 조금씩 당기면서 감으면 테이프끼리 밀착된다.

접붙이고 2주가 지난 모습.
잘 붙어서 새눈이 자라고 있다.

여름을 대표하는 과일

복숭아나무

다른 이름 복사나무

분류
장미과
벚나무속
갈잎작은큰키나무(높이 2~6m)

중국 원산. 열매를 얻기 위한 복숭아나무와 꽃을 보기 위해 관상용으로 개량된 「꽃복숭아」가 있다. 3~4월경에 꽃이 피면 한여름인 7~8월에 복숭아가 달콤하게 익는다. 원예품종도 풍부하다. 꽃복숭아는 붉은색과 흰색 꽃이 한 나무에 같이 피는 종류나, 가지가 아래로 늘어지는 종류도 있다. 가정에서 과일을 맛보려면 제꽃가루받이가 가능한 백봉이나 대구보 같은 품종을 선택하는 것이 좋다. 좁은 정원에 적합한 왜성종도 있다.

월	1월	2월	3월	4월	5월	6월	7월	8월	9월	10월	11월	12월
상태			개화				성숙기					
관리	가지치기	심기										가지치기 / 심기
번식작업		접붙이기				접붙이기		종자번식				
비료		비료주기							비료주기			

POINT_ 가지치기할 때 긴 가지를 반 정도로 잘라서 꽃눈이 달리는 짧은 가지를 늘린다.

관리 NOTE

심는 시기는 11월 하순~12월과 2월이 좋다. 해가 잘 들고 물이 잘 빠지며 비옥한 곳을 좋아한다. 토질은 가리지 않는다. 열매가 달리면 지나치게 많이 달린 열매를 2번 정도 솎아내서 좋은 열매를 수확할 수 있게 한다.
가지치기는 12월 하순~1월에 하는데, 긴 가지는 반 정도로 잘라서 짧은 가지가 많이 나오게 한다.
접붙이기로 번식시키며, 접붙이기용 바탕나무는 종자번식으로 만든다.

접붙이기의 기술

묵은가지 접붙이기 1~3월에 전년도 가지의 튼튼한 부분을 접수로 사용하여 깎기접을 한다. 바탕나무로는 복숭아의 씨모가 가장 좋지만, 자두나무를 꺾꽂이로 번식시킨 묘목, 또는 앵두나무나 이스라지(산앵두)를 씨앗이나 꺾꽂이로 번식시킨 1~3년생 묘목도 가능하다. 바탕나무는 접붙이는 위치에서 잘라, 표피와 물관부 사이에 칼집을 넣어 부름켜를 드러내고 접수를 꽂는다.
새가지 접붙이기 6~9월에 튼튼한 새눈을 사용하여 깎기접을 한다. 눈접도 쉽게 할 수 있다.

❶ 바탕나무는 접붙이고 싶은 위치에서 자른다.

❷ 튼튼한 새가지를 접수로 사용한다.

❸ 눈 위에서 자르고 테이프를 감는다.

❹ 바탕나무는 표피를 따라 칼집을 넣는다.

❺ 부름켜끼리 밀착시켜 테이프로 고정한다.

   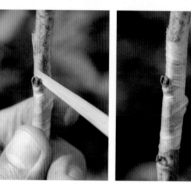

❶ 잎을 떼어낸 뒤에 눈을 자른다.

❷ 바탕나무는 마디 사이가 긴 부분에 칼집을 낸다.

❸ 눈을 제외하고 테이프로 감아서 부름켜끼리 밀착되도록 고정시킨다.

❹ 테이프를 감으면 완성.

여름접붙이기의 경우에는 1주일 정도면 눈이 나온다. 실패해도 다시 할 수 있는 것이 여름접붙이기의 장점이다.

종자번식으로 바탕나무 만들기

배나무(p.154)의 경우처럼 복숭아를 먹고 나면 씨앗 주위의 과육을 씻어내고 바로 정원 구석 등에 심어둔다. 잊지 않도록 표시를 해두는 것이 좋다. 봄이 되면 싹이 나온다. 그대로 잘 키우면 새가지 접붙이기의 바탕나무로 사용할 수 있다.

싹이 잘 나올 때도 있고 안 나올 때도 있지만, 잘 키우면 접붙이기의 바탕나무로 사용할 수 있다(사진을 촬영한 해에는 3개의 씨앗을 심어 2개에서 싹이 나왔다).

가정에서 재배하기 좋은 작은 과일나무

블루베리나무

분류
진달래과
산앵두나무속
갈잎떨기나무(높이 0.5~3m)

북아메리카 원산. 떨기나무로 재배하기 쉬워서 가정용 과일나무로 인기가 많다. 열매는 날것으로도 먹을 수 있으며 잼이나 케이크 장식에도 많이 사용된다. 종류는 2가지 계열로 크게 나뉘는데, 래빗아이 계열은 더운 곳에서도 재배가 가능한 튼튼한 품종이며, 하이부시 계열은 서늘한 지역에 적합하다.

월	1월	2월	3월	4월	5월	6월	7월	8월	9월	10월	11월	12월
상태				개화			성숙기					
관리	가지치기											심기
		심기										
번식작업			꺾꽂이				꺾꽂이					휘묻이
		휘묻이										
		포기나누기										포기나누기
비료		비료주기						비료주기				

POINT_ 열매가 많이 달리려면 2품종 이상을 심어야 한다.

꺾꽂이의 기술

2~3월의 봄꺾꽂이와 6~7월의 장마철꺾꽂이가 가능하다. 봄꺾꽂이에는 전년도 가지의 튼튼한 부분을, 장마철꺾꽂이에는 튼튼한 새가지를 꺾꽂이모로 사용한다.

10~12cm 길이로 잘라 1시간 정도 물올림을 해준 뒤, 소립 녹소토를 담은 꺾꽂이모판에 꽂는다. 봄꺾꽂이는 따뜻한 곳에, 장마철꺾꽂이는 밝은 그늘에 두고 마르지 않게 관리한다. 새눈이 자라면 서서히 햇빛에 익숙해지게 하고, 옅은 액체비료를 준다. 다음해 3월에 옮겨 심는다.

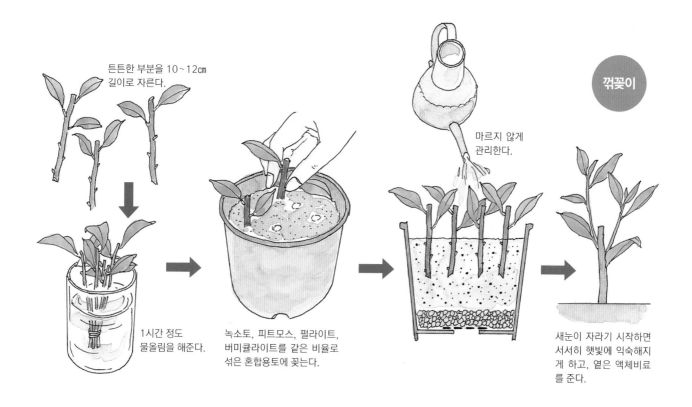

튼튼한 부분을 10~12㎝
길이로 자른다.

꺾꽂이

마르지 않게
관리한다.

1시간 정도
물올림을 해준다.

녹소토, 피트모스, 펄라이트,
버미큘라이트를 같은 비율로
섞은 혼합용토에 꽂는다.

새눈이 자라기 시작하면
서서히 햇빛에 익숙해지
게 하고, 옅은 액체비료
를 준다.

휘묻이·포기나누기의 기술

밑동에서 가지가 잘 자라므로 흙을 두둑하게 덮어둔다. 12~3월 중순에 뿌리를 내린 가지를 잘라서 휘묻이한다.
　포기가 커지면 12~3월 중순에 파내서 2~3포기로 나눈다.

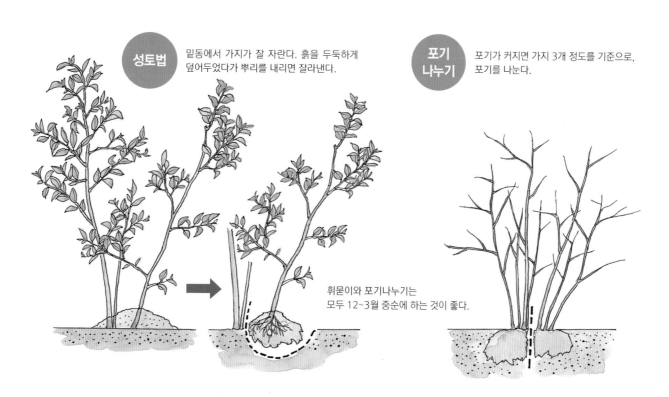

성토법

밑동에서 가지가 잘 자란다. 흙을 두둑하게
덮어두었다가 뿌리를 내리면 잘라낸다.

포기
나누기

포기가 커지면 가지 3개 정도를 기준으로,
포기를 나눈다.

휘묻이와 포기나누기는
모두 12~3월 중순에 하는 것이 좋다.

꽃과 열매를 즐길 수 있는

사과나무

다른 이름 임과, 평과, 시과

분류
장미과
사과속
갈잎큰키나무(높이 5~10m)

4월경에 녹색 잎 사이로 붉은색을 띤 꽃봉오리가 벌어지면서 흰색 꽃이 핀다. 가을에 익는 사과도 색깔이 아름다워서 꽃과 열매를 모두 즐길 수 있는 나무이다. 널리 재배되는 나무로 많은 품종이 있으며, 열매 색깔도 붉은색부터 노란색까지 다양하다. 추위에 강하고 여름 더위에 약한 나무여서, 서늘한 곳에서 잘 자란다. 더운 지역에서도 자라지만 열매 색깔이 흐려진다.

월	1월	2월	3월	4월	5월	6월	7월	8월	9월	10월	11월	12월
상태				개화						성숙기		
관리	가지치기	심기									심기	가지치기
번식작업	접붙이기					접붙이기						
비료		비료주기										

POINT_ 열매를 맺게 하려면 꽃이 피는 시기가 같은 다른 품종을 심거나, 인공적으로 꽃가루받이를 시킨다.

관리 NOTE

심는 시기는 잎이 떨어진 11월~다음해 3월이 좋다.
심는 장소는 해가 잘 들고 물이 잘 빠지며, 유기질이 풍부하고 비옥한 곳을 선택한다.
사과는 자신의 꽃가루로는 열매를 맺지 못하므로, 열매를 맺게 하려면 꽃이 피는 시기가 같은 다른 품종을 심거나 인공적으로 꽃가루받이를 시킨다. 12월~다음해 2월에 5~10개의 눈을 남기고 잘라서 짧은 가지를 만든다.
접붙이기로 번식시킬 수 있으며, 씨모는 접붙이기용 바탕나무로 사용한다. 가을거름을 준다.

접붙이기의 기술

묵은가지 접붙이기 1~3월에 전년도 가지의 튼튼한 부분을 접수로 사용해 깎기접을 한다. 바탕나무는 사과의 씨모나 벗잎꽃사과를 꺾꽂이로 번식시킨 묘목을 사용한다(왜성인 벗잎꽃사과를 바탕나무로 사용하면 작은 나무에 열매가 달린다. p.170 참조). 튼튼한 1~3년생 묘목을 고른다.

바탕나무는 접붙이는 위치에서 자르고, 표피와 목질부 사이에 칼집을 넣어 부름켜를 드러낸다. 접수를 꽂고 부름켜끼리 밀착시키고 필름을 감아 고정한다. 테이프를 감으면 마르지 않는다. 잘 붙어서 눈이 자라면 바탕나무에서도 눈이 나오므로, 빠른 시일 내에 모두 제거한다.

새가지 접붙이기 6~9월에 하는 것이 좋다. 튼튼한 새가지를 접수로 사용하여 깎기접을 한다. 눈접도 간단하게 할 수 있다.

왜성화한 사과나무. 벚잎꽃사과를 바탕나무로 사용해서 일반 사과나무를 접붙였다.

묵은가지 접붙이기

깎기접을 한다.

전년도 가지의 튼튼한 부분을 1~3마디 정도로 잘라 접수로 사용한다.

바탕나무는 접붙일 위치에서 자른다.

표피를 따라 칼집을 내서 부름켜를 드러낸다.

바탕나무와 접수의 부름켜를 밀착시키고 테이프를 감는다.

새가지 접붙이기

눈접. 눈을 나무껍질과 함께 잘라낸다. 이때 절단면이 수평이 되어야 한다. 잎자루는 남기지 않아도 좋다.

접눈

절단면이 수평이어야 한다.

굴곡이 있는 상태.

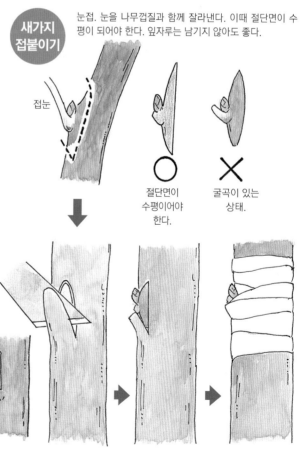

바탕나무

바탕나무의 마디 사이에 접붙인다. 표피를 깎아서 중간에 잘라낸다. 그곳에 깎아낸 접눈을 꽂고 테이프로 감아준다.

※ 바탕나무를 깎는 동안 접눈이 마르지 않도록 입에 물고 있는 것이 좋다.

과일도 꽃도 아름다운

살구나무 / 자두나무

다른 이름 행인, 덕아, 행자 / 오얏나무, 자도나무

살구

자두

분류
장미과
벚나무속
살구_ 갈잎작은큰키나무(높이 5m)
자두_ 갈잎큰키나무(높이 10m)

살구나무는 중국 원산으로 널리 재배되는 과일나무인데, 3~4월경 잎보다 먼저 담홍색 꽃이 가지 전체에 핀다. 열매는 6월경에 주황색으로 익으며, 과육과 씨앗이 쉽게 분리된다. 날것으로 먹거나 잼이나 건살구 등 가공식품으로도 이용된다. 자두나무는 살구와 매실의 근연종으로 모두 자두아속으로 분류된다.

월	1월	2월	3월	4월	5월	6월	7월	8월	9월	10월	11월	12월
상태			개화			성숙기						
관리	가지치기											가지치기
		심기									심기	
번식작업	접붙이기					접붙이기						
비료	필요 없음											

POINT_ 꽃눈은 짧은 가지에 많이 달리므로 가지치기할 때 긴 가지를 1/3 정도 잘라낸다.

관리 NOTE

심는 시기는 잎이 떨어진 11~2월과 2~3월이 좋다. 심는 장소는 해가 잘 들고 물이 잘 빠지는 곳이 적합하며, 토질은 가리지 않는다.

긴 가지에는 꽃이 잘 피지 않기 때문에, 긴 가지를 1/3 정도 잘라서 짧은 가지가 나오게 한다. 가지치기는 11월 하순~2월에 한다.

번식은 주로 접붙이기로 많이 하며, 살구나무의 경우 비료는 주지 않아도 된다.

건과일로 친숙한 프룬은 코카서스 지방 원산인 서양자두의 일종이다. 3월 하순~4월 초순경에 담홍색 꽃이 피고 7월 하순~8월경에 열매가 익는다. 날것을 껍질째 통째로 베어먹는 맛은 가정에서 재배한 자두나무에서만 맛볼 수 있다. 관리방법은 살구나 자두 나무와 거의 비슷하다.

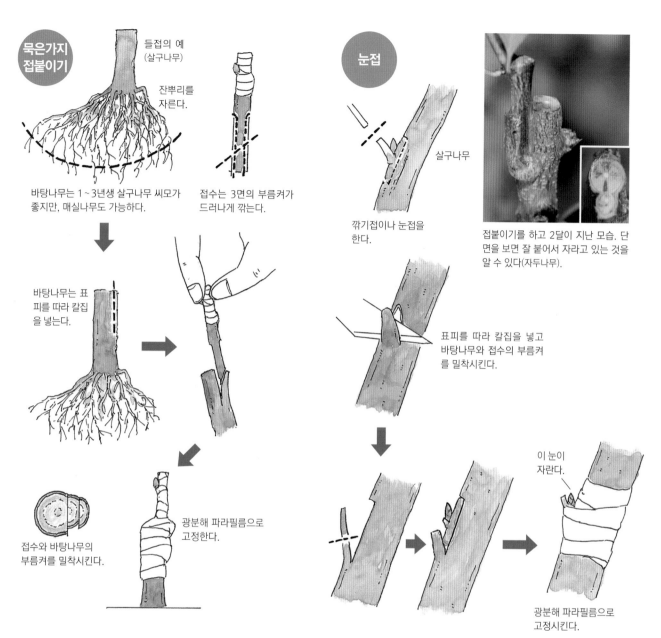

묵은가지 접붙이기

들접의 예 (살구나무)

잔뿌리를 자른다.

바탕나무는 1~3년생 살구나무 씨모가 좋지만, 매실나무도 가능하다.

접수는 3면의 부름켜가 드러나게 깎는다.

바탕나무는 표피를 따라 칼집을 넣는다.

접수와 바탕나무의 부름켜를 밀착시킨다.

광분해 파라필름으로 고정한다.

눈접

살구나무

깎기접이나 눈접을 한다.

표피를 따라 칼집을 넣고 바탕나무와 접수의 부름켜를 밀착시킨다.

이 눈이 자란다.

광분해 파라필름으로 고정시킨다.

접붙이기를 하고 2달이 지난 모습. 단면을 보면 잘 붙어서 자라고 있는 것을 알 수 있다(자두나무).

접붙이기의 기술

묵은가지 접붙이기 1~3월에 작업한다. 튼튼한 전년도 가지를 접수로 사용한다. 꽃눈이 붙어있는 것은 사용하지 않는다. 바탕나무로는 같은 살구의 씨모가 좋지만, 매실이나 자두도 가능하다. 튼튼한 1~3년생 묘목을 선택한다.

접붙이기를 할 때는 바탕나무를 심은 채로 작업(거접)하거나 파내서 작업(들접)해도 관계없다. 밑동에서 5~10㎝ 정도 위에서 잘라, 부름켜가 드러나도록 칼집을 넣는다. 접수는 눈이 1~2개 붙어 있는 상태에서 자르고, 눈이 바탕나무의 안쪽을 향하도록 3면을 깎는다. 바탕나무의 칼집을 낸 부분에 접수를 꽂아 부름켜를 맞대고, 광분해 파라필름을 감아 고정시킨다.

새가지 접붙이기 6~8월에 작업한다. 튼튼한 새가지를 접수로 사용해 깎기접을 한다. 눈접도 가능하다.

살구나무의 접붙이기에 대해 설명했지만 자두나무도 같은 방법으로 하면 된다. 종자번식이나 꺾꽂이도 가능하다. 매실나무의 번식방법(p.148)을 참조한다.

독특한 모양의 새콤달콤한 과일이 열리는

석류나무

다른 이름 석누나무, 안석류

분류
석류나무과
석류나무속
갈잎작은큰키나무(높이 5~6m)

서아시아 원산으로 한국에는 약 500년 전에 들어온 것으로 추정된다. 장마철에 피는 붉은색 꽃이 화려하다. 가지가 휘어질 정도로 커다란 열매는 모양도 독특하며, 여름부터 가을까지 정원을 장식하고 가을에 익어서 갈라진다. 열매를 즐기는 「열매석류」와 꽃을 주로 즐기는 「꽃석류」로 나눌 수 있다. 열매석류에는 단맛이 강한 감석류와 신맛이 강한 산석류가 있다.

월	1월	2월	3월	4월	5월	6월	7월	8월	9월	10월	11월	12월
상태							개화			성숙기		
관리		가지치기		심기								
번식작업			꺾꽂이			꺾꽂이						
					휘묻이							
비료		비료주기							비료주기			

POINT_ 2월에 긴 가지의 밑부분에 5~6개의 눈을 남기고 자른다.

관리 NOTE

원래는 따뜻한 곳에서 자라는 남부수종이지만, 추위에도 비교적 강하다. 심는 시기는 충분히 따뜻해진 4월 초순~5월이 좋다. 심는 장소는 해가 잘 들고 물이 잘 빠지며 유기질이 풍부한 곳을 선택한다. 토질은 가리지 않지만 산성토는 싫어한다. 꽃눈은 튼튼한 짧은 가지에 달리며 가지치기는 2월에 하는데, 긴 가지는 밑부분에 5~6개의 눈을 남기고 자른다.
꺾꽂이나 휘묻이로 번식시키며, 종자번식도 가능하지만 열매를 맺는 데 오래 걸린다. 비료는 2월과 9월 초에 준다.

꺾꽂이의 기술

3월 초순~4월 중순의 봄꺾꽂이와 6~7월의 장마철꺾꽂이가 가능하다. 봄꺾꽂이에는 전년도 가지의 튼튼한 부분을, 장마철꺾꽂이에는 튼튼한 새가지를 꺾꽂이모로 사용한다.

꺾꽂이모판에 꽂아서 봄꺾꽂이는 따뜻한 양지에, 장마철꺾꽂이는 밝은 그늘에 두고 마르지 않게 관리한다. 새로운 눈이 자라면 서서히 햇빛에 익숙해지게 하고, 옅은 액체비료를 준다. 겨울에는 추위로 인해 피해를 입지 않도록 보호하고, 다음해 봄에 옮겨 심는다.

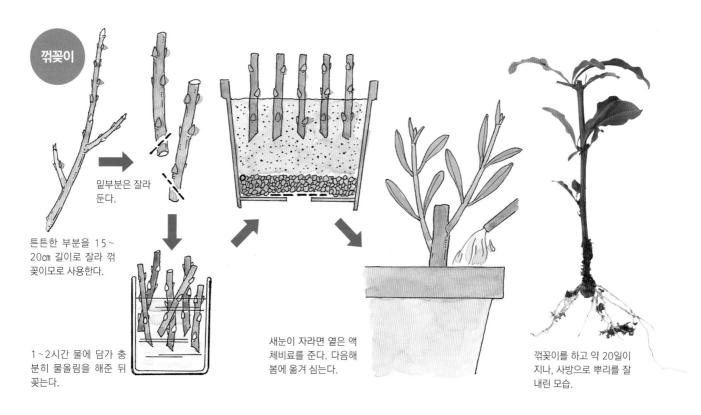

꺾꽂이

밑부분은 잘라 둔다.

튼튼한 부분을 15~ 20㎝ 길이로 잘라 꺾꽂이모로 사용한다.

1~2시간 물에 담가 충분히 물올림을 해준 뒤 꽂는다.

새눈이 자라면 엷은 액체비료를 준다. 다음해 봄에 옮겨 심는다.

꺾꽂이를 하고 약 20일이 지나, 사방으로 뿌리를 잘 내린 모습.

휘묻이의 기술

5~7월에 하는 것이 좋다. 환상박피해서 고취법으로 휘묻이한다. 또한 움돋이가 잘 자라므로 필요 없는 것은 빨리 제거하지만, 새로운 포기를 번식킬 때는 환상박피해서 흙을 두둑하게 덮어둔다. 뿌리를 내리면 잘라낸다.

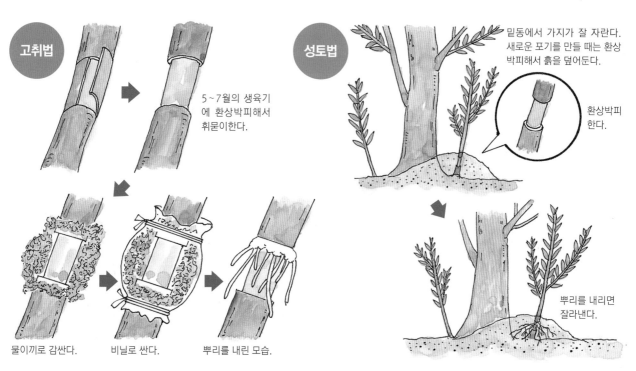

고취법

5~7월의 생육기에 환상박피해서 휘묻이한다.

물이끼로 감싼다.

비닐로 싼다.

뿌리를 내린 모습.

성토법

밑동에서 가지가 잘 자란다. 새로운 포기를 만들 때는 환상박피해서 흙을 덮어둔다.

환상박피한다.

뿌리를 내리면 잘라낸다.

소박한 가을의 미각

으름덩굴/멀꿀

다른 이름 목통 / 멀굴, 멍나무, 목과

으름덩굴

멀꿀

분류
으름덩굴_ 으름덩굴속, 갈잎덩굴나무
멀꿀_ 멀꿀속, 늘푸른덩굴나무

한국, 중국, 일본 등에 자생하는 덩굴성 과일나무. 으름덩굴은 갈잎나무로 전국 각지의 산과 들에 자생한다. 보통 작은 잎이 5장 있지만 작은 잎이 3장인「세잎으름덩굴」도 있다. 커다란 열매는 가을에 엷은 보라색으로 익고, 껍질이 세로로 길게 갈라져 과육이 드러난다. 멀꿀은 추위에 약해서 남부지방에서만 자라고, 늘푸른나무이다. 열매는 으름덩굴과 닮았지만 익어도 껍질이 갈라지지 않는다.

월	1월	2월	3월	4월	5월	6월	7월	8월	9월	10월	11월	12월
상태				개화					성숙기			
관리		가지치기									심기(으름덩굴)	
		심기(으름덩굴)		심기(멀꿀)								
번식작업			종자번식						종자번식			
			꺾꽂이	휘묻이(멀꿀)			꺾꽂이					
비료		비료주기						비료주기				

POINT_ 으름덩굴과 멀꿀 모두 그해에 자란 굵고 짧은 가지에 꽃눈이 달린다.

관리 NOTE

심는 시기는 으름덩굴은 추위에 강하므로 혹한기를 제외한 11~3월, 멀꿀은 따뜻해진 4~5월이 좋다. 해가 잘 들고 물이 잘 빠지는 곳을 좋아하며, 토질은 가리지 않는다. 멀꿀은 겨울의 찬바람을 피할 수 있는 곳에 심는다.
모두 그해에 자란 굵고 짧은 가지에 꽃눈이 달린다. 멀꿀은 굵고 긴 덩굴이 자라므로, 필요 없는 가지는 2월에 밑부분에 몇 개의 눈을 남기고 가지치기한다.
종자번식, 꺾꽂이, 휘묻이가 가능하며, 비료는 2월과 8월말에 1~2줌 정도 준다.

종자번식의 기술

9월 하순경에 멀꿀의 열매가 보라색으로 익으면 채취하고, 으름덩굴은 열매가 갈라지기 직전에 채취한다. 과육을 물로 씻어 제거하고 바로 씨앗을 뿌리거나, 마르지 않도록 냉장보관한 뒤 3월 중순~4월 초순에 뿌린다.
　파종상자에는 적옥토에 동생사를 20% 정도 섞은 용토를 넣어둔다. 밝은 그늘에 두고 마르지 않게 관리한다. 새싹이 자라면 서서히 햇빛에 익숙해지게 하고, 엷은 액체비료를 준다. 으름덩굴은 다음해 3월 중순~4월 초순에 옮겨 심는다. 멀꿀은 조금 늦게 옮겨 심는다.

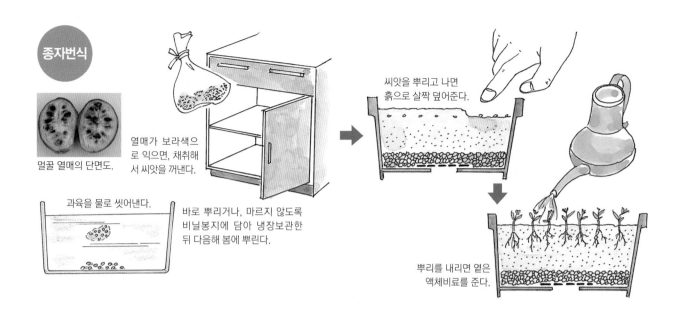

종자번식

멀꿀 열매의 단면도.

열매가 보라색으로 익으면, 채취해서 씨앗을 꺼낸다.

과육을 물로 씻어낸다.

바로 뿌리거나, 마르지 않도록 비닐봉지에 담아 냉장보관한 뒤 다음해 봄에 뿌린다.

씨앗을 뿌리고 나면 흙으로 살짝 덮어준다.

뿌리를 내리면 옅은 액체비료를 준다.

꺾꽂이의 기술

3월의 봄꺾꽂이와 6월 중순~7월의 장마철꺾꽂이가 가능하다. 봄꺾꽂이에는 전년도 가지의 튼튼한 부분을 사용하고, 장마철꺾꽂이에는 튼튼한 새가지를 꺾꽂이모로 사용한다. 꺾꽂이를 하면 뿌리를 잘 내리지 않을 때가 있다. 멀꿀보다는 으름덩굴이 더 뿌리를 잘 내린다.

휘묻이의 기술

멀꿀은 휘묻이가 간단하다. 덩굴을 지면에 깔고 흙을 두둑하게 덮어준다. 4~5월에 뿌리를 내린 덩굴을 잘라내서 휘묻이한다.

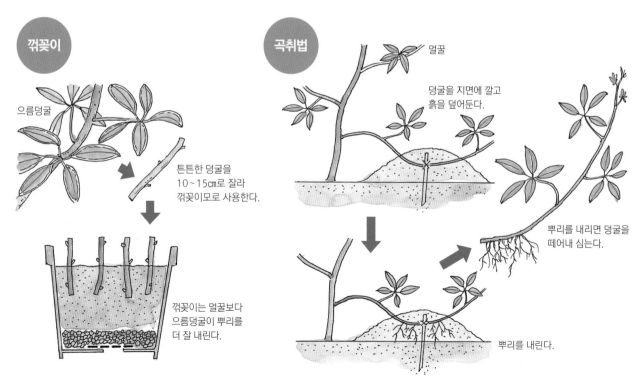

꺾꽂이

으름덩굴

튼튼한 덩굴을 10~15cm로 잘라 꺾꽂이모로 사용한다.

꺾꽂이는 멀꿀보다 으름덩굴이 뿌리를 더 잘 내린다.

곡취법

멀꿀

덩굴을 지면에 깔고 흙을 덮어둔다.

뿌리를 내리면 덩굴을 떼어내 심는다.

뿌리를 내린다.

구기자나무

분류 가지과 구기자나무속 / 갈잎떨기나무(높이 1~3m)

여름에 잎겨드랑이에 옅은 보라색 꽃잎 5장으로 이루어진 작은 꽃이 핀다. 열매는 가을에 붉은색으로 익으며, 꽃, 열매, 뿌리, 줄기, 잎 등을 요리나 약에 이용한다. 심는 시기는 2~3월과 11~12월이 좋다. 나무자람새가 강하고 눈이 잘 나오기 때문에 강하게 잘라도 된다. 가지치기는 12~2월에 하는 것이 좋다. 번식방법은 꺾꽂이가 간단하며, 3월의 봄꺾꽂이와 6~7월 중순의 여름꺾꽂이가 가능하다. 봄꺾꽂이에는 전년도 가지의 튼튼하고 두꺼운 부분을, 여름꺾꽂이에는 튼튼한 새가지를 꺾꽂이모로 사용한다.

까치밥나무 / 커런트

분류 범의귀과 까치밥나무속 / 갈잎떨기나무(높이 2m)

7월경에 유리구슬처럼 빛나는 열매가 달리는 까치밥나무는 나무자람새가 강해 가정에서 키우기 좋은 과일나무이다. 많이 재배하는 것은 유럽이나 미국산 서양까치밥나무(구스베리)와 작은 열매가 포도송이처럼 달리는 커런트이다. 심는 시기는 낙엽기인 12~3월 초가 좋다. 방치해도 나무모양은 자연스럽게 정리되지만, 열매가 잘 달리지 않는 오래된 가지는 갱신한다. 대부분 포기나누기로 번식시키지만, 꺾꽂이도 간단하다. 2~3월, 6~7월에 하는 것이 좋다.

보리수나무

분류 보리수나무과 보리수나무속 / 갈잎떨기나무·늘푸른떨기나무(높이 2~5m)

보리수나무는 종류가 많은데 늘푸른나무로 가을에 꽃이 피고 다음해 여름에 열매가 익는 보리장나무와 풍겐스보리장나무, 갈잎나무로 봄에 꽃이 피고 여름에 열매가 익는 뜰보리수, 갈잎나무로 봄에 꽃이 피고 가을에 열매가 익는 보리수나무 등이 있다. 꽃은 새가지의 잎겨드랑이에 피고 열매를 맺는다. 12~2월에 필요 없는 가지를 잘라 나무모양을 정리한다. 번식방법은 꺾꽂이를 많이 하며, 갈잎나무는 2~3년생 가지 중 튼튼한 것을, 늘푸른나무는 7~8월에 그해에 자란 가지 중 튼튼한 것을 꺾꽂이모로 사용한다.

비파나무

분류 장미과 비파나무속 / 늘푸른큰키나무(높이 5~10m)

꽃이 적은 겨울, 가지 끝에 희고 작은 꽃이 송이 모양으로 핀다. 사과나 배와 근연종이다. 꽃은 향기가 좋고 녹색 잎의 윤기가 나서 아름답다. 열매는 6월경에 주황색으로 익으면 수확한다. 심는 시기는 3~4월이 좋다. 복잡한 부분을 솎아내거나 필요 없는 가지의 가지치기는 꽃눈의 분화가 끝나는 9월 초순~중순에 한다. 주로 접붙이기로 번식시키며, 2~3월에 한다. 바탕나무는 2~3년생 씨모나 벚잎꽃사과를 꺾꽂이한 묘목을 사용한다(p.170 참조).

산사나무

분류 장미과 산사나무속 / 갈잎작은큰키나무(높이 3~6m)

5월경 가지 전체에 희고 작은 꽃 5~10송이가 모여서 핀다. 중국 원산이며, 유럽 원산의 서양 산사나무와 붉은 꽃이 피는 원예품종도 있다. 추위에 강해서 심는 시기는 잎이 떨어진 11~3월까지 가능하다. 가지치기도 잎이 떨어진 12~2월에 하는 것이 좋으며, 보통 종자번식이나 접붙이기로 번식시킨다. 열매는 9~10월에 빨갛게 익으면 떨어지기 전에 채취해야 한다. 과육을 씻어내고 씨앗을 바로 뿌리거나, 마르지 않도록 보관한 뒤 봄에 뿌린다. 접붙이기는 3월 중~하순에 하는 것이 좋다.

소귀나무

분류 소귀나무과 소귀나무속 / 늘푸른큰키나무(높이 10m)

따뜻한 지방의 해안 가까이에서 자생한다. 암수딴그루로 4월경에 꽃이 피고 암꽃은 열매를 맺는다. 열매는 날것으로 먹거나 잼, 과실주 등에 이용된다. 열매를 즐기고 싶다면 암그루를 심어야 하며, 심는 시기는 4~5월 중순 및 8월 하순~10월 초순이 좋다. 가지치기는 2~3월 초에 하는 것이 좋으며, 주로 접붙이기와 씨앗으로 번식시킨다. 접붙이기는 3월 하순~4월에 하고, 3~4년생 씨모를 바탕나무로 사용한다. 종자번식은 9월 중순에 씨앗을 뿌린다.

키위

분류 다래나무과 다래나무속 / 갈잎덩굴나무

중국에 자생하는 중국다래를 뉴질랜드에서 개량했는데, 그 열매가 뉴질랜드의 국조인 키위와 비슷하다고 해서 붙여진 이름이다. 나무자람새가 강해서 재배하기 쉬운 과일나무이지만, 암수딴그루여서 열매를 맺으려면 암그루와 수그루가 모두 필요하다. 5~6월에 꽃이 피고, 열매는 11월에 수확한다. 심는 시기는 2~3월이 좋다. 필요 없는 가지는 12월 하순~1월에 가지치기한다. 주로 접붙이기와 꺾꽂이로 번식시키며, 접붙이기는 2~3월에 하고 꺾꽂이는 7월에 하는 것이 좋다.

다래나무 열매. 키위와 같은 속이다. 한국, 중국, 일본 등지에 분포하며 암수딴그루 또는 암수한그루이다. 키위와 같은 방식으로 재배할 수 있다.

가정에서 과일나무를 즐기는 방법

이 책의 감수자인 야바타의 농원에는 견학하러 오는 사람들이 많이 있다. 농원을 방문한 사람들은 작은 나무에 열매가 달려있는 모습에 흥미를 갖고 직접 실험해보기 위해 여러 가지 질문을 하는데, 독자 여러분들에게도 참고가 될만한 내용을 골라 소개한다.

사과나무

정원에서 과일이 자라는 모습을 보면 마음이 편안해지고 풍요로워집니다.

▶ 정말 그렇네요. 그런데 이 사과나무는 어떻게 이렇게 작은 나무에 열매가 달린 건가요?

왜성바탕나무를 사용했기 때문입니다.

▶ 사과 재배농가에서 사용하는 바탕나무인가요?

그렇습니다. 그런데 저는 농가에서 사용하는 왜성바탕나무보다 더 왜성이 강한 바탕나무를 사용하고 있습니다.

▶ 예를 들면 어떤 바탕나무인가요?

농가에서는 M9나 M26이라는 바탕나무를 사용하지만, 가장 왜성이 강한 바탕나무는 M27입니다. 저는 이것을 바탕나무로 사용하고 있습니다.

바탕나무로 사용하는 벚잎꽃사과나무. 꺾꽂이로 번식시킨다.

▶ 왜 사용하나요?

농가에서는 생산성도 중요하기 때문에 과하지 않은 적당한 왜성이 필요합니다. 그렇지만 가정에서는 수확량에 집착할 필요가 없습니다. 열매가 달리기만 해도 만족스러우니까요.

▶ 그 바탕나무는 쉽게 구할 수 있나요?

농원 등에 알아보면 구할 수 있습니다. 이 바탕나무는 꺾꽂이가 불가능해서, 일단 벚잎꽃사과에 접붙인 다음, 다시 원하는 접수를 접붙여야 합니다. 이것을 이중접이라고 합니다.

꺾꽂이로 번식시킨 벚잎꽃사과 묘목.

▶ 상당히 번거롭군요. 좀 더 간단한 방법은 없나요?

있습니다. 일본의 기술자가 M시리즈 바탕나무를 품종개량해서 JM시리즈를 만들었는데, 이 시리즈는 간단하게 꺾꽂이가 가능합니다. M27과 비슷한 왜성을 나타내는 품종은 JM5이므로, 현재 이 바탕나무로 바꾸는 중입니다.

▶ 나무가 작으면 관리할 때 도움이 되나요?

모든 면에서 편합니다. 특히 새한테서 열매를 지켜야 할 때 네트를 높게 치지 않아도 되고, 소규모로 작업할 수 있어서 좋습니다.

▶ 네트를 치지 않으면 새를 막을 수 없나요?

여러 가지 방법을 써봤지만 역시 네트가 가장 낫더군요. 네트가 없으면 봉지를 찢고 열매를 쪼아먹는 경우도 있었습니다. 그런데 올해는 포도용 플라스틱 우산을 사과에 사용해본 결과, 아주 효과적이었습니다. 앞으로 계속해서 사용할 계획입니다.

포도용 우산을 씌운 사과(품종은 「부사」). 새를
막는 데 효과적이다.

벚잎꽃사과 바탕나무에 중간바탕나
무로 왜성인 M9를 접붙이고, 그곳에
다시 사과와 배를 접붙였다. 왼쪽이
사과(품종은 「히메카미」), 오른쪽이 서
양배 「캘리포니아」이다. 캘리포니아
의 일부 가지에는 중국배인 「홍리」도
접붙였다.

「군마명월」 사과. 바탕나무로
JM5를 사용했다.

이렇게 즐기는 방법도 있다. 벚잎꽃사과에 중간바탕나무
M9를 접붙이고, 「부사(앞 왼쪽)」, 「홍옥(앞 오른쪽)」, 「명
월(뒤쪽)」을 접붙였다. 가을이 오면 세 종류의 사과를 수확
할 수 있다.

「서옥홍옥(西谷紅玉)」 사과.
바탕나무로 JM5를 사용했다.

감나무

▶ 감나무에도 왜성 바탕나무가 있나요?

서촌조생이라는 품종이 왜성을 나타낸다고 알려져 있습니다. 원예잡지에 바탕나무용으로 선발된 서촌조생이 소개되어서 양도 받았는데, 어느 정도는 효과가 있지만 제대로 된 왜성바탕나무가 있었으면 좋겠다고 생각합니다.

▶ 누군가가 시도하고 있겠지요?

저도 그중 한 명인데, 매우 작은 규모로 다양한 감을 종자번식시키고 있습니다. 씨앗으로 번식시킨 나무 중에는 왜성을 나타내는 것도 있지만, 그 성질이 접수에 전달되지 않는 경우가 많아서 그것이 문제입니다.

▶ 역시 그렇게 간단한 일이 아니군요. 그런데 감나무는 꺾꽂이가 가능한가요?

아니요. 어렵습니다. 그래서 서촌조생의 씨모를 바탕나무로 사용하거나, 선발한 서촌조생으로 이중접을 합니다.

▶ 번거롭네요. 다른 방법은 없나요?

감나무는 묘목을 심은 다음 3~4년 동안, 해마다 파내서 뿌리를 짧게 잘라내고 다시 심으면 나무자람새가 크게 억제되어 왜성이 됩니다. 열매도 빨리 열립니다. 또 열매가 열리기 시작한 뒤에 솎아내지 않고 그대로 많이 열리게 두면, 나무자람새가 약해져 나무가 작아집니다.

배나무

▶ 배는 어떤가요?

배는 평덕(선반)형 재배가 대부분이어서 일부러 왜성종을 만들 필요가 없었을 겁니다. 왜성바탕나무가 없습니다.

▶ 선반은 만들기 힘든데 왜성바탕나무가 없으면 가정에서 배나무를 재배하기는 어렵겠네요.

반드시 선반이 있어야 배나무를 재배할 수 있는 것은 아닙니다. 재배방식을 잘 연구해보면 충분히 할 수 있습니다. 그래도 나무자람새가 강한 것이 많고 크게 자라기 쉬워서 왜성바탕나무가 있으면 좋겠지요.

▶ 역시 배나무의 왜성바탕나무 품종도 만들고 계신가요?

10년 정도 전에 남세차보라는 품종을 손에 넣었습니다. 과일은 맛이 없어서 전혀 쓸모가 없었지만 나무는 마디 사이가 매우 좁은 훌륭한 왜성나무였습니다. 이 나무의 가지를 배의 바탕나무에 접붙이고 원하는 품종을 이중접했는데 효과가 없었습니다.

▶ 씨앗은 채취하셨나요?

네. 당연히 씨모도 만들었지만, 어미나무처럼 마디 사이가 좁은 나무는 나오지 않았습니다. 정상적인 바탕나무를 사용해서 접붙여보기도 했지만, 역시 접수를 왜성으로 만드는 효과는 없었습니다.

나무 위에 달린 채로 떫은감의 떫은맛을 빼는 모습. 알코올에 적신 탈지면 등을 넣은 비닐봉지로 감싸서 며칠 동안 두면 떫은맛이 빠진다.

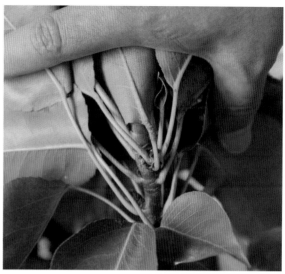

「남세차보」의 잎이 붙어있는 모습. 왜성나무는 이처럼 마디 사이가 좁다. 일반적인 나무에서도 돌연변이로 마디 사이가 좁은 가지가 나오는(눈돌연변이라고 한다) 경우도 있다. 그 가지를 접붙여서 열매가 달리면 채취한 씨앗으로 종자번식을 시켜 새로운 왜성종이 만들어지는지 실험해보는 것도 재미있다.

「남세차보」

「남세차보」. 봉지를 제거한 상태.

▶ 이 작은 나무에 커다란 열매가 달려 있는 배나무는 어떤 품종인가요(p.172 오른쪽 아래 사진)?

「이것은 애탕이라는 배나무의 눈돌연변이(아조변이)입니다. 이 나무의 일부에 마디 사이가 짧은 가지가 나와서, 다른 바탕나무에 접붙여 그 특성을 확인하는 중입니다.

▶ 눈돌연변이라고 하는군요. 종자번식 외에도 다른 특성을 가진 개체를 만드는 방법이 있네요.

「남세차보처럼 이 개체도 중간바탕나무로 사용하거나, 종자번식시켜 왜성바탕나무를 만들어내는 것이 목표이지만, 좀처럼 생각대로 되지 않습니다.

자두나무

▶ 이 자두나무는 크기가 작은데도 열매가 많이 열렸네요. 역시
자두나무도 왜성바탕나무가 있나요?

자두 전용은 아니지만 자두처럼 벚나무아과의 과일나무에는
왜성바탕나무로 앵두나무나 이스라지(산앵두)를 사용할 수
있습니다.

▶ 벚나무아과요?

장미과 식물은 종류가 다양해서 과와 속 사이에 아과가 있습
니다. 장미아과, 배나무아과, 벚나무아과 등입니다.

▶ 벚나무아과에는 어떤 과일나무가 포함되나요?

복숭아, 천도복숭아, 자두, 서양자두, 살구, 체리 등입니다. 다
만 체리는 바탕나무와 잘 맞지 않아 사용하지 않습니다.

▶ 바탕나무는 어떻게 만드나요?

앵두나무나 이스라지(산앵두)는 꺾꽂이로도 번식시킬 수 있
지만 보통, 종자번식으로 만듭니다. 씨앗을 뿌리고 1년 정도
지나면 사용할 수 있습니다.

▶ 이런 왜성바탕나무를 사용한 묘목이 시판되고 있나요?

최근에 나온 종묘 카탈로그 등을 보면 판매되고 있습니다. 다
만 품종이 한정적이어서 원하는 품종이 있으면 바탕나무를
재배해 스스로 접붙여야 합니다.

▶ 체리 이외의 벚나무아과 과일나무는 같은 방식으로 시도해도
괜찮다는 것이지요?

그렇습니다. 그리고 배나무아과에는 배, 사과, 비파 등이 있습
니다. 사과의 바탕나무로 사용되는 벚잎꽃사과에 사과와 배
를 동시에 접붙이는 것도 가능합니다.

「태양」의 열매.

앵두나무를 바탕나무로
접붙인 자두나무 「태양」.

프룬. 이것도 앵두나무
를 바탕나무로 접붙여서
작게 만들었다.

밤나무

▶ 밤나무는 지나치게 크게 자라서 가정용 과일나무로는 어울리지 않는 것 같습니다.

얼마 전에 「칠립(七立)」이라는 밤이 원예잡지에 소개되었는데, 꽃과 열매가 빨리 달리는 품종으로 봄에 심으면 그해에 꽃이 피고 열매가 달립니다. 게다가 온도만 맞으면 계속해서 꽃을 피우고 열매를 맺습니다.

▶ 재미있는 밤이네요. 왜성바탕나무로 사용할 수 있을까요?

접붙인 뒤 5년 정도 지난 나무가 있습니다. 다른 밤나무에 비해 극단적으로 왜성이지만, 앞으로 자라는 모습을 관찰할 필요가 있습니다.

▶ 열매는 먹을 수 있나요?

칠립 품종을 만든 분은 상당히 큰 열매를 선발해서 충분히 먹을 수 있습니다. 제가 재배하는 것은 열매가 작습니다.

「칠립」의 씨모. 온도만 맞으면 가을까지 꽃을 피우고 열매를 맺는다 (촬영시기는 10월 중순).

▶ 선발하면 재미있겠네요.

그렇지요. 가을에 열매가 잔뜩 열리므로 꽃꽂이 재료로도 좋지 않을까 생각합니다. 그러기 위해서는 목적에 맞게 각각 선발할 수 있어야겠습니다.

밤나무 왜성종 「칠립」. 열매도 작다.

감귤류

▶ 귤 등의 감귤류는 어떤가요?

귤 종류는 비교적 나무모양이 작은 것이 많아, 가정용 과일나
무로 적합하다고 생각합니다.

▶ 왜성바탕나무가 있나요?

탱자의 변종으로 「히류」라는 것이 있는데, 보통 이 품종을
왜성바탕나무로 사용합니다.

▶ 히류는 쉽게 구입할 수 있나요?

히류는 규슈의 감귤류 전문 생산자 카칼로그에 나와 있습니
다. 씨앗과 묘목을 판매합니다.

한 그루의 나무에 다양한 감귤류를 접붙인 것.

어미나무인 유자나무에 유자(왼쪽 위), 금귤(왼쪽 가운데), 하귤(오른쪽 아래) 등이 열렸다.

간단하게 번식 가능한 선인장 종류

게발선인장

다른 이름 크리스마스 캑터스, 덴마크 캑터스

분류
선인장과
스클룸베르게라속
여러해살이 다육식물(높이 0.1~0.3m)

브라질 원산의 선인장 종류. 비슷한 종류로 잎이 조금 둥근 선인장도 있다. 꽃이 피는 시기는 게발선인장이 12월경이고, 잎이 둥근 선인장은 2~3월이다. 최근에는 교배가 진행되어 품종이 많아져서, 엄격하게 구분하기 힘들다. 꽃 색깔은 빨간색, 분홍색, 흰색뿐 아니라 노란색도 있다.

월	1월	2월	3월	4월	5월	6월	7월	8월	9월	10월	11월	12월
상태	개화											개화
관리			밝은 실내	가지치기			햇빛 쬐기				밝은 실내	
번식작업					종자번식(개화 후 열매가 익을 때까지 약 1년)							
					눈꽂이							
비료				2주일에 1번 액체비료								

POINT_ 화분 놓는 장소를 갑자기 바꾸면 꽃송이가 떨어지는 경우도 있다.

관리 NOTE

환경 변화에 약하므로 화분 놓는 장소를 갑자기 바꾸지 않는 것이 좋다.
또한 선인장 종류이므로 물이 없어도 잘 자랄 것이라고 생각할 수 있으나, 원산지에서는 산림지대의 바위나 나무에 붙어 살기 때문에 다른 식물처럼 물을 좋아한다. 화분의 흙이 마르면 물을 충분히 준다.
보통 눈꽂이로 간단하게 번식시킬 수 있다. 가정에서 교배시키고 싶다면 종자번식도 가능하다.

눈꽂이 · 종자번식의 기술

꽃이 진 포기는 4~5월에 잎을 2~3마디 정도 따서 가지치기를 한다. 이때 딴 잎을 꺾꽂이모로 사용한다. 3~5개를 모아 적옥토, 버미큘라이트, 펄라이트를 같은 비율로 섞은 혼합용토에 꽂거나, 젖은 물이끼로 밑부분을 감싸서 뿌리가 나올 때까지 마르지 않게 관리한다.
종자번식의 경우 꽃 색깔이 다른 품종을 선택해 교배시킨다. 꽃가루받이에 성공하면 꽃잎이 떨어지고 씨방이 부풀어 올라 열매가 커진다. 열매가 검게 익어서 갈라질 정도가 되었을 때 씨앗을 채취해, 강모래 등을 넣은 파종상자에 뿌린다.

꺾꽂이모

① 화분 가득 자란 게발선인장. 꽃이 진 포기는 4~5월에 가지치기한다. 자른 잎을 꺾꽂이모로 사용하면 좋다.

2~3마디씩 자른다
(손으로 따도 된다).

② 자른 꺾꽂이모를 5~10개씩 고무줄로 묶어둔다.

③ 모은 것을 꺾꽂이모판에 꽂는다. 비닐포트를 이용해도 된다. 또는 젖은 물이끼로 감싸서 트레이에 넣고 마르지 않게 관리해도 되는데, 뿌리는 빨리 나오지만 쉽게 썩는다. 뿌리가 나오면 정리해서 화분에 심는다.

윤기 있는 둥근 잎이 친숙한

고무나무

다른 이름 인도고무나무

분류
뽕나무과
무화과나무속
늘푸른 또는 갈잎 떨기나무~
큰키나무, 덩굴나무(높이 1~20m)

가장 널리 알려진 관엽식물 중 하나로, 보통은 타원형의 두껍고 커다란 잎을 가진 인도고무나무를 말한다. 잎 색깔이 진하고 입엽성(잎이 서 있는 성질)이 있는 「로부스타」, 잎이 작고 쭈글쭈글한 「아폴로」, 무늬가 있는 「수채화 고무나무」 등 종류도 다양하다. 「벤자민고무나무」나 「반들고무나무(대만고무나무)」도 같은 종류이다.

월	1월	2월	3월	4월	5월	6월	7월	8월	9월	10월	11월	12월
상태												
관리		밝은 실내				햇빛 쬐기(녹엽종)					밝은 실내	
번식작업						꺾꽂이						
					휘묻이							
비료					2달에 1번 웃거름				2달에 1번 웃거름			

POINT_ 내음성은 있지만 오랫동안 햇빛을 받지 못하면 웃자란다.

관리 NOTE

내음성이 있어서 실내에서도 재배할 수 있지만, 햇빛이 닿지 않는 실내에 오래 두면 웃자란다. 봄부터 가을까지는 해가 비치는 실외에서 관리하는 것이 좋다. 무늬종은 밝은 그늘이나 밝은 실내에서 관리한다.
겨울에는 물을 적게 주는데, 화분 흙의 표면이 마르고 3~4일 지난 뒤에 물을 준다.
꺾꽂이나 휘묻이로 번식시킨다. 햇빛이 부족하거나 크게 자라서 나무모양이 흐트러진 경우에는 휘묻이로 다시 모양을 잡아준다.

꺾꽂이의 기술

5~8월에 하는 것이 좋다. 1마디만 있어도 꺾꽂이를 할 수 있다. 잎이 붙어 있는 채로 1마디를 잘라, 젖은 물이끼로 마디를 감싼다. 잎이 방해되면 고무줄로 말아서 고정해두면 다루기 편하다. 몇 개를 화분에 나란히 놓고, 물이끼가 마르지 않게 관리한다. 뿌리를 내리면 새눈을 똑바로 세워서 심는다.

무늬종

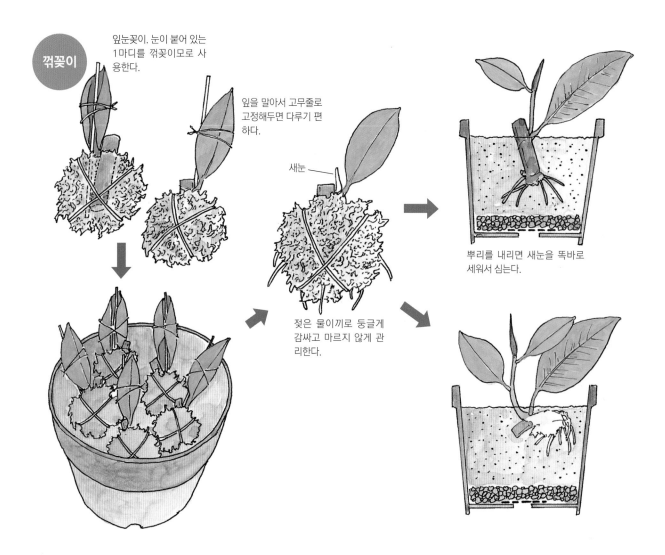

꺾꽂이

잎눈꽂이. 눈이 붙어 있는 1마디를 꺾꽂이모로 사용한다.

잎을 말아서 고무줄로 고정해두면 다루기 편하다.

새눈

젖은 물이끼로 둥글게 감싸고 마르지 않게 관리한다.

뿌리를 내리면 새눈을 똑바로 세워서 심는다.

휘묻이의 기술

5～6월에 하는 것이 좋다. 휘묻이한 뒤의 밸런스를 생각해서 위치를 정하고 환상박피한다. 젖은 물이끼로 감싸고 비닐로 싸서 끈으로 묶어둔다. 가끔씩 위에서 물을 줘서 물이끼가 마르지 않게 한다(작업방법은 p.30 참조).

2달 정도 지나서 뿌리가 몇 가닥 보이기 시작하면, 잘라서 새로운 화분에 심는다. 어미포기도 짧게 잘라두면 겨드랑눈이 나와 다시 즐길 수 있다.

❶ 비닐 밖에서 뿌리가 보이기 시작했다.

❷ 비닐을 제거하면 제대로 뿌리를 내린 것을 확인할 수 있다.

박력 있는 큰 꽃송이부터 청초하고 작은 꽃송이까지 다양한

공작선인장

다른 이름 난초선인장

분류

선인장과

공작선인장속(에피필룸속)

반내한성 다육식물(높이 0.5~1m)

잎처럼 보이는 줄기를 가진 선인장으로, 야생종은 숲속의 나무 위에 착생해서 자란다. 꽃은 5㎝ 정도로 작은 것부터 30㎝ 정도로 큰 것까지 있으며 색도 풍부하다. 꽃 모양이 아름다워 「난초선인장(orchid cactus」)이라고도 하며, 꽃은 며칠 동안 피고 지고를 반복한다. 향기가 뛰어난 「월하미인」도 같은 종류이지만, 꽃이 하룻밤이면 시들고 재배방법도 조금 다르다.

월	1월	2월	3월	4월	5월	6월	7월	8월	9월	10월	11월	12월
상태					개화							
관리		실외의 밝은 그늘			밝은 실내			실외의 밝은 그늘			저온 실내	
번식작업					꺾꽂이							
					접붙이기							
비료						비료주기(소량)						

POINT_ 추위에 어느 정도 노출시키지 않으면 꽃눈이 달리지 않으므로 겨울에도 난방을 하는 실내에 두지 않는다.

관리 NOTE

개화기에는 직사광선이나 바람이 닿지 않게 하고, 레이스 커튼 너머로 비치는 정도의 햇빛을 받게 재배한다. 꽃이 핀 뒤에는 실외의 밝은 그늘에서 관리한다. 겨울철에는 서리가 내리기 전에 실내로 옮기지만, 따뜻한 곳에서 관리하면 꽃눈이 달리지 않으므로 난방을 하는 곳에 두면 안 된다.

물은 화분의 흙 표면이 마르면 주는데, 늦가을부터 초봄까지는 휴면기이므로 주지 않는다.

대부분 꺾꽂이로 번식시키지만, 접붙이기나 포기나누기로도 번식시킬 수 있다.

꺾꽂이의 기술

5~7월에 하는 것이 좋다. 20~30㎝ 정도로 잎 마디를 자르고, 7~10일 정도 바람이 잘 통하는 그늘에서 절단면을 말린다. 녹소토, 버미큘라이트, 펄라이트, 피트모스를 같은 비율로 섞은 혼합용토를 넣은 꺾꽂이모판을 준비한다. 한동안은 물을 주지 않고, 2~3주 정도 지나 뿌리를 내리면 물을 준다. 뿌리가 1㎝ 정도 자라면 3호 화분에 배양토를 넣고 심는다.

월하미인

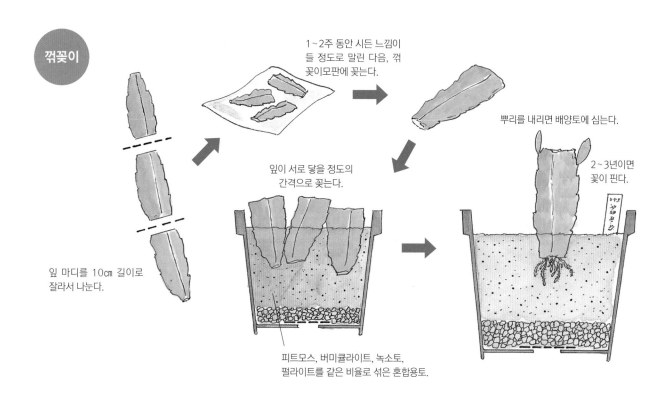

꺾꽂이

잎 마디를 10㎝ 길이로 잘라서 나눈다.

1~2주 동안 시든 느낌이 들 정도로 말린 다음, 꺾꽂이모판에 꽂는다.

잎이 서로 닿을 정도의 간격으로 꽂는다.

뿌리를 내리면 배양토에 심는다.

2~3년이면 꽃이 핀다.

피트모스, 버미큘라이트, 녹소토, 펄라이트를 같은 비율로 섞은 혼합용토.

접붙이기의 기술

삼각주 선인장을 바탕나무로 사용해서 접붙이면 꽃이 빨리 핀다. 접수는 가시자리가 3개 정도 붙어 있도록 3~5㎝로 잘라서 준비한다. 20㎝ 정도로 자른 바탕나무에 칼집을 넣어 바탕나무와 접수의 관다발을 잘 맞춰서 꽂고, 깊은 화분에 자갈 등을 넣고 세워둔다. 3주 정도 물을 주지 말고 새눈이 자라기 시작하면 심는다.

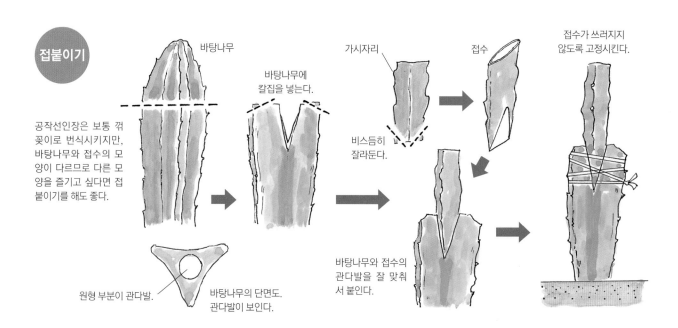

접붙이기

공작선인장은 보통 꺾꽂이로 번식시키지만, 바탕나무와 접수의 모양이 다르므로 다른 모양을 즐기고 싶다면 접붙이기를 해도 좋다.

바탕나무

원형 부분이 관다발.

바탕나무의 단면도. 관다발이 보인다.

바탕나무에 칼집을 넣는다.

가시자리

비스듬히 잘라둔다.

접수

바탕나무와 접수의 관다발을 잘 맞춰서 붙인다.

접수가 쓰러지지 않도록 고정시킨다.

포기모양과 잎 색깔이 풍부한

드라세나

다른 이름 행복나무, 행운목

분류
백합과
드라세나속
비내한성 늘푸른떨기나무~
큰키나무(높이 1~6m)

「행운목」이라는 이름으로 친숙한 「드라세나 맛상게아나」, 샤프한 잎을 가진 「콘친나」, 줄기가 가늘고 동그란 잎에 무늬가 있는 「수르쿨로사(고드세피아)」 등, 같은 드라세나 종류지만 다양한 모습을 자랑한다. 손바닥에 올릴 수 있는 미니 사이즈부터 2m 정도의 큰 화분까지 다양하게 만들 수 있다.

월	1월	2월	3월	4월	5월	6월	7월	8월	9월	10월	11월	12월
상태												
관리		밝은 실내					햇빛쬐기				밝은 실내	
번식작업							꺾꽂이					
							휘묻이					
비료							1주일에 1번 액체비료					

POINT_ 5~9월에 실외에서 햇빛을 받으면 잎 색깔이 아름다워진다.

관리 NOTE

햇빛을 좋아하지만 튼튼하고 내음성도 강해 밝은 실내에서도 자라며, 5~9월에 실외에 두면 잎 색깔이 보기 좋아진다. 잎이 붉은색인 종류나 무늬가 있는 종류는 밝은 그늘에 둔다.

대부분의 종류는 물을 적게 주면 8℃ 전후에서도 겨울을 난다. 수경재배로 판매되는 것도 있지만, 가을에는 일반적인 관엽식물용 배양토에 옮겨 심는 것이 관리하기 좋다.

꺾꽂이로 번식시키며, 줄기를 눕히고 흙을 덮어서 번식시킬 수도 있다. 수르쿨로사는 포기나누기로 번식시킨다.

꺾꽂이의 기술

5~9월에 하는 것이 좋다. 잎이 붙어 있는 정아삽(천삽), 줄기를 사용하는 관삽이 가능하다. 정아삽을 하려면 잎의 증산을 막기 위해 살짝 묶거나 절반 정도로 잘라둔다. 꺾꽂이모판에 꽂고 마르지 않도록 밝은 그늘에서 관리한다. 1~2달이면 뿌리가 나오므로 배양토에 심는다. 어미포기는 적당한 위치까지 잘라두면 절단면 밑에서 겨드랑눈이 나와 재생할 수 있다.

관삽의 경우에는 행운목처럼 줄기가 두꺼운 종류는, 톱으로 자른 다음 절단면에 유합제를 발라 건조나 부패를 막아준다.

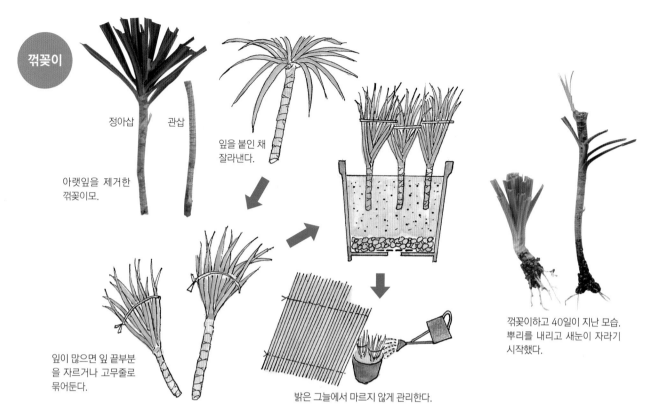

꺾꽂이

정아삽   관삽

아랫잎을 제거한
꺾꽂이모.

잎을 붙인 채
잘라낸다.

잎이 많으면 잎 끝부분
을 자르거나 고무줄로
묶어둔다.

밝은 그늘에서 마르지 않게 관리한다.

꺾꽂이하고 40일이 지난 모습.
뿌리를 내리고 새눈이 자라기
시작했다.

휘묻이의 기술

5~9월에 하는 것이 좋다. 자라서 잎이 떨어지고 마디가 웃자란 부분을 적당한 위치에서 환상박피 또는 설상박피한다.
젖은 물이끼로 감싸고 비닐로 싸서 마르지 않게 관리한다.

　비닐 너머로 보일 정도로 뿌리가 나오면 휘묻이한 부분 밑에서 잘라내 심는다.

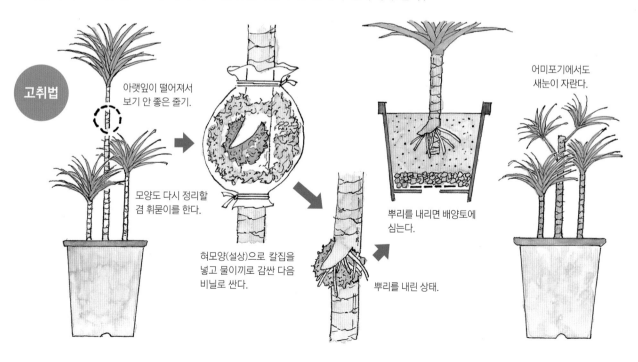

고취법

아랫잎이 떨어져서
보기 안 좋은 줄기.

모양도 다시 정리할
겸 휘묻이를 한다.

혀모양(설상)으로 칼집을
넣고 물이끼로 감싼 다음
비닐로 싼다.

뿌리를 내린 상태.

뿌리를 내리면 배양토에
심는다.

어미포기에서도
새눈이 자란다.

두꺼운 줄기와 둥글고 광택있는 잎이 존재감을 발휘하는

반들고무나무

다른 이름 대만고무나무, 가지마루

분류
뽕나무과
무화과나무속
반내한성 늘푸른큰키나무
(높이 1~20m)

「벤자민고무나무」 등과 같은 고무나무 종류. 동남아시아, 중국 남부, 일본 오키나와 등에 자생한다. 오키나와에서는 전설 속 정령인 기지무나가 사는 나무라고 해서 소중히 여긴다. 자생지에서는 처음에는 나무 위에 기생하다가, 공기뿌리를 많이 만들어서 지면에 도달하면 받침뿌리(지주근)가 되고, 점점 숙주인 나무를 덮어버릴 정도로 무성하게 자란다.

월	1월	2월	3월	4월	5월	6월	7월	8월	9월	10월	11월	12월
상태												
관리			밝은 실내				햇빛쬐기				밝은 실내	
번식작업							꺾꽂이					
							휘묻이					
비료							2달에 1번 웃거름					

POINT_ 물은 화분의 흙 표면이 마르면 듬뿍 준다.

관리 NOTE

햇빛을 좋아하지만 내음성이 강하므로 실내에서도 관리할 수 있다. 단, 햇빛을 잘 받지 못하면 포기가 약해지는 경우도 있으므로 4월 하순~9월 사이에는 베란다나 테라스 등에 내놓고 햇빛을 받게 한다.
물은 화분의 흙 표면이 마르면 듬뿍 준다. 겨울에는 물을 아주 조금씩 주면 5℃ 이상에서 겨울을 날 수 있다.
꺾꽂이와 휘묻이로 번식시키며, 아랫잎이 떨어져 밸런스가 맞지 않으면 휘묻이해서 나무키를 줄인다.

꺾꽂이의 기술

5~9월에 하는 것이 좋다. 가지를 3~4마디씩 나눠서 절단면을 날카로운 나이프나 가위로 비스듬히 자르고, 흐르는 물로 절단면에서 나오는 하얀 수액을 씻어낸다. 녹소토, 버미큘라이트, 펄라이트, 피트모스를 같은 비율로 섞은 혼합용토에 꽂는다. 밝은 그늘에 두고 관리하면 2달 정도 뒤에 뿌리를 내리고 새잎이 나오므로, 3호 화분(1호는 지름 3㎝)에 심는다.

자라면 무화과를 닮은 꽃이 피지만, 무화과좀벌이라는 곤충이 없는 지역에서는 열매가 달려도 씨앗에서 싹이 트지 않는다.

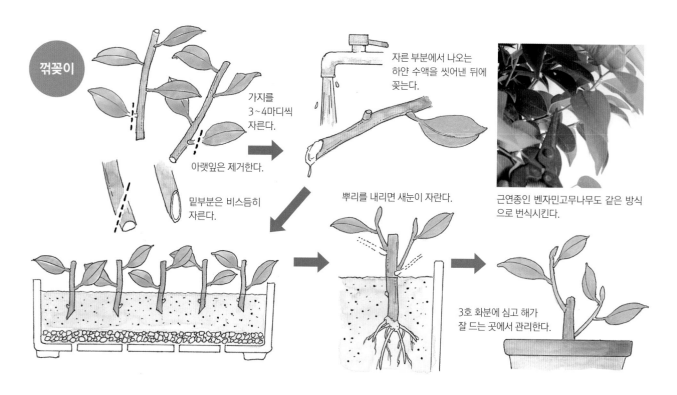

꺾꽂이

가지를 3~4마디씩 자른다.

아랫잎은 제거한다.

밑부분은 비스듬히 자른다.

자른 부분에서 나오는 하얀 수액을 씻어낸 뒤에 꽂는다.

뿌리를 내리면 새눈이 자란다.

3호 화분에 심고 해가 잘 드는 곳에서 관리한다.

근연종인 벤자민고무나무도 같은 방식으로 번식시킨다.

휘묻이의 기술

5~9월에 하는 것이 좋다. 휘묻이한 뒤 밸런스가 잘 맞는 위치에서 환상박피해 물이끼로 감싸고 비닐로 싼다. 뿌리가 확인될 정도로 자라면 물이끼 밑에서 잘라내 심는다. 또는 공기뿌리 밑에서 자른 뒤 공기뿌리를 뿌리 삼아 화분에 심어도 간단하게 번식시킬 수 있다.

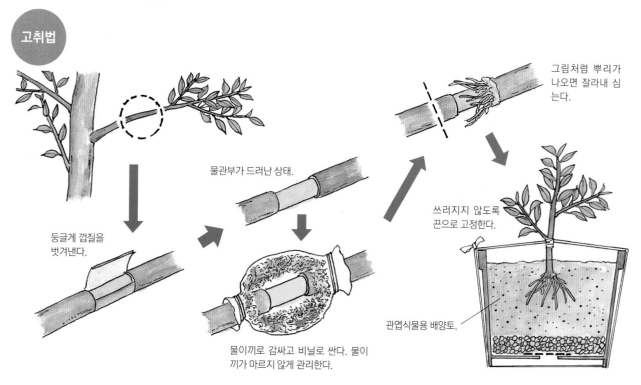

고취법

둥글게 껍질을 벗겨낸다.

물관부가 드러난 상태.

물이끼로 감싸고 비닐로 싼다. 물이끼가 마르지 않게 관리한다.

그림처럼 뿌리가 나오면 잘라내 심는다.

쓰러지지 않도록 끈으로 고정한다.

관엽식물용 배양토.

꽃도 잎도 다양한

베고니아류

엘라티올 베고니아(리거 베고니아), 렉스 베고니아 등이 있다.

뿌리줄기 베고니아

분류
베고니아과
베고니아속
한해살이풀,
여러해살이풀(알뿌리 베고니아)

꽃이 계속 피어 즐길 수 있는 꽃베고
니아(사철 베고니아)와 엘라티올 베고
니아(리거 베고니아), 독특한 잎 무늬와
질감이 매력적인 렉스 베고니아와 뿌
리줄기 베고니아(알뿌리 베고니아) 등
많은 종류가 있다.

월	1월	2월	3월	4월	5월	6월	7월	8월	9월	10월	11월	12월
상태						개화(꽃베고니아)						
관리		밝은 실내				햇빛 쬐기(꽃베고니아)						실내
번식작업		종자번식			눈꽂이					잎꽂이		
				잎꽂이								
비료						1주일에 1번 액체비료						

POINT_ 종류에 따라 적합한 장소가 다르므로 주의한다.

관리 NOTE

꽃베고니아는 봄부터 초겨울까지 계속해서 꽃이 피는 튼
튼한 품종으로, 실외의 햇빛이 잘 드는 곳에서 재배한다.
물을 지나치게 많이 주거나 오랫동안 비를 맞으면 밑동이
썩는 경우가 있으므로 주의한다.
리거 베고니아나 렉스 베고니아는 실내에서 레이스커튼
너머로 비치는 정도로 햇빛을 받게 재배한다. 겨울에는
10℃ 이상으로 보온이 되는 방에 두고, 물을 적게 주면서
재배한다. 꽃베고니아는 종자번식으로도 간단하게 번식
시킬 수 있지만, 다른 종류는 눈꽂이로 번식시킨다.

눈꽂이의 기술

정아삽은 초여름에 겨드랑눈이 붙어 있는 줄기를 6~7㎝
로 잘라, 끝쪽의 잎을 3~4장 남기고 아랫잎을 제거한
다. 1시간 정도 물올림을 해준 뒤, 꺾꽂이모판에 꽂고 마
르지 않게 관리한다. 1달 정도 지나면 배양토에 심는다.
　리거 베고니아나 렉스 베고니아는 잎꽂이도 가능하
며, 4~5월이나 9월 중순~10월에 하는 것이 좋다. 잎
자루가 붙어 있는 채로 잎을 잘라 물올림을 해준 뒤 꺾꽂
이모판에 꽂는다. 잎맥을 따라 잘라서 꺾꽂이모판에 꽂
아도 뿌리를 내리고 눈이 나온다.

❶ 화분 전체가 잎으로 가득찬 렉스 베고니아.

❷ 한여름 외에는 잎꽂이로 쉽게 번식시킬 수 있다.

❸ 1장의 잎을 여러 장으로 잘라서 나눈다.

❹ 잎 조각의 1/3 정도가 흙 속에 묻히게 꽂는다.

❺ 자르지 않고 전체를 꽂아도 된다. 잎자루를 조금 남겨둔다(사진은 알뿌리 베고니아).

❻ 잎이 서로 닿을 정도의 간격으로 꺾꽂이모판에 꽂는다.

정아삽으로도 쉽게 뿌리를 내린다. 겨드랑눈이 붙어 있는 줄기를 꺾꽂이모로 사용한다. 단, 꽃눈(마디에서 나온다)이 붙어 있는 줄기는 꺾꽂이를 해도, 그저 자라기만 할 뿐 가지가 갈라지지 않는다(오른쪽 사진 참조). 위의 사진과 같은 눈이 붙어 있는 줄기를 고르는 것이 좋다.

위의 사진처럼 꽃자루 중간에 붙어 있는 잎눈은 꺾꽂이를 해도 가지가 갈라지지 않는다.

종자번식의 기술

2월 중순~3월에 하는 것이 좋다. 꽃베고니아의 씨앗은 매우 작으므로 압축 피트모스 등에 흩뿌린 다음, 흙을 덮지 않고 바닥에서 물을 흡수시키거나(저면관수) 분무기로 물을 준다. 1달 정도 지나면 일단 3㎝ 간격으로 심고, 본잎이 2~3장이 되었을 때 포트에 옮겨서 재배한다. 시판하는 코팅된 씨앗을 사용하면 다루기 편하고 포트에 직접 심을 수 있다.

엘라티올 베고니아(리거 베고니아).

「공기정화식물」로 주목받는

산세베리아

다른 이름 천년란

분류
용설란과
산세베리아속
반내한성 다육식물(높이 0.1~1m)

용설란과 산세베리아속에 속하는 식물을 통틀어 부르는 이름이다. 최근에는 음이온을 많이 발생시킨다고 해서 방에 두는 것만으로도 공기를 깨끗하게 해주는 식물로 다시 주목받아, 인기도 높아지고 있다. 로제트형(잎이 지면에 붙어 있는 상태로 넓게 퍼지는 것)으로 자라는 왜성종도 있다.

월	1월	2월	3월	4월	5월	6월	7월	8월	9월	10월	11월	12월
상태												
관리		밝은 실내			햇빛 쬐기		밝은 그늘		햇빛 쬐기		밝은 실내	
번식작업					잎꽂이							
					포기나누기							
비료					2주에 1번 액체비료							

POINT_ 물을 지나치게 많이 주면 뿌리가 썩기 때문에 주의한다.

관리 NOTE

매우 튼튼해서 특별한 관리가 필요 없다. 5~10월에는 실외의 해가 잘 드는 장소에 두고, 한여름에는 밝은 그늘로 옮긴다. 물을 지나치게 많이 주면 뿌리가 썩는 경우가 많으니 주의한다. 특히 해가 잘 안 드는 실내나 온도가 낮은 장소에서는 살짝 건조하게 관리해야 한다. 겨울에 최저 10℃ 이상을 유지할 수 없는 경우에는 물을 주지 말고, 화분의 흙이 마른 상태로 겨울을 난다.
포기나누기, 어린포기 나누기로 번식시킨다. 잎꽂이도 가능하지만 새로운 포기는 무늬가 없는 녹색 잎이 된다.

포기나누기의 기술

5~8월에 하는 것이 좋다. 화분에서 빼내 묵은 흙을 털어내고 마른 잎과 뿌리 끝을 제거한 다음 포기를 나눈다. 적옥토와 부엽토에 강모래나 버미큘라이트를 섞은 용토에 심는다.

또한 어미포기에서 자란 기는줄기의 마디에서 뿌리와 싹이 나와 어린포기가 되므로, 잘라내서 작은 화분에 심는다(어린포기 나누기).

어린포기가 너무 작으면 나눈 뒤에 관리하는 데 시간이 걸리므로, 어느 정도 자란 뒤에 나눈다.

② 2포기로 잘라서 나눈 모습.

새로운 어린포기가 생겼다. 어느 정도 자란 다음에 잘라서 나눈다.

① 크게 자라서 화분이 뿌리로 가득 차면 분갈이를 겸해 포기나누기를 한다.

③ 쓰러지지 않도록 잘 심는다. 어린포기가 붙어 있으면 어린포기가 중심에 오게 심는다.

잎꽂이의 기술

잎을 5~10㎝로 잘라 꺾꽂이모를 만들고, 바람이 잘 통하는 그늘에서 절단면을 말린다. 잎의 위아래가 바뀌지 않도록 주의해서, 잎의 절반 정도까지 묻히게 꺾꽂이모 판에 꽂는다. 마르지 않게 관리하고, 잎이 3장 정도로 자라면 작은 화분에 심는다.

① 잎을 잘라낸 다음 5~10㎝씩 잘라서 꺾꽂이모를 만든다. 절단면을 말리는 동안 잎의 위아래가 바뀌지 않게 표시를 해두는 것이 좋다.

산세베리아의 한 종류.

② 절단면이 마르면 잎 아래쪽을 꺾꽂이모판에 꽂는다. 쓰러지지 않도록 절반 정도가 묻히게 꽂는다. 새로 나오는 잎에는 어미포기와 같은 무늬가 나타나지 않는다.

독특한 모습으로 존재감을 드러내는

선인장

분류
선인장과
선인장속
여러해살이 다육식물(높이 0.02~5m)

선인장은 선인장과의 다육식물 중 하나로 아메리카대륙에 자생한다. 긴 건기에 대비해 물을 저장하기 위해 줄기가 비대해진 독특한 모습이 특징이며, 많은 품종이 가시를 갖고 있다. 그린 인테리어에 이용되는 것은 주로 작은 미니 선인장이다.

월	1월	2월	3월	4월	5월	6월	7월	8월	9월	10월	11월	12월
상태							개화					
관리		밝은 실내		햇빛 쬐기		30% 차광	80% 차광		30% 차광	햇빛 쬐기		실내
번식작업				꺾꽂이					종자번식			
				접붙이기					꺾꽂이			
									접붙이기			
비료				비료주기(소량)					비료주기(소량)			

POINT_ 햇빛을 좋아하지만 고온다습에 약하므로 물은 조금만 준다.

관리 **NOTE**

대부분의 품종이 햇빛을 좋아한다. 더운 나라에 자생하는 식물이라는 이미지가 있지만, 고온다습에 약하다. 특히 열대야가 계속되면 약해지므로 6~9월은 30%, 7~8월은 80% 정도 햇빛을 막아준다. 겨울에는 실내로 옮기지만 휴면기이므로 물은 필요 없다. 가능한 한 해가 잘 드는 장소에 두고, 난방을 지나치게 하지 않도록 주의한다.
주로 꺾꽂이로 번식시키는데 자연스럽게 생긴 자구(가지)를 사용하거나, 강제적으로 자구를 만들어 꺾꽂이모로 사용하는 방법도 있다. 접붙이기도 가능하다.

꺾꽂이 · 종자번식의 기술

자연스럽게 생긴 자구나, 생장점을 자르고 어느 정도 시간이 지나면 나오는 자구를 잘라 꺾꽂이모로 사용한다. 바람이 잘 통하는 그늘에서 7~10일 정도 절단면을 말린다. 그런 다음 선인장용 배양토에 꽂으면 뿌리를 내린다. 물을 아주 조금씩만 줘야 뿌리가 빨리 나온다.
또한 종자번식 방법은 p.38에 자세히 설명되어 있으므로 참조한다.

접붙이기의 기술

선인장은 생장이 느려서 종자번식을 시키면 꽃이 필 때까지 10년 이상 걸리는 것도 있다. 그런 경우 접붙이기로 생장 속도를 조절해서 개화를 촉진시킬 수 있다. 또한 접붙이기는 자구의 번식이나 뿌리가 썩은 포기의 재생방법으로도 이용된다.

접붙이기를 할 때는 먼저 바탕나무의 끝부분을 수평으로 자른다. 그런 다음 모서리 부분을 자르고 다시 수평으로 잘라, 같은 방법으로 처리한 접수를 올려서 각각의 관다발을 잘 맞춘 뒤에 실로 고정시킨다.

❶ 접수는 「상아환」, 바탕나무는 「용신목」 품종을 사용한다.　❷ 바탕나무의 끝부분을 나이프로 자른다.　❸ 접수도 같은 방법으로 자른다. 절단면 중심에 둥근 관다발이 보인다.

❹ 주위의 껍질이 단단해서 그대로 접붙일 경우 마르면 가운데가 파여서 잘 붙지 않는다. 그래서 껍질을 잘라내는데, 그러면 안정감이 없으므로 가운데를 수평으로 잘라둔다. 접수도 같은 방법으로 작업한다.

❺ 각각의 관다발을 정확히 맞춘다.　❻ 실로 고정시킨다. 보기에는 안 좋지만 꽃이 필 때까지 걸리는 시간을 단축할 수 있다(「상아환」은 아름다운 꽃이 핀다).

하트 모양 잎이 매력적인

스킨답서스

다른 이름 포토스

분류
천남성과
에피프렘넘속
비내한성 덩굴성 여러해살이풀

다 자란 포기는 잎 길이가 60㎝ 이상 되고, 덩굴이 10m를 넘을 정도로 자란다. 행잉 화분 등에 심어서 시판되는 것은 잎이 작은 어린 포기이다. 덩굴성이므로 헤고나무(열대 고사리)로 만든 받침대를 세워서 재배하면 잎이 크게 자란다. 튼튼하고 어떤 분위기에나 모두 잘 어울린다.

월	1월	2월	3월	4월	5월	6월	7월	8월	9월	10월	11월	12월
상태												
관리		밝은 실내					햇빛쬐기				밝은 실내	
번식작업							꺾꽂이					
비료						1주일에 1번 액체비료						

POINT_ 해가 잘 들지 않는 장소에서 재배하면 덩굴이 웃자라서 마디가 길어진다.

관리 NOTE

상당히 튼튼하고 건조에도 강하다. 내음성은 있지만 해가 잘 들지 않으면 무늬가 흐려지거나, 덩굴 마디가 길게 자라 연약한 포기가 된다. 가능하면 햇빛이 잘 드는 장소에 두고 겨울에는 물을 적게 준다. 5~10월에는 실외에서 직사광선을 쬐면 단단해진다. 질소비료를 많이 주면 무늬가 옅어지므로 주의한다.
공기뿌리가 잘 나와서 눈꽂이를 하기 좋다. 아랫잎이 떨어지거나 줄기가 자라 밸런스가 흐트러지면 다시 모양을 정리하고, 자른 덩굴은 꺾꽂이모로 사용한다.

포기나누기의 기술

5~9월에 하는 것이 좋다. 헤고나무 받침대를 사용한 경우에는 아랫잎이 떨어진 부분에서 잘라, 밝은 그늘에서 관리하면 겨드랑눈이 자란다.

자른 덩굴 중에서 잎 무늬가 예쁜 부분을 선택해 꺾꽂이모로 사용한다. 30분~1시간 정도 물올림을 해준 뒤 꺾꽂이모판에 꽂고, 밝은 그늘에서 마르지 않게 관리한다.

1달 정도면 뿌리가 나오므로 배양토에 옮겨 심는다.

또한 꺾꽂이모를 화병 등에 꽂아두기만 해도 쉽게 뿌리를 내리는데, 자주 물을 갈아서 물이 썩지 않게 주의한다. 꺾꽂이모의 절단면을 젖은 물이끼로 감싸서 마르지 않게 관리하거나, 흡수성 스펀지를 이용해도 좋다.

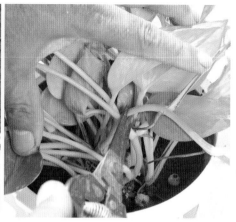

❶ 행잉 화분에 심은 스킨답서스(왼쪽 사진). 5~9월에 눈꽃이하는 것이 좋다. 어디를 잘라도 관계 없지만, 아랫잎이 시들어 떨어진 부분 등을 자른다(오른쪽 사진).

❷ 자른 덩굴을 2다발 정도로 나눠서 절단면을 고르게 정리한 다음, 다발이 쓰러지지 않을 정도로 깊게 꽂는다.

물꽂이

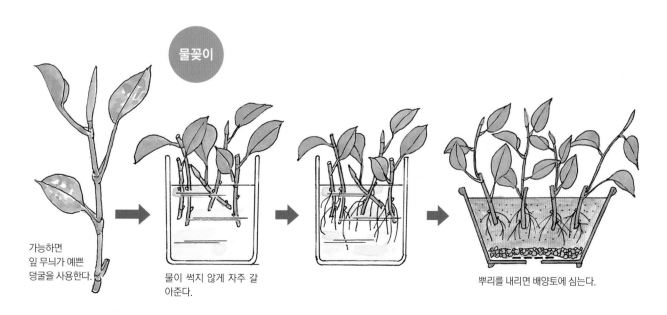

가능하면 잎 무늬가 예쁜 덩굴을 사용한다.

물이 썩지 않게 자주 갈아준다.

뿌리를 내리면 배양토에 심는다.

신부의 면사포처럼 무성한

실달개비

다른 이름 지바시스, 엘레강스, 브라이들 베일, 타히티 신부의 면사포

분류
닭의장풀과
지바시스속
반내한성 여러해살이풀
(높이 0.1~0.2m)

포기 전체를 뒤덮듯이 하얗고 작은 꽃이 핀 모습에서 「브라이들 베일(신부의 면사포)」이라고 부르기도 한다. 생육이 왕성하고 행잉 화분에 심으면 화분이 보이지 않을 정도로 무성해져서, 동그란 공같은 모습이 된다. 밝은 창가나 처마밑에서 잘 재배하면, 한여름 외에는 항상 꽃을 즐길 수 있다.

월	1월	2월	3월	4월	5월	6월	7월	8월	9월	10월	11월	12월
상태				개화						개화		
관리		밝은 실내			햇빛 쬐기			밝은 그늘		햇빛 쬐기		밝은 실내
번식작업						꺾꽂이						
						포기나누기						
비료						1달에 1번 웃거름						

POINT_ 잘 관리하면 한여름 외에는 계속 꽃이 핀다.

관리 NOTE

한여름의 직사광선은 싫어하지만, 그 외의 시기에는 되도록 햇빛이 잘 드는 장소에서 재배한다. 겨울에는 처마밑이나 해가 잘 드는 창가에서 관리하는 것이 좋다. 서리가 내리지 않는 따뜻한 지역에서는 노지재배도 가능하다. 겨울에는 잎끝이 조금 상하지만 봄이 오면 새눈이 자라므로 문제 없다. 잎과 줄기가 많기 때문에, 되도록 바람이 잘 통하는 환경에서 관리해야 한다.
줄기가 지나치게 자라거나 밑동이 시들면 전체의 1/3 정도를 잘라낸다. 자른 줄기는 눈꽂이에 사용한다.

눈꽂이 · 포기나누기의 기술

4~10월에 하는 것이 좋다. 가지치기한 줄기를 모아 배양토에 꽂는다. 꺾꽂이모판은 준비할 필요 없다. 마르지 않게 관리하면 1달 정도 뒤에 뿌리를 내린다. 순조롭게 새눈이 자라면 전체를 3~5cm 정도로 자르는데, 그러면 가지가 갈라져 동그랗게 부푼 모습이 된다.

포기나누기로도 번식시킬 수 있다. 전체적으로 가지치기한 다음, 화분에서 꺼내 손으로 찢듯이 포기를 나눈다. 썩은 뿌리와 묵은잎을 없애고 뿌리 아래로 1/3 정도를 잘라낸다. 뿌리를 풀어주듯이 펴서 새로운 배양토에 심는다.

① 행잉 화분에 심은 실달개비의 줄기와 잎이 지나치게 무성해진 모습.

② 화분 밖으로 자란 줄기를 화분 가장자리를 따라 잘라낸다.

③ 가지치기를 끝낸 모습. 잘라낸 줄기는 눈꽂이에 사용한다.

④ 잘라낸 줄기를 적당히 모아서 배양토에 심는다.

⑤ 화분 바닥에 흙을 넣은 다음 줄기다발을 심고 주변부터 배양토를 넣는다. 다발을 크게 만들면 바로 행잉 화분 등으로 즐길 수 있다.

튼튼하고 활용범위가 넓은

아이비

다른 이름 헤데라, 헤데라 헬릭스(학명), 서양송악

분류
두릅나무과
송악속
늘푸른덩굴나무

상큼한 초록빛 아이비는 실외에서 지피식물(땅을 피복하는 식물)로 사용하거나, 모아심기에 악센트로 사용하기도 하고, 실내에서 관엽식물로 즐기는 등 다양하게 활용할 수 있어 매력적인 식물이다. 「아이비」는 담쟁이덩굴을 의미하기 때문에 포도과의 담쟁이덩굴과 혼동하지 않도록, 최근에는 속명인 「헤데라」라고 부르는 경우가 많다. 잎 색깔이나 크기가 다른, 다양한 품종이 있다.

월	1월	2월	3월	4월	5월	6월	7월	8월	9월	10월	11월	12월
상태												
관리		밝은 실내			햇빛쬐기		밝은 그늘		햇빛쬐기		밝은 실내	
번식작업					꺾꽂이					꺾꽂이		
					휘묻이					휘묻이		
비료		옅은 액체비료					2달에 1번 웃거름				옅은 액체비료	

POINT_ 햇빛을 좋아하지만 한여름에는 밝은 그늘에서 관리한다.

관리 NOTE

해가 잘 드는 장소에서 재배하지만, 컨테이너 재배의 경우 한여름에는 밝은 그늘에서 관리한다. 내음성이 강하지만 계속 해가 들지 않는 곳에서 재배하면 잎이 얇고 약해지며, 색이 옅어지거나 무늬가 적어지기도 한다. 가을부터 겨울까지는 물 대신 액체비료를 주는 것이 좋다.
생육이 왕성해 덩굴이 잘 자라므로 휘묻이를 하거나, 봄가을에는 잘라낸 덩굴로 꺾꽂이를 해서 번식시킨다. 물꽂이를 해도 쉽게 뿌리를 내린다.

꺾꽂이의 기술

봄가을에 지나치게 자라거나 무성해져서 잘라낸 덩굴 중에, 잎 무늬가 예쁜 부분을 선택해 꺾꽂이모로 사용한다.
끝쪽의 부드러운 부분은 사용하지 않고 튼튼한 부분을 10cm 정도로 자른 다음, 잎을 몇 장 남기고 아랫잎은 제거한다.
충분히 물올림을 해준 뒤 꺾꽂이모판에 꽂는다. 1~2달 정도 지나 새눈이 자라면 포트에 배양토를 넣고 몇 포기씩 심는다.

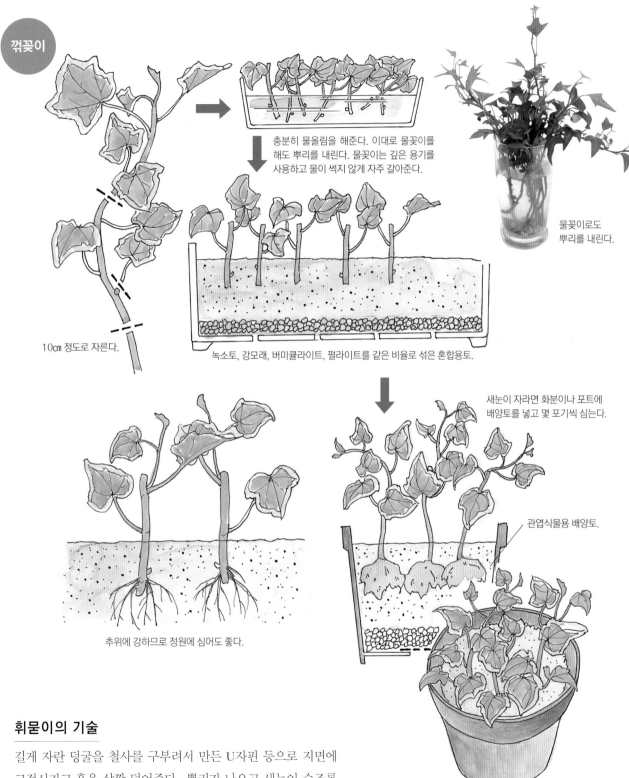

충분히 물올림을 해준다. 이대로 물꽂이를 해도 뿌리를 내린다. 물꽂이는 깊은 용기를 사용하고 물이 썩지 않게 자주 갈아준다.

물꽂이로도 뿌리를 내린다.

10cm 정도로 자른다.

녹소토, 강모래, 버미큘라이트, 펄라이트를 같은 비율로 섞은 혼합용토.

새눈이 자라면 화분이나 포트에 배양토를 넣고 몇 포기씩 심는다.

관엽식물용 배양토.

추위에 강하므로 정원에 심어도 좋다.

휘묻이의 기술

길게 자란 덩굴을 철사를 구부려서 만든 U자핀 등으로 지면에 고정시키고 흙을 살짝 덮어준다. 뿌리가 나오고 새눈이 순조롭게 자라기 시작하면 어미포기에서 잘라내 포트에 심는다.

화분 1개에 2~3포기씩 모아심기를 해도 좋다.

「의사가 필요 없는」약용식물

알로에

다른 이름 노회, 나무노회

분류
백합과
알로에속
반내한성 다육식물(높이 0.1~10m)

약용식물로 익숙한「알로에 아보레센스」나 두꺼운 잎이 위로 쑥쑥 자라는「알로에 베라」, 잎살(엽육) 안의 젤리 상태인 부분을 식용하는「알로에 콤팩타」, 잎이 짧고 가시가 많은「불야성」등 다양한 종류가 있다. 높이도 10㎝ 정도의 소형종부터 몇 미터나 되는 대형종까지 다양하다. 생육이 왕성해서 재배하기 쉬운 관엽식물이다.

월	1월	2월	3월	4월	5월	6월	7월	8월	9월	10월	11월	12월
상태												
관리						햇빛 쬐기						
번식작업				꺾꽂이			꺾꽂이					
				포기나누기			포기나누기					
비료						2달에 1번 웃거름						

POINT_ 추위에 강해서 따뜻한 지역에서는 노지재배도 가능하다. 햇빛을 좋아한다.

관리 NOTE

추위에 강해 남부지방처럼 따뜻한 지역에서는 노지재배도 가능하다. 튼튼하게 재배하려면 한여름 외에는 햇빛을 받는 것이 좋다.

물은 적게 주는데, 화분의 흙 표면이 하얗게 마른 뒤 1주일 정도 지나서 주면 충분하다. 겨울에도 실외에서 재배할 경우, 따뜻해질 때까지는 되도록 물을 주지 않는다. 생육이 왕성해서 비료를 많이 주면 지나치게 큰 포기가 될 수 있으므로, 비료는 거의 주지 않아도 된다.

꺾꽂이와 포기나누기로 번식시킨다.

꺾꽂이의 기술

4~9월 중 장마시기를 피해서 꺾꽂이를 한다. 30㎝ 길이로 잘라서 아랫잎을 반 정도 제거하고, 바람이 잘 통하는 그늘에서 절단면을 말린다. 약 1주일 뒤에 완전히 마르면 녹소토, 버미큘라이트, 펄라이트, 피트모스 등을 같은 비율로 섞은 혼합용토에 꺾꽂이모가 반 정도 묻히게 꽂는다. 뿌리가 충분히 나오기 전까지는 밝은 그늘에서 관리한다.

알로에 꽃.

마디 위에서 자른다. 자르고 아랫잎을 제거한 뒤, 절단면이 완전히 마를 때까지 그늘에서 말린다.

아랫잎을 잘라서 사용했거나 자라면서 아랫잎이 떨어져 보기 안 좋은 경우에도, 밑동 가까이까지 잘라서 꺾꽂이를 해 다시 포기를 만드는 것이 좋다.

포기나누기의 기술

5～9월 중 장마시기를 피해 포기나누기를 한다. 밑동에서 나온 어린포기나 마디마디에서 나온 겨드랑눈을 잘라내, 바람이 잘 통하는 그늘에서 절단면을 충분히 말린 뒤에 심는다. 심고 나서 바로 물을 줄 필요는 없다. 밝은 그늘에 두고 1주일 정도 지나서 물을 준다. 충분히 뿌리를 내리면 해가 잘 드는 장소에서 관리한다.

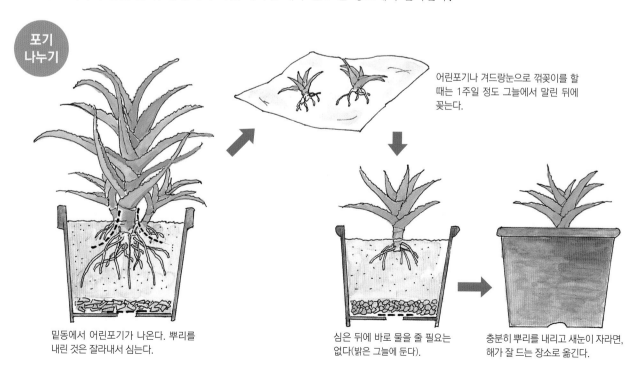

포기나누기

어린포기나 겨드랑눈으로 꺾꽂이를 할 때는 1주일 정도 그늘에서 말린 뒤에 꽂는다.

밑동에서 어린포기가 나온다. 뿌리를 내린 것은 잘라내서 심는다.

심은 뒤에 바로 물을 줄 필요는 없다(밝은 그늘에 둔다).

충분히 뿌리를 내리고 새눈이 자라면, 해가 잘 드는 장소로 옮긴다.

돈이 되는 나무로 인기가 많은

염자

다른 이름 화월, 크라술라 오바타

분류
돌나물과
크라술라속
반내한성 다육식물(높이 0.1~0.5m)

학명은 크라술라. 잎 모양이 1달러짜리 동전을 닮아 「달러 플랜트(dollar plant)」라는 영어이름이 있다. 일본에서는 두툼한 잎이 동전을 닮은 데다 5엔짜리 동전을 새싹에 끼워서 재배하는 방식이 널리 퍼져서, 돈이 되는 나무라는 의미로 「가네노나루키」라고 불리며 행운을 주는 나무로 사랑받고 있다.

월	1월	2월	3월	4월	5월	6월	7월	8월	9월	10월	11월	12월
상태												
관리		밝은 실내			햇빛 쬐기		밝은 그늘		햇빛쬐기		밝은 실내	
번식작업					꺾꽂이				꺾꽂이			
비료				비료주기(소량)						비료주기(소량)		

POINT_ 다육식물이므로 물은 적게 준다.

관리 NOTE

햇빛을 좋아하므로 한여름 외에는 햇빛을 충분히 받을 수 있게 재배한다. 물은 조금 적게 주고, 특히 덥거나 추울 때는 횟수를 줄인다. 화분의 흙 표면이 마른 다음, 2~3일 지난 뒤에 주는 정도면 된다. 비료는 봄가을에 조금 주고, 여름에는 주지 않는다.
꺾꽂이, 잎꽂이로 번식시킨다. 아랫잎이 떨어지거나 햇빛을 받지 못해 가늘고 약하게 자라면, 모양을 정리하고 자른 잎을 꺾꽂이모로 사용한다.

꺾꽂이의 기술

5~6월과 9월에 하는 것이 좋다. 전년도에 자란 줄기를 6~8장의 잎을 붙인 채로 잘라낸다. 바람이 잘 통하는 그늘에서 절단면을 충분히 말린 뒤에 꺾꽂이를 한다. 1달 정도 지나서 뿌리가 나오면 2호 정도의 작은 화분에 심는다.

꺾꽂이모.
잘라낸 아랫잎도 잎꽂이에
사용할 수 있다.

잎꽂이의 기술

잎을 잘라내 용토 위에 올려두기만 해도 번식시킬 수 있다. 다른 번식방법과 마찬가지로 혼합용토나 강모래 등 깨끗한 용토를 준비한다. 물이끼를 조금 놓고 그 위에 베개를 베는 것처럼 잎을 올려놓으면 안정된다. 1달 정도 지나면 뿌리를 내리고 새눈이 자라므로 그대로 재배한다. 충분히 뿌리를 내리면 작은 화분에 심는다.

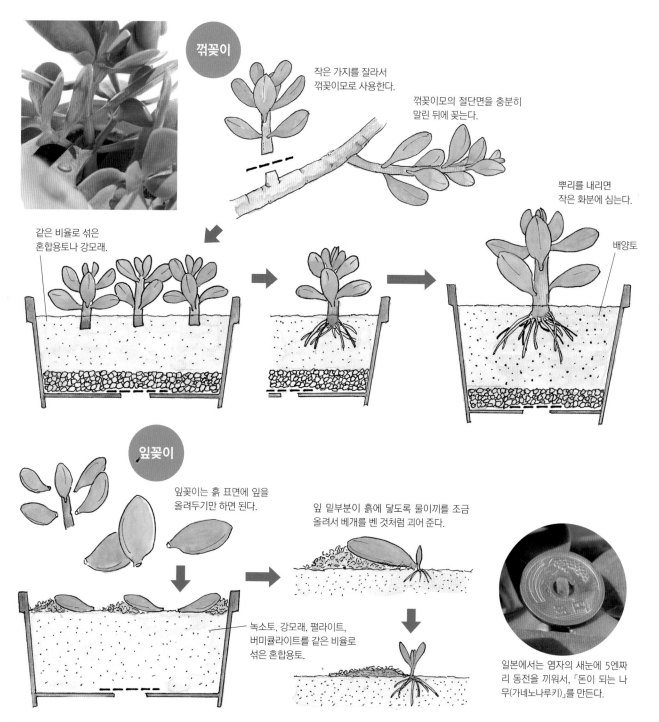

꺾꽂이

작은 가지를 잘라서 꺾꽂이모로 사용한다.

꺾꽂이모의 절단면을 충분히 말린 뒤에 꽂는다.

뿌리를 내리면 작은 화분에 심는다.

같은 비율로 섞은 혼합용토나 강모래.

배양토

잎꽂이

잎꽂이는 흙 표면에 잎을 올려두기만 하면 된다.

잎 밑부분이 흙에 닿도록 물이끼를 조금 올려서 베개를 벤 것처럼 괴어 준다.

녹소토, 강모래, 펄라이트, 버미큘라이트를 같은 비율로 섞은 혼합용토.

일본에서는 염자의 새눈에 5엔짜리 동전을 끼워서, 「돈이 되는 나무(가네노나루키)」를 만든다.

달콤한 향기로 존재감을 뽐내는

재스민

다른 이름 소형화, 말리화, 학재스민 등

분류
물푸레나무과
재스민속
늘푸른나무~반갈잎떨기나무

12~4월에 많이 보이는 화분에 심은 흰 꽃은 「학재스민」이다. 늘푸른덩굴나무로 원형 받침대를 이용해 가지를 둥글게 유인해서 판매하기도 한다. 비슷하게 달콤한 향기가 있는 꽃나무에 재스민이라는 이름이 붙어 있는 것이 많지만, 선명한 노란색의 「캐롤라이나재스민」은 겔세미움과, 여름에 흰꽃이 피는 「마다가스카르재스민」은 박주가리과이다.

월	1월	2월	3월	4월	5월	6월	7월	8월	9월	10월	11월	12월
상태	개화											개화
관리							가지치기		심기			
번식작업							꺾꽂이					
비료		비료주기				비료주기						

POINT_ 학재스민은 저온에 노출되지 않으면 꽃눈이 생기지 않는다.

관리 NOTE

모든 종류가 잘 자라며 햇빛이 잘 드는 환경을 좋아한다. 학재스민이나 캐롤라이나재스민은 땅에 심어 아치나 펜스를 타고 자라게 하는데, 가지치기는 거의 필요 없다. 컨테이너에서 재배하는 경우에는 캐롤라이나재스민은 실외에서 겨울을 나지만 그 외에는 실내로 옮겨준다.
학재스민은 가을에 저온에 노출되지 않으면 꽃눈이 생기지 않으므로, 서리가 내리지 않는 장소에서 저온에 노출시킨 다음 실내로 옮긴다.
꽃이 진 뒤 가지치기한 가지로 꺾꽂이를한다.

꺾꽂이의 기술

6월 하순~8월 초순에 하는 것이 좋다. 그해에 자란 가지 중에서 튼튼한 것을 골라, 잎을 몇 장 붙인 채로 2~3마디씩 잘라서 나눈다. 끝쪽의 부드러운 새눈은 사용하지 않는다. 꺾꽂이모는 30분~1시간 정도 물올림을 해준 뒤 녹소토, 버미큘라이트, 펄라이트, 피트모스를 같은 비율로 섞은 혼합용토를 넣은 꺾꽂이모판에 꽂는다.
밝은 그늘에 두고 마르지 않게 관리하고, 3주~1달 정도 지나 뿌리를 내리면 배양토에 심는다.

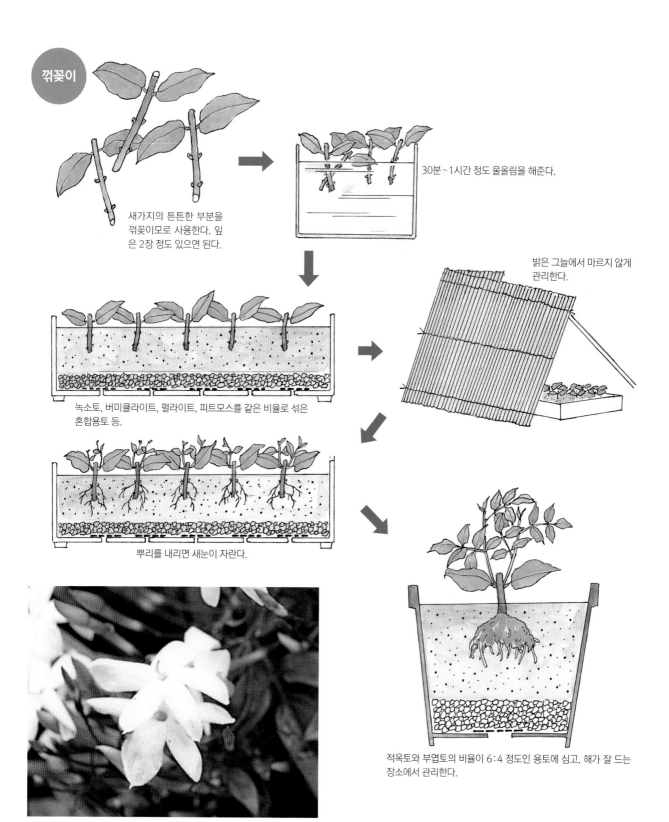

꺾꽂이

새가지의 튼튼한 부분을 꺾꽂이모로 사용한다. 잎은 2장 정도 있으면 된다.

30분~1시간 정도 물올림을 해준다.

녹소토, 버미큘라이트, 펄라이트, 피트모스를 같은 비율로 섞은 혼합용토 등.

밝은 그늘에서 마르지 않게 관리한다.

뿌리를 내리면 새눈이 자란다.

적옥토와 부엽토의 비율이 6:4 정도인 용토에 심고, 해가 잘 드는 장소에서 관리한다.

오리지널 재스민은 이 학재스민이다. 다른 것은 향기나 겉모습이 닮아 재스민이라는 이름이 붙었다.

종이학을 닮은 귀여운 어린포기가 생기는

접란

다른 이름 절학란, 검잎사철난초, 줄모초, 덤불난초, 거미죽란

분류
백합과
접란속
반내한성 여러해살이풀
(높이 0.1~0.2m)

런너(기는줄기) 끝부분에 어린포기가 생겨서 마치 종이학처럼 보이기 때문에, 일본에서는 종이학 난이라는 의미로「오리즈루란」이라고 부른다. 흔히 볼 수 있는 것은 잎 가운데나 가장자리에 띠 모양의 무늬가 있는「무늬 접란」으로 어린포기가 잘 생긴다. 잎 폭이 넓은「넓은잎절학란」중 가장자리에 가는 무늬가 들어간 것은「비체티 접란」으로 기는줄기가 나오지 않는다.

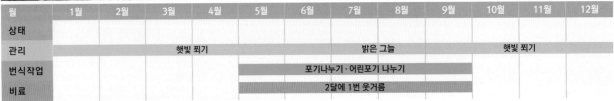

월	1월	2월	3월	4월	5월	6월	7월	8월	9월	10월	11월	12월
상태												
관리			햇빛 쬐기				밝은 그늘			햇빛 쬐기		
번식작업					포기나누기·어린포기 나누기							
비료					2달에 1번 웃거름							

POINT_ 겨울철에는 잎이 조금 상하지만 실외에서 재배할 수 있다.

관리 NOTE

튼튼해서 실내에서 즐길 뿐 아니라 실외에서 화단 가장자리를 장식하는 데도 사용된다. 컨테이너로 재배할 때는 조금 작은 용기에 심어 높은 장소에 장식하거나, 행잉 화분에 심으면 접란의 매력을 즐길 수 있다.
햇빛이 부족하면 무늬가 적어지거나 어린포기가 잘 안 나온다. 물은 적게 주고 습기가 차지 않게 주의한다.
포기나누기로 번식시킨다. 어린포기는 어미포기와 연결된 상태에서는 크게 자라지 않지만, 분리해서 심으면 잘 자란다.

포기나누기의 기술

5~9월에 하는 것이 좋다. 화분에서 빼내 가위 등을 이용해서 2~3포기로 나눈다. 특히 긴 뿌리는 잘라둔다. 컨테이너에 심을 때는 관엽식물용 배양토를 사용하고, 행잉 화분에 심을 때는 행잉 화분용 가벼운 용토를 사용한다. 생장이 빨라서 조금 큼직한 화분을 사용해도 좋다.

기는줄기 끝에 자란 어린포기.

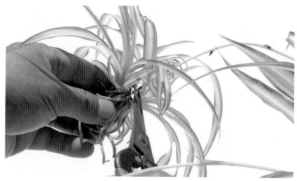

어린 포기가 많이 달린 무늬 접란. 생육이 왕성해서 2년에 1번 정도 옮겨 심는다.

포기 나누기

화분이 꽉 차게 자라면 포기나누기를 한다.

포기를 나눈 다음 뿌리를 1/3 정도 잘라서 심는다.

관엽식물용 배양토

어린포기 나누기의 기술

어미포기의 밑동부분에서 런너를 자르고, 어린포기에서 5～10㎝ 떨어진 부분에서 잘라낸다. 2호 화분 정도의 작은 화분에 1포기를 심으면 미니 관엽식물로 즐길 수 있다. 어느 정도 볼륨감을 내고 싶을 때는 3～5포기를 모아서 심는다. 배양토는 관엽식물용으로 물이 잘 빠지는 것을 준비한다.

❶ 기는줄기를 3～5㎝ 붙인 상태에서 어린포기를 잘라낸다.

❷ 화분에 용토를 조금 넉넉하게 넣고 얕게 심는다.

❸ 심은 뒤 용토를 눌러서 물을 줄 때 넘치지 않을 정도로 공간을 만든다.

색상이 선명한 꽃을 사계절 피우는

제라늄

분류
쥐손이풀과
펠라르고니움속
비내한성 여러해살이풀
(높이 0.2~0.5m)

튼튼하며 12℃ 이상이면 사계절 내내 꽃을 피운다. 잎에 무늬가 있는 것이나 겹꽃이 피는 것 등 종류가 다양하다. 꽃이 화려하고 한 계절만 피는 것을 「펠라르고니움」이라고 하며, 기는 줄기로 행잉 화분에 적합한 「아이비제라늄」, 허브로 취급되며 좋은 향이 있는 「센티드제라늄」 등도 인기가 많다.

월	1월	2월	3월	4월	5월	6월	7월	8월	9월	10월	11월	12월
상태												
관리						가지치기			가지치기			
번식작업				종자번식								
				눈꽂이					눈꽂이			
비료				10일에 1번 액체비료								

POINT_ 해가 잘 들고 온도가 유지(12℃ 이상)되면 사계절 내내 꽃이 핀다.

관리 NOTE

물이 잘 빠지는 용토에 심고 해가 잘 드는 장소에 둔다. 건조에 강하고 고온다습에 약해서, 특히 가을과 겨울에는 물을 너무 많이 주지 않도록 주의해야 한다. 햇빛과 온도가 확보되면 사계절 내내 꽃을 피우므로 비료를 계속 준다.
시든 꽃을 방치하면 썩어서 병에 걸리기 쉽다. 줄기를 흔들어서 시든 꽃잎을 떨어뜨려 빨리 제거한다.
대부분 눈꽂이로 번식시키지만 종자번식도 가능하다.

눈꽂이 · 종자번식의 기술

눈꽂이는 4~6월과 9~10월에 하는 것이 좋다. 두껍고 튼튼한, 목질화되지 않은 새가지를 사용한다. 새가지의 끝부분을 마디 위에서 7~8㎝ 정도 잘라, 잎을 3~5장 남기고 아랫잎을 제거한다.

30분~1시간 정도 물올림을 해준 뒤 꺾꽂이모판에 꽂고 물을 충분히 준다. 그 뒤에는 살짝 건조하게 관리해야 뿌리가 빨리 나온다. 2~3주 뒤에 뿌리를 내리면 배양토에 심는다.

최근에는 종자번식이 가능한 품종도 있는데, 싹이 나오기 위한 적정온도는 25℃ 전후로, 4~6월에 씨앗을 뿌리는 것이 좋다. 물이 잘 빠지는 용토를 넣은 꺾꽂이모판에 뿌리고, 흙을 살짝 덮어둔다. 온도를 유지하기 힘든 경우에는 비닐막 등을 이용해도 좋다. 4～5달 정도 지나면 꽃이 핀다.

꺾꽂이모 만드는 방법

잎을 4～5장 남기고 아랫잎을 제거한다.

오래되면 아랫잎이 떨어져 포기 모양이 보기 안 좋기 때문에, 6～7월이나 9～10월에 잘라낸다. 자른 가지는 꺾꽂이모로 사용한다.

눈꽂이

두껍고 튼튼한 새가지를 30분～1시간 정도 물에 담가둔다.

적옥토나 녹소토.

젓가락 등으로 구멍을 뚫고 꺾꽂이모를 꽂는다.

잎이 서로 닿을 정도의 간격으로 꽂는다.

뿌리를 내릴 때까지 밝은 그늘에서 관리한다.

뿌리를 내리고 새눈이 자라면 배양토에 심는다.

잎이 줄기 위에서 우산처럼 펼쳐진

파키라

다른 이름 머니 트리

분류
물밤나무과
파키라속
비내한성 갈잎큰키나무·
늘푸른큰키나무(높이 5~20m)

꺾꽂이로 번식시킨 포기는 줄기가 쭉 뻗어 있지만, 씨앗으로 번식시킨 포기는 밑동이 부풀어서 호리병 모양이 된다. 두꺼운 줄기에서 눈을 틔우거나, 씨앗으로 번식시킨 포기의 줄기가 아직 부드러울 때 여러 개의 줄기를 땋거나 꼬아서 다양한 모양을 만들 수 있다. 대형화분, 미니관엽, 수경재배 등으로도 즐길 수 있다. 무늬종도 있다.

월	1월	2월	3월	4월	5월	6월	7월	8월	9월	10월	11월	12월
상태												
관리	밝은 실내						햇빛 쬐기				밝은 실내	
번식작업							꺾꽂이					
비료					2달에 1번 웃거름							

POINT_ 햇빛을 좋아해서 겨울 외에는 실외에서 재배해야 모양이 잘 정리된다.

관리 NOTE

햇빛을 좋아한다. 내음성이 뛰어나 실내에 오래 두어도 잘 자라지만, 햇빛을 받지 못하면 마디가 길어진다. 겨울 외에는 실외에서 재배해야 모양이 잘 잡힌다. 물은 화분의 흙이 마르면 듬뿍 준다. 겨울에는 표면의 흙이 건조해지면 2~3일 뒤에 물을 주면 된다.
꺾꽂이로 번식시키며, 지나치게 길게 자란 포기는 원하는 높이에서 줄기를 잘라 다시 나무모양을 잡아준다.
씨앗은 시중에서 구하기 힘들지만, 발아율이 높아서 씨앗부터 재배해도 빠르게 자란다.

꺾꽂이의 기술

7~8월에 하는 것이 좋다. 원하는 높이에서 줄기를 잘라 적옥토나 버미큘라이트, 물이끼 등을 넣은 꺾꽂이모판에 꽂는다. 가지와 줄기는 잎이 붙어 있지 않아도 새눈이 자라므로, 5~10㎝로 잘라서 꺾꽂이모로 사용할 수 있다. 뿌리가 나올 때까지는 마르지 않게 잘 관리해야 한다. 자른 꺾꽂이모를 물에 꽂아두기만 해도 쉽게 뿌리를 내린다.

어미나무의 절단면 밑에서도 겨드랑눈(액아)이 나오므로, 원하는 높이로 자른 뒤 엷은 액체비료를 주면서 관리한다.

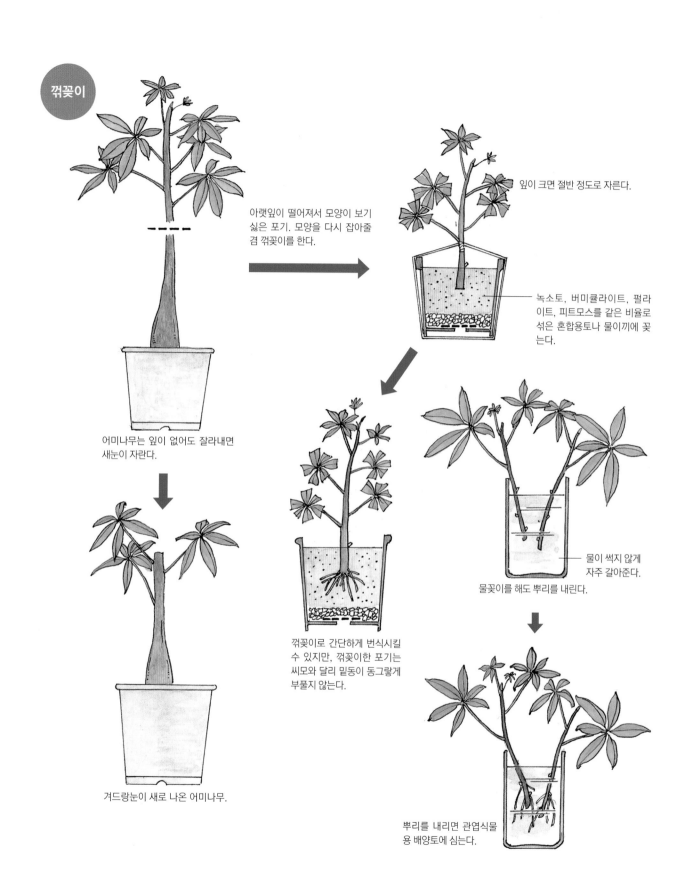

꺾꽂이

아랫잎이 떨어져서 모양이 보기 싫은 포기. 모양을 다시 잡아줄 겸 꺾꽂이를 한다.

잎이 크면 절반 정도로 자른다.

녹소토, 버미큘라이트, 펄라이트, 피트모스를 같은 비율로 섞은 혼합용토나 물이끼에 꽂는다.

어미나무는 잎이 없어도 잘라내면 새눈이 자란다.

물이 썩지 않게 자주 갈아준다.

물꽂이를 해도 뿌리를 내린다.

꺾꽂이로 간단하게 번식시킬 수 있지만, 꺾꽂이한 포기는 씨모와 달리 밑동이 동그랗게 부풀지 않는다.

겨드랑눈이 새로 나온 어미나무.

뿌리를 내리면 관엽식물용 배양토에 심는다.

크리스마스 장식으로 인기 있는

포인세티아

다른 이름 크리스마스 플라워, 멕시코불꽃풀, 홍성목

분류
대극과
대극속
비내한성 늘푸른떨기나무
(높이 0.1~1.5m)

꽃처럼 보이는 것은 이삭잎(포엽)이며, 가운데에 콩처럼 보이는 노란 부분이 꽃이다. 이삭잎은 빨간색 외에도 흰색이나 핑크색, 오렌지색, 그리고 대리석 무늬나 서리가 내린 것 같은 무늬가 있는 것 등 다양한 종류가 있다. 다간형 외에 똑바로 선 줄기에 잎이 공모양으로 풍성한 스탠더드형도 만들 수 있다. 크게 자라면 몇 미터씩 자라지만, 최근에는 미니타입도 인기가 많다.

월	1월	2월	3월	4월	5월	6월	7월	8월	9월	10월	11월	12월
상태		개화										
관리		밝은 실내					햇빛 쬐기				밝은 실내	
번식작업					꺾꽂이							
비료						1달에 1번 웃거름						

POINT_ 이삭잎에 색깔이 잘 들도록 9월 초순 이후부터는 오후 5시부터 아침 8시까지 햇빛을 가려준다.

관리 NOTE

겨울에 구입한 화분은 햇빛이 잘 드는 창가에 둔다. 저녁에는 최저 10℃를 유지해야 하지만 25℃ 이상에서는 잎이 떨어지거나 포기가 약해지므로, 난방이 지나치게 잘 되는 방에 두지 않는다. 봄부터 가을까지는 실외에서 햇빛을 잘 받게 한다. 이삭잎은 햇빛 받는 시간을 짧게 조절하지 않으면 색이 들지 않으므로, 9월 초순이 되면 오후 5시부터 다음날 아침 8시까지 상자 등을 덮어서 햇빛을 차단한다. 꺾꽂이로 번식시키는데, 봄에 옮겨 심을 때 모양을 정리하면서 잘라낸 가지를 꺾꽂이모로 사용한다.

꺾꽂이의 기술

5~7월에 하는 것이 좋다. 새가지를 10㎝ 정도로 잘라서 꺾꽂이모로 사용한다. 잎을 3~4장 남기고 아랫잎을 제거하고, 커다란 잎은 절반 정도로 자른다. 절단면에서 하얀 액체가 나오므로 물로 씻어낸다. 1시간 정도 물올림을 해준 뒤 꺾꽂이모판에 꽂고, 밝은 그늘에서 마르지 않게 관리한다. 3주 정도 지나면 뿌리를 내리므로 배양토에 심는다.

노란색 부분이 꽃.

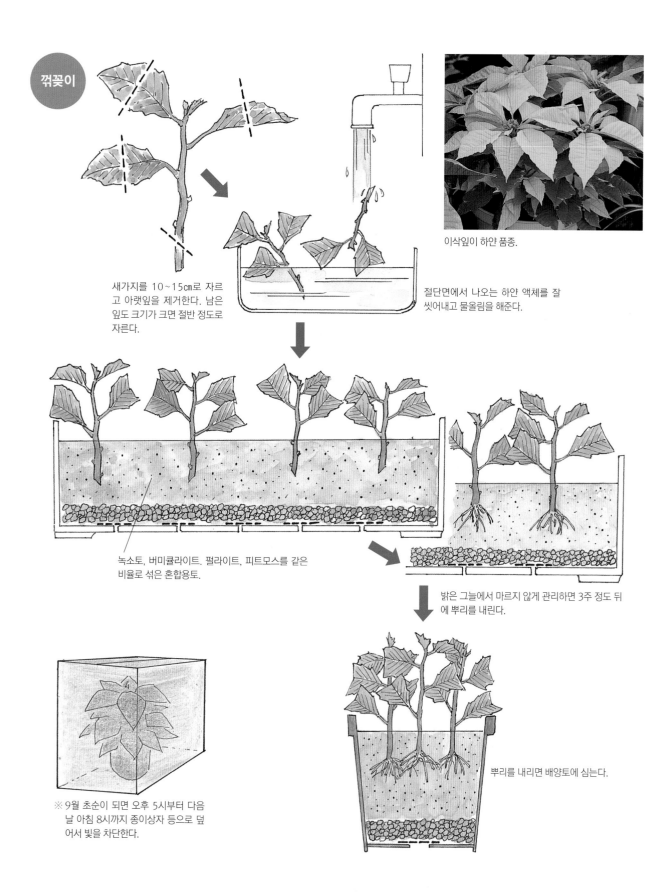

꺾꽂이

새가지를 10~15㎝로 자르
고 아랫잎을 제거한다. 남은
잎도 크기가 크면 절반 정도로
자른다.

절단면에서 나오는 하얀 액체를 잘
씻어내고 물올림을 해준다.

이삭잎이 하얀 품종.

녹소토, 버미큘라이트. 펄라이트, 피트모스를 같은
비율로 섞은 혼합용토.

밝은 그늘에서 마르지 않게 관리하면 3주 정도 뒤
에 뿌리를 내린다.

뿌리를 내리면 배양토에 심는다.

※ 9월 초순이 되면 오후 5시부터 다음
날 아침 8시까지 종이상자 등으로 덮
어서 빛을 차단한다.

시원한 느낌으로 실내를 장식하는

홍콩야자

다른 이름 셰플레라, 우산나무

분류
두릅나무과
셰플레라속
늘푸른떨기나무 ~ 작은큰키나무
(높이 2~7m)

이름은 홍콩야자이지만 야자나무와는 관계가 없다. 홍콩야자로 잘 알려진 셰플레라 외에도 무늬가 있는 품종, 잎이 넓은 품종, 잎이 가는 품종 등이 있다. 키가 큰 포기를 오래 즐기려면 받침대를 받쳐주는 것이 좋으며, 방치하면 줄기가 휘거나 옆으로 퍼져서 자연스러운 모양을 즐길 수 있다.

월	1월	2월	3월	4월	5월	6월	7월	8월	9월	10월	11월	12월
상태												
관리	밝은 실내				햇빛 쬐기						밝은 실내	
번식작업					꺾꽂이							
					휘묻이							
비료				2달에 1번 웃거름								

POINT_ 건조에 강하다. 여름 외에는 살짝 건조하게 재배한다.

관리 NOTE

햇빛을 좋아하지만 내음성이 뛰어나 실내에서도 충분히 자란다. 마디 사이가 짧고 단단한 포기로 만들려면, 봄부터 가을까지는 가능하면 햇빛이 잘 드는 실외에 두는 것이 좋다. 건조에 강하므로 화분의 흙 표면이 완전히 마르면 물을 준다. 특히 가을부터 봄까지는 살짝 건조하게 키운다.
꺾꽂이나 휘묻이로 번식시킨다. 포기가 커지면 공기뿌리가 자라고 아랫잎이 떨어져 포기 모양이 흐트러지므로, 휘묻이로 다시 모양을 잡아준다.

꺾꽂이의 기술

5~9월에 하는 것이 좋다. 1~3마디가 붙어 있도록 마디 아래에서 줄기를 잘라낸다. 여러 마디가 붙어 있을 때는 아랫잎을 제거하고 남은 잎도 절반 정도로 자른다.
적옥토 등의 용토에 꺾꽂이모가 절반 정도 묻히게 꽂고, 밝은 그늘에서 마르지 않게 관리한다. 또는 절단면을 젖은 물이끼로 감싸고, 물이끼 밖으로 뿌리가 자라서 나오면 작은 화분에 심는다.

❶ 잎 수가 많아진 셰플레라.

❷ 꺾꽂이모는 마디 위(원 안의 사진에서 화살표 부분)에서 잘라낸다.

❸ 1~3마디가 붙어있는 상태에서 아랫잎을 제거하고 꺾꽂이모를 만든다.

휘묻이의 기술

5~9월에 하는 것이 좋다. 휘묻이한 뒤의 포기 모습을 생각해서, 밸런스가 잘 맞는 위치에서 환상박피한다. 황백색 물관부를 드러내 젖은 물이끼로 감싸고 비닐로 싸서 끈으로 묶은 다음, 물이끼가 마르지 않게 관리한다. 뿌리가 몇 가닥 보이기 시작하면 비닐과 물이끼를 제거하고 화분에 심는다.

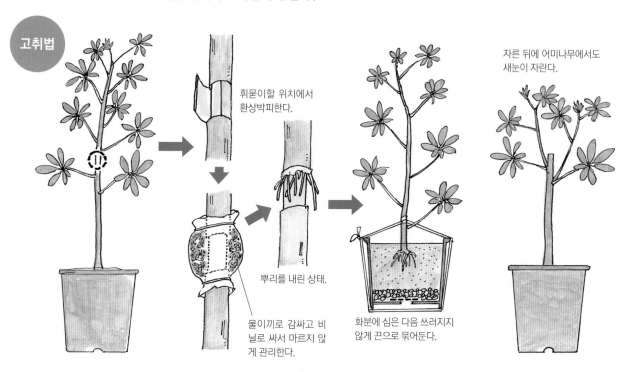

고취법

휘묻이할 위치에서 환상박피한다.

물이끼로 감싸고 비닐로 싸서 마르지 않게 관리한다.

뿌리를 내린 상태.

자른 뒤에 어미나무에서도 새눈이 자란다.

화분에 심은 다음 쓰러지지 않게 끈으로 묶어둔다.

215

화려한 색상의 꽃이 남국의 바람을 실어오는

히비스커스

다른 이름 불상화, 부상화, 하와이무궁화

분류
아욱과
무궁화속
늘푸른떨기나무(높이 0.2~1.5m)

하와이 등에서 개량된 크고 꽃 색상이 아름다운 하와이안계열 품종이나, 작고 튼튼한 유럽계열 등 많은 품종이 있다. 비교적 저가로 유통되는 것은 꽃송이가 작은 종류로, 가지가 많이 나오기 때문에 컨테이너 재배에도 적합하며 저온에 강해서 늦가을까지 꽃을 피우기도 한다.

월	1월	2월	3월	4월	5월	6월	7월	8월	9월	10월	11월	12월
상태							개화					
관리		밝은 실내					햇빛 쬐기				밝은 실내	
번식작업							꺾꽂이					
							휘묻이					
비료							1주일에 1번 액체비료					

POINT_ 해가 잘 드는 따뜻한 실내에서 관리하면 겨울에도 계속 꽃이 핀다.

관리 NOTE

꽃을 많이 피우기 위해서는 햇빛을 많이 받아야 한다. 물이 부족하면 봉오리가 떨어지므로, 건조하기 쉬운 여름에는 아침저녁으로 2번씩 물을 준다.

가을에는 빨리 실내로 옮겨서 해가 잘 드는 장소에 두고, 물은 조금씩 주면서 관리한다. 겨울에도 25~30℃를 유지하면 꽃이 계속 핀다. 15℃ 밑으로 내려가면 꽃이 떨어지는 경우가 있으니, 되도록 따뜻한 실내에서 관리한다.

꺾꽂이와 접붙이기로 번식시키는데, 유럽계열은 생육이 왕성해서 휘묻이도 가능하다.

꺾꽂이의 기술

5~9월에 하는 것이 좋다. 지나치게 길게 자란 가지는 가지 밑동에서 잘라 겨드랑눈이 자라게 한다. 자른 가지는 꺾꽂이모로 사용한다.

가지를 7~10㎝ 정도로 잘라 잎을 2~3장 남기고 아랫잎을 제거한 다음, 큰 잎은 절반 정도로 잘라 꺾꽂이모로 사용한다.

30분~1시간 정도 물올림을 해준 뒤 꺾꽂이모판에 꽂는다. 밝은 그늘에서 마르지 않게 관리하고, 3주 정도 지나서 뿌리를 내리면 배양토에 심는다.

① 겨드랑눈도 늘어나서 풍성해진 히비스커스.

이 사진처럼 마디 위에서 자르면 부름켜가 말리면서 절단면을 덮어주지만, 중간에서 자르면 절단면이 덮이지 않고 그곳부터 시들어가는 경우가 있다.

② 복잡해진 부분을 잘라내 꺾꽂이모로 사용한다. 반드시 마디 위에서 자른다.

③ 15~20cm 길이로 마디 위에서 잘라낸다. 봉오리는 떼어낸다.

④ 아랫잎은 제거하지만, 어느 정도는 잎을 남겨둬야 뿌리를 내린 뒤에 잘 자란다. 꺾꽂이모는 밑부분을 비스듬히 자른다.

접붙이기의 기술

하와이안계열은 생장이 느리므로 유럽계열의 바탕나무에 접붙여서 번식시킨다. 튼튼한 새가지를 접수로 사용해서 물올림을 해준다. 바탕나무는 줄기가 연필 두께 정도인 것으로 준비한 다음 밑동 가까이에서 자른다. 깎기접을 해서 광분해 파라필름으로 감아둔다.

2달 정도 지나서 새눈이 자라면 배양토에 심는다.

히비스커스 꽃.

넓고 무늬 있는 잎이 우아한

디펜바키아

다른 이름 마리안느

분류
천남성과
디펜바키아속
반내한성 여러해살이풀
(높이 0.3~2m)

줄기가 위로 곧게 자라며, 대부분 다간형이 된다. 품종에 따라 잎모양이나 무늬가 다양해서, 마음에 드는 종류를 선택할 수 있다. 무늬가 거의 없는 품종도 있다. 줄기를 자르면 나오는 흰색 액체에는 독성이 있으므로 손에 닿지 않게 주의한다.

월	1월	2월	3월	4월	5월	6월	7월	8월	9월	10월	11월	12월
상태						개화						
관리		밝은 실내				밝은 그늘					밝은 실내	
번식작업						눈꽂이						
						포기나누기						
비료						1달에 1번 웃거름						

POINT_ 절단면에서 나오는 흰색 액체는 독성이 있으므로 손에 닿지 않게 주의한다.

관리 NOTE

직사광선은 싫어하지만 해가 닿지 않는 장소에 오래 두면 약해진다. 봄부터 가을까지는 실외의 밝은 그늘에 두는 것이 좋다. 실내에서는 레이스커튼 너머로 비치는 정도로 햇빛을 받게 관리하고, 겨울에는 유리창 너머로 햇빛을 받게 한다. 추위에 약해서 겨울에는 10℃ 이하로 내려가지 않게 하고, 되도록 물을 적게 주면서 관리한다. 공중습도를 좋아해서 1년 내내 분무기로 잎에 물을 자주 준다. 아랫잎이 떨어지고 밸런스가 흐트러진 포기는 잘라서 꺾꽂이모로 사용한다. 정아삽, 관삽이 가능하다.

눈꽂이의 기술

6~7월에 하는 것이 좋다. 모양이 흐트러진 어미포기는 밑동 가까이에서 잘라 새로운 배양토에 심으면 겨드랑눈이 자란다. 자른 줄기는 3~4마디씩 잘라서 꺾꽂이모로 사용한다. 끝눈은 포기나 잎의 크기에 따라 잎 밑으로 15~20㎝ 정도에서 자른다.

꺾꽂이모판에 꽂고 마르지 않도록 관리하면, 2~3주 정도 뒤에 뿌리를 내리므로 배양토에 심는다.

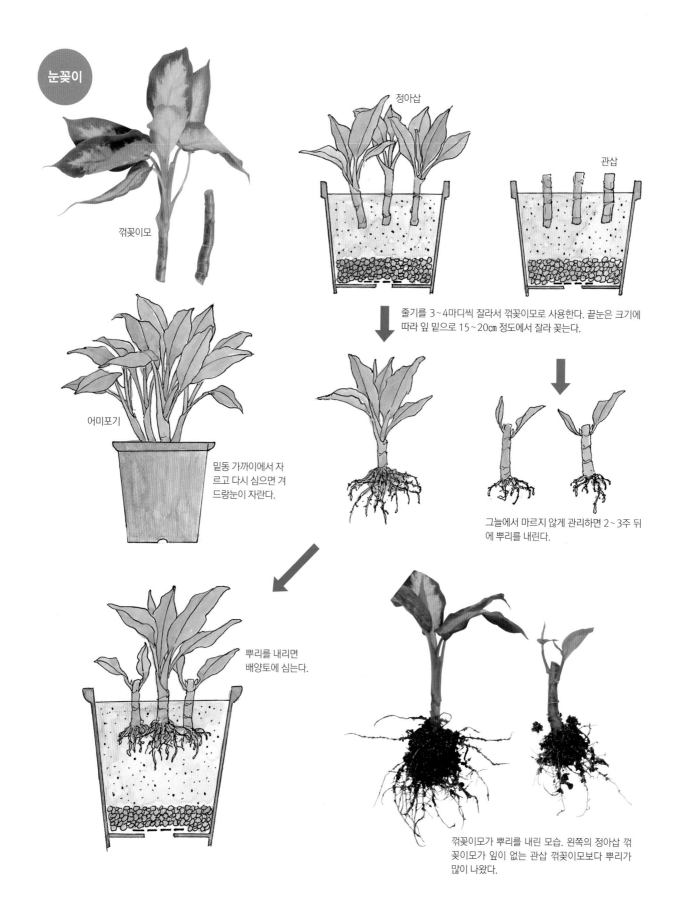

눈꽂이

꺾꽂이모

정아삽

관삽

줄기를 3~4마디씩 잘라서 꺾꽂이모로 사용한다. 끝눈은 크기에 따라 잎 밑으로 15~20㎝ 정도에서 잘라 꽂는다.

어미포기

밑동 가까이에서 자르고 다시 심으면 겨드랑눈이 자란다.

그늘에서 마르지 않게 관리하면 2~3주 뒤에 뿌리를 내린다.

뿌리를 내리면 배양토에 심는다.

꺾꽂이모가 뿌리를 내린 모습. 왼쪽의 정아삽 꺾꽂이모가 잎이 없는 관삽 꺾꽂이모보다 뿌리가 많이 나왔다.

포기나누기의 기술

따뜻한 시기에는 생육이 왕성해져서 밑동에서 어린포기가 나온다.

화분에서 포기를 뽑아 묵은 흙을 제거하고 원하는 크기로 나눈다. 이때도 자른 부분에서 흰색 액체가 나오므로, 손에 닿지 않게 주의해야 한다.

배양토에 심고 마르지 않게 밝은 그늘에서 관리한다.

포기나누기(디펜바키아)

묵은흙을 최대한 제거하고 2~3포기로 나눈다.

어미포기

2년 정도 지나면 뿌리가 화분에 꽉 찬다.

어린포기를 심은 화분.

포기나누기(스파티필룸) 공기정화용으로 인기가 높은 스파티필룸도 같은 천남성과의 관엽식물이다.

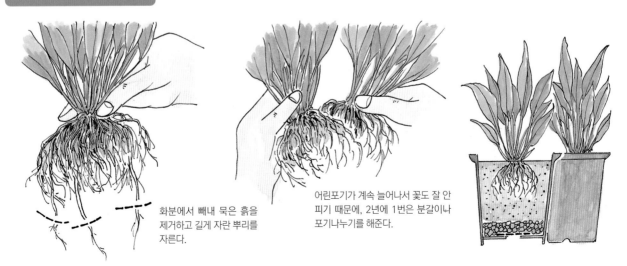

화분에서 빼내 묵은 흙을 제거하고 길게 자란 뿌리를 자른다.

어린포기가 계속 늘어나서 꽃도 잘 안 피기 때문에, 2년에 1번은 분갈이나 포기나누기를 해준다.

군자란

분류 수선화과 군자란속 / 여러해살이풀(높이 20~80㎝)

남아프리카 원산. 화려한 꽃이 피고 잎도 아름다워 관엽식물로 즐길 수 있다. 오렌지색 꽃 외에도 노란색이나 흰색 꽃이 피는 종류와 무늬잎종도 있다. 강한 햇빛과 높은 온도를 싫어하므로, 봄~가을은 밝은 그늘의 바람이 잘 통하는 장소에 두고, 서리가 내리기 전에 실내의 밝은 장소로 옮긴다. 5~10℃의 저온에 60~70일 정도 두면 꽃눈이 분화된다. 비료를 좋아해서 부족하면 잎 색깔이 나빠진다. 4~10월은 한여름을 제외하고 2달에 1번 화성비료를 주고, 1달에 2~3번은 액체비료를 준다. 1년 내내 화분의 흙 표면이 하얗게 마르면 물을 준다. 번식방법은 포기나누기가 가장 간단하다. 뿌리가 두껍고 잘 자라므로 2~3년에 1번은 옮겨 심는다. 이때 어린포기의 잎이 5~6장 이상 되면 포기나누기를 해서 포기를 늘린다. 시기는 꽃이 진 뒤 4월 하순~5월이 좋다.

**포기
나누기**

잎이 5~6장 있는 어린포기는 뿌리가 붙어 있는 상태에서 어미포기와 분리해 옮겨 심는다.

나이프로 칼집을 넣어서 나눈다.

덴드로븀

분류 난초과 덴드로븀속 / 여러해살이풀(높이 30~70㎝)

줄기 가득 꽃이 핀 모습이 화려하고 꽃 색깔도 풍부하다. 튼튼하고 재배하기 쉬워서 인기가 많다. 한국, 일본, 중국 등에 자생하는 석곡도 같은 종류이다. 햇빛을 좋아하므로, 11~4월까지는 실내의 햇빛이 잘 드는 장소에 둔다. 5~10월은 실외에서 햇빛을 충분히 받게 하지만, 여름에는 잎이 타지 않도록 30~40% 정도 햇빛을 가려준다. 꽃을 피우기 위해서는 화분이 살짝 건조한 상태에서 10℃ 전후의 저온에 2주 이상 두어야 한다. 서리가 내리지 않는 처마밑 등에 두고, 충분히 저온에 노출시킨 다음 실내로 옮긴다. 봄부터 여름까지의 생장기에는 물을 충분히 준다. 겨울에는 실내에서 1주일에 1번, 따뜻한 날 오전 중에 물을 준다. 비료는 생육기인 4~7월에 1달에 2번 액체비료를 준다. 번식방법은 포기나누기, 줄기꽂이(경삽), 줄기 윗부분에 생기는 높은눈(고아)을 떼어 심는 방법 등이 있다. 2~3년에 1번, 꽃이 진 5~6월에 옮겨 심는데, 그때 포기나누기를 한다.

수련

분류 수련과 수련속 / 여러해살이풀(높이 5~20㎝)

온대성 수련과 열대성 수련이 있는데 보통 열대성 수련이 온대성 수련에 비해 꽃 색깔이 화려하고 향기가 진하다. 한국 자생종 온대수련으로는 각시수련과 꼬마수련이 있다. 봄에 포트에 심은 포기를 구입해 비옥한 밭 흙 등을 이용해서 3~4호의 작은 화분에 옮겨 심은 뒤 물에 담근다. 뿌리가 썩지 않도록 물을 자주 갈아준다. 포기가 작으면 빈 화분을 물속에 거꾸로 놓아 받침대를 만들어주고, 자라면서 점점 깊이 가라앉는다. 해가 잘 드는 장소에 두고 물이 줄면 보충해주는 것 외에, 한여름에는 매일 머그컵 1~2개 분량의 물을 더해서 수온 상승을 막는다. 꽃이 피는 5~9월까지는 덧거름을 1달에 1번씩 준다. 화분에 심으면 해마다 옮겨 심을 때 포기나누기를 한다. 3월 중순~4월에 하는 것이 좋다. 온대수련은 땅속줄기가 옆으로 계속 자라는데, 줄기에 눈이 1~2개 붙어 있게 포기를 나눈다.

심비디움

분류 난초과 심비디움속 / 여러해살이풀

서양란 중에서도 추위에 강해 온실이 없어도 쉽게 재배할 수 있으며, 꽃 피는 시기가 길어 널리 사랑받는 식물이다. 햇빛을 좋아하므로 기온이 안정되는 5월 중순~10월 중순에는 실외의 바람이 잘 통하는 밝은 그늘에 두고, 한여름에는 햇빛을 40~50% 정도 가려준다. 10월 중순~5월 중순까지는 실내의 해가 잘 드는 장소에 둔다. 봄~가을에는 화분 속에 넣은 물이끼, 바크, 경석 등의 재료가 마르기 시작하면 바닥에서 흘러나올 정도로 물을 듬뿍 준다. 4~7월의 생장기에는 1달에 1번 화성비료를 주는데, 여름 이후에는 주지 않는다. 봄부터 가을까지는 생육이 왕성해서 새눈이 여러 개 나오는데, 이 눈을 그대로 재배하면 영양분이 분산되어 잎은 무성해도 꽃눈이 달리는 충실한 포기가 되지 못한다. 그래서 하나의 벌브(Bulb, 줄기가 비대해진 부분)에 튼튼한 새눈을 1개씩 남기고 나머지는 전부 제거한다. 포기가 화분에 꽉 차면 옮겨 심는데, 이때 포기나누기나 꽃이 다 핀 백벌브(묵은 벌브)의 재생 등으로 새로운 포기를 번식시킨다. 기온이 안정되는 3월 하순~5월에 하는 것이 좋다.

카틀레야

분류 난초과 카틀레야속 / 여러해살이풀

서양란의 여왕이라 불리는 카틀레야는 품종이 많고 꽃 색깔과 모양도 다양하다. 또한 봄, 여름, 가을, 겨울에 피는 종류 외에 부정기적으로 피거나 1년에 2번 피는 종류도 있어 각각의 특성에 맞게 관리해야 한다. 여기서는 일반적으로 많이 보는 가을에 피는 품종에 대하여 설명한다. 5월 중순~10월 초순에는 실외의 바람이 잘 통하는 장소에 두고, 봄가을은 20~30%, 여름은 50% 정도 햇빛을 가려준다. 10월~5월 초순에는 실내에 두고 레이스커튼 너머로 비치는 정도로 햇빛을 받게 한다. 봄부터 여름까지의 생육기에는 물이끼 표면이 건조해지면 화분 바닥으로 물이 흘러나올 정도로 듬뿍 준다. 겨울에는 화분 안쪽이 완전히 마른 다음에 물을 주는데, 저녁에는 화분 안쪽에 물이 남아 있지 않을 정도만 준다. 비료는 4~7월에 1달에 2~3번 정도 옅은 액체비료를 준다. 번식방법은 포기나누기를 많이 하며, 물이끼가 오래되거나 뿌리가 화분에서 삐져나오면 분갈이를 한다. 분갈이와 동시에 포기나누기도 한다. 새눈이 2~3㎝ 정도 자랐을 때 하는 것이 좋다.

클레마티스

분류 미나리아재비과 으아리속 / 갈잎·늘푸른덩굴나무

꽃 모양과 색깔이 다채롭고 1년에 1번 피는 것과 사계절 피는 것 등 품종도 풍부해서 인기가 많다. 심는 시기는 따뜻한 지역에서는 2월, 서늘한 지역에서는 4~5월이 좋다. 밝은 그늘에서도 재배할 수 있지만 햇빛을 좋아한다. 단, 여름의 고온건조한 환경을 싫어하므로, 밑동에 부엽토나 짚을 깔아두면 건조를 막는 데 효과적이다. 가지치기 방법은 꽃이 피는 방식에 따라 조금씩 다르며, 주로 꺾꽂이로 번식시키는데 튼튼한 새가지 2마디를 꺾꽂이모로 사용한다.

해오라비난초

분류 난초과 해오라비난초속 / 여러해살이풀(높이 10~40㎝)

해가 잘 드는 습지에서 잘 자란다. 봄~가을은 해가 잘 드는 장소에 두고, 지상부가 시들면 화분의 흙이 얼지 않는 곳으로 옮긴다. 물을 좋아하므로 물이 마르지않도록 주의한다. 봄부터 지상부가 시들기 전까지는 화분의 흙 표면이 하얗게 마르면 물을 충분히 준다. 꽃 색깔이 바래면 빨리 따내고, 10일에 1번 옅은 액체비료를 줘서 알뿌리를 키운다. 번식은 뿌리나누기(분구)로 한다. 꽃이 지면 땅속줄기가 자라서 끝부분에 새로운 알뿌리를 만든다. 지상부가 완전히 시들면 화분에서 빼내, 새 뿌리를 젖은 물이끼로 감싸고 비닐봉지에 넣어 보관한 뒤 다음해 3월에 심는다.

PART 06

산야초·허브

눈 녹은 깊은 산속에서 조용히 꽃을 피우는

글라우키디움 팔마툼

다른 이름 시라네아오이, 시라네 접시꽃

분류
미나리아재비과
글라우키디움속
여러해살이풀(높이 0.3~0.5m)

일본 고유의 1속 1종 식물로 연보라색의 꽃으로 보이는 것은 꽃받침이다. 홋카이도~혼슈 중북부의 눈이 많이 쌓인 높은 산 아래쪽 숲속에서 자생한다. 특히 닛코 지역의 시라네산에 많이 자생하며 접시꽃(아오이)을 닮았다고 해서, 일본에서는 「시라네아오이[白根葵]」라고 부른다.

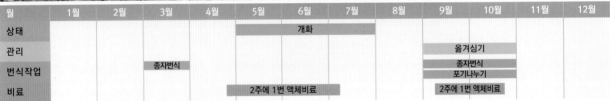

월	1월	2월	3월	4월	5월	6월	7월	8월	9월	10월	11월	12월
상태					개화							
관리									옮겨심기			
번식작업			종자번식						종자번식 / 포기나누기			
비료					2주에 1번 액체비료				2주에 1번 액체비료			

POINT_ 봄에는 반나절 정도 해가 드는 장소, 여름에는 밝은 그늘에서 관리한다.

관리 NOTE

원래는 깊은 산속에서 자라므로 강한 햇빛을 싫어한다. 봄에는 반나절 정도 해가 들고, 여름에는 나무 사이로 해가 비치는 정도로 밝은 그늘에서 관리하며, 바람이 잘 통하는 환경을 만들어준다. 화분에 심는 경우에는 산야초용 배양토에 심는다. 건조에 약하므로 물이 부족하지 않도록 주의한다. 꽃이 진 뒤에 열매가 달리며, 늦가을에 지상부가 시들고, 봄부터 줄기와 잎이 자라 꽃을 피운다.
포기나누기나 씨앗으로 번식시키는데, 자주 옮겨 심으면 꽃이 안 피므로, 4~5년에 1번씩 큰 화분에 옮긴다.

종자번식의 기술

가을에 씨앗을 뿌린다. 6㎝ 정도의 포트에 2~3개씩 뿌리거나 상자 등에 직접 뿌린다. 꽃이 필 때까지는 3년 이상 걸리는 경우가 많아서, 여름의 덥고 건조한 환경에 주의해야 한다.

원래 높은 산에서 자라기 때문에, 평지의 환경에서도 재배할 수 있도록 순화시키기 위해 종자번식을 시킨다.

열매는 갈색의 건과로 가을에 열매에 색이 들면 속에 있는 씨앗을 채취한다. 바로 뿌리거나 비닐봉지 등에 넣어 보관한 뒤 3월에 뿌린다.

열매와 씨앗.

뿌린 다음 살짝 흙으로 덮어준다.

산야초용 배양토나 적옥토, 녹소토, 부사사, 동생사 등을 같은 비율로 섞은 혼합용토를 사용한다.

가을에 뿌리면 겨울 동안 서리를 맞지 않도록 선반 아래 등에 두고 관리한다.

포기나누기의 기술

9∼10월에 하는 것이 좋다. 화분에서 꺼내 묵은 흙을 털어내고 시든 잎을 제거한 다음 똑같이 나눈다. 5∼6호의 깊은 화분을 이용해서 산야초용 배양토에 심거나, 부엽토를 뿌린 정원에 심는다.

포기 나누기

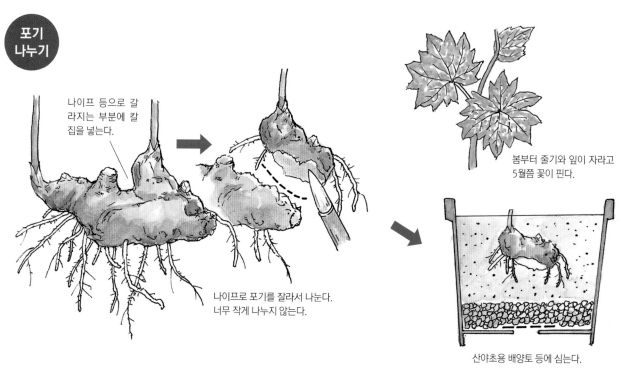

나이프 등으로 갈라지는 부분에 칼집을 넣는다.

봄부터 줄기와 잎이 자라고 5월쯤 꽃이 핀다.

나이프로 포기를 잘라서 나눈다. 너무 작게 나누지 않는다.

산야초용 배양토 등에 심는다.

보라색과 흰색의 청초한 꽃이 아름다운

도라지

다른 이름 가지라지, 제니, 고경, 고길경

분류
초롱꽃과
도라지속
내한성 여러해살이풀
(높이 0.2~0.6m)

전국 각지에 많은 종류가 자생하는데, 아름다운 꽃도 즐길 수 있고 뿌리는 오래전부터 식용이나 약용으로 이용되어 사랑받는 식물이다. 꽃은 종 모양이며, 꽃 색깔은 보라색이나 흰색이 일반적이지만 원예품종 중에는 분홍색 꽃이 피는 종류도 있다. 원예품종도 다양해서 왜성종이나 겹꽃종도 있다.

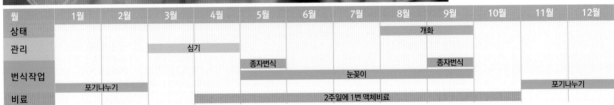

월	1월	2월	3월	4월	5월	6월	7월	8월	9월	10월	11월	12월
상태								개화				
관리			심기									
번식작업					종자번식				종자번식			
						눈꽂이						
	포기나누기										포기나누기	
비료				2주일에 1번 액체비료								

POINT_ 튼튼해서 밝은 밝은 그늘이나 오전 중에만 해가 드는 곳에서도 재배할 수 있다.

관리 NOTE

해가 잘 드는 화단에 심으면 늦가을에는 지상부가 시들지만, 따뜻해지면 새눈이 자라 해마다 꽃이 핀다. 컨테이너로 재배할 경우에는 커다란 용기를 선택하거나 왜성종을 선택해야 한다. 튼튼해서 밝은 그늘이나 오전 중에만 해가 드는 장소에서도 재배할 수 있다.
눈꽂이, 종자번식, 포기나누기로 번식시킨다. 오래 재배하면 포기가 지나치게 무성해지거나 땅속줄기에 눈이 계속 달리므로 포기나누기를 한다. 컨테이너로 재배하면 뿌리참 현상이 일어나기 쉬우므로 그 전에 옮겨 심는다.

눈꽂이의 기술

5~9월에 하는 것이 좋다. 튼튼한 새가지 끝쪽의 부드러운 부분을 제거하고 5㎝ 정도로 자른다. 잎을 2장 정도 남기고 아랫잎을 제거한 뒤 물올림을 해주고, 꺾꽂이모판에 꽂는다. 1~2달 뒤에 뿌리를 내리면 배양토에 심는다.

도라지(오른쪽)와 숫잔대(왼쪽)의 꺾꽂이모.

눈꽃이

약 1달이 지나 뿌리를 내린 꺾꽂이모.

줄기를 5cm 정도로 잘라 잎을 2장 남기고 아랫잎을 제거한다.

CUT

CUT

뿌리를 내리면 배양토에 심는다.

포기나누기의 기술

지상부가 시든 11월~다음해 2월에 하는 것이 좋다. 파낸 다음 묵은 흙을 털어내고, 눈 수가 같도록 나이프 등을 이용해서 2~3포기로 나눈다. 긴 뿌리를 자르고, 절단면에 짚이나 풀을 태워서 만든 재거름(초목회)을 문지른 다음 배양토에 심는다.

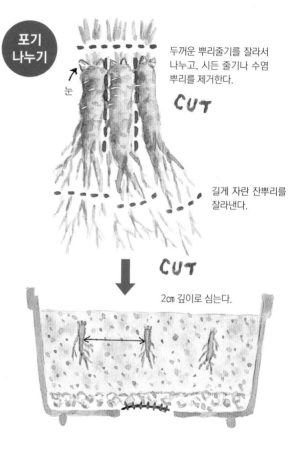

포기나누기

두꺼운 뿌리줄기를 잘라서 나누고, 시든 줄기나 수염뿌리를 제거한다.

눈

CUT

길게 자란 잔뿌리를 잘라낸다.

CUT

2cm 깊이로 심는다.

종자번식의 기술

5월이나 9월에 하는 것이 좋다. 봄에 씨앗을 뿌리면 다음해 봄에 꽃이 피지만, 가을에 뿌리면 다음다음해 봄에 꽃이 핀다.

씨앗을 압축 피트모스에 흩뿌리고, 물은 피트모스를 물이 담긴 얕은 용기 위에 놓고 바닥에서 빨아들이게 하는 저면관수 방식으로 주거나 분무기로 준다. 흙을 덮지 않고 싹이 틀 때까지는 마르지 않도록 신문지를 덮어두는 것이 좋다. 2주 정도면 싹이 나오므로 떡잎이 나오면 포트로 옮겨서 재배한다.

종자번식

씨앗을 압축 피트모스에 뿌린다.

물을 채우고 바닥으로 흡수시킨다.

포트에 옮겨서 재배한다.

릴렉스 효과가 있는 향기로운 식물

라벤더

분류
꿀풀과
라벤더속
내한성 한해살이풀,
여러해살이풀 (높이 0.3~1m)

바람에 흔들리는 보라색 꽃이삭과 기품있는 향기로 인기가 높아 「허브의 여왕」이라 불린다. 원산지는 지중해 연안의 건조지대로, 「잉글리시 라벤더」, 「프렌치 라벤더」, 「스파이크 라벤더」 등의 품종이 있다. 꽃 색깔은 보라색 외에 흰색이나 핑크색도 있다.

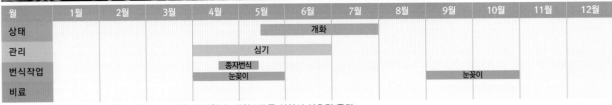

월	1월	2월	3월	4월	5월	6월	7월	8월	9월	10월	11월	12월
상태						개화						
관리					심기							
번식작업				종자번식								
				눈꽂이					눈꽂이			
비료												

POINT_ 알칼리성으로 물이 잘 빠지는 토질을 좋아한다. 석회고토를 섞어서 심으면 좋다.

관리 NOTE

심는 시기는 봄이 좋다. 석회질을 함유하고 물이 잘 빠지는 용토에 심고, 해가 잘 들고 바람이 잘 통하며 되도록 서늘한 곳에서 살짝 건조하게 관리한다. 화분에 심는 경우에는 흙 표면이 마르면 물을 준다. 정원에 심는 경우에는 물이 잘 빠지도록 흙을 높게 쌓아서 심고, 물은 주지 않아도 된다.
고온다습한 환경을 싫어하지만 그런 기후에서 잘 자라는 품종도 있다.
꽃이 지면 꽃이삭을 잘라 포기 모양을 정리한다.

눈꽂이의 기술

눈꽂이나 종자번식으로 번식시킬 수 있다. 눈꽂이는 봄과 가을에 하며, 꽃이삭이 없는 어린 줄기를 10~15㎝ 길이로 마디 위에서 잘라 꺾꽂이모로 사용한다. 절단면을 나이프로 비스듬히 잘라 1시간 정도 물올림을 해준다. 물이 잘 빠지는 용토를 넣은 꺾꽂이모판에 젓가락 등으로 구멍을 내고 꺾꽂이모를 꽂는다. 마르지 않도록 물을 주면서 밝은 그늘에서 관리한다. 1~2주 지나 뿌리를 내리고 새로운 잎이 나오면 해가 잘 드는 장소에서 재배한다. 1달 정도 지나서 잘 자라면 옮겨 심고, 해가 잘 들고 바람이 잘 통하는 곳에서 살짝 건조하게 관리한다.

종자번식은 4월 중순~5월 중순에 한다. 씨앗을 뿌리고 싹이 나오기까지 1달 정도 걸리는데, 어린잎이 나오면 알카리성 용토에 옮겨 심고 살짝 건조하게 재배한다.

❶ 꽃이삭이 달리지 않은 어린 줄기를 골라, 마디 위에서 잘라낸다.

❷ 끝부분을 잘라내고 밑부분을 비스듬히 잘라서 물올림을 해준다.

눈꽂이

끝을 잘라낸다.

CUT

CUT

꽃이 피지 않은, 새로 자란 가지를 사용한다.

1시간 정도 물올림을 해준다.

젓가락 등으로 구멍을 낸 곳에 꽂는다.

새눈이 나올 때 쯤이면 뿌리를 내린다.

흙이 하얗게 마르면 물을 듬뿍 준다.

뿌리가 상하지 않도록 주의해서 옮겨 심는다.

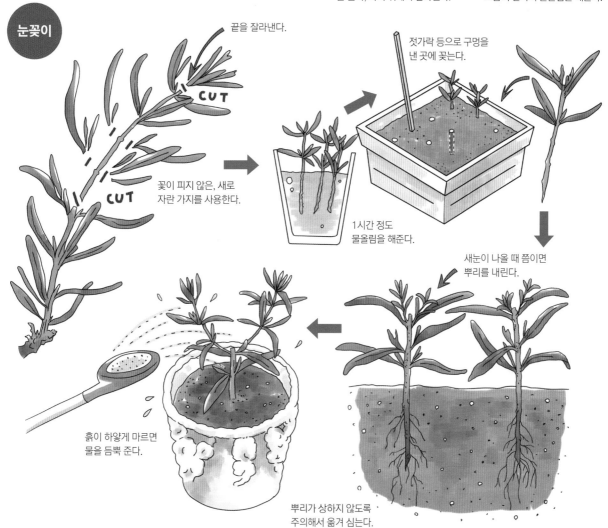

레몬의 상쾌한 향기

레몬밤

다른 이름   멜리사, 비밤

분류
꿀풀과
멜리사속
내한성 여러해살이풀(높이 0.3~1m)

잎은 민트를 닮았지만 레몬과 같은 향기 성분인「시트랄」을 함유하고 있어서, 레몬밤의 생잎으로 만든「멜리사티」는 상쾌한 향기로 인기가 많다. 남유럽 원산. 여름쯤에 작은 꽃이 피면 꿀벌이 꿀을 모으러 오기 때문에「비밤(bee balm)」이라고 부르기도 한다. 노란색 무늬가 있는 품종도 있다.

월	1월	2월	3월	4월	5월	6월	7월	8월	9월	10월	11월	12월
상태						개화						
관리				심기					심기			
번식작업				눈꽂이					눈꽂이			
				포기나누기					포기나누기			
비료												

POINT_ 상당히 크게 자라므로 화분에 심는 경우에는 조금 커다란 화분을 선택하는 것이 좋다.

관리 N O T E

봄가을에 심는 것이 좋다. 해가 잘 들고 비옥하며 적당히 습기가 있는 곳을 좋아하지만, 튼튼해서 밝은 그늘에서도 잘 자란다. 내한성, 내서성이 있고 토질도 가리지 않는다. 뿌리가 옆으로도 뻗어서 큰 포기가 되므로, 지나치게 무성해지면 바람이 잘 통하도록 줄기와 잎을 솎아준다. 겨울에는 지상부가 시들지만 봄에 다시 눈이 자란다. 시든 가지는 겨울 동안 잘라서 제거한다. 화분에 심을 때는 뿌리가 꽉 차기 전에 포기나누기를 한다.

눈꽂이·포기나누기의 기술

봄가을에 종자번식도 가능하지만 씨앗이 너무 작고 손이 많이 가서, 눈꽂이나 포기나누기를 하는 것이 좋다. 봄 ~가을의 생장기에 솎아낸 줄기 등을 사용해서 꺾꽂이 모를 만든다. 물꽂이를 해두면 1주일 정도 뒤에 뿌리를 내린다. 물에 잠기는 아랫잎은 제거한다. 허브용 배양토에 심고 물을 듬뿍 준 다음, 2~3일 정도 밝은 그늘에서 적응시키고 해가 잘 드는 곳에서 재배한다.

포기나누기는 생장기에 크게 자란 포기를 파내 2~3포기로 나눠서 새로운 배양토에 심는다. 눈꽂이든 포기나누기든 크게 자랄 것에 대비해 조금 큰 화분에 심는다.

이렇게 작은 모종이 큰 포기로 자란다.

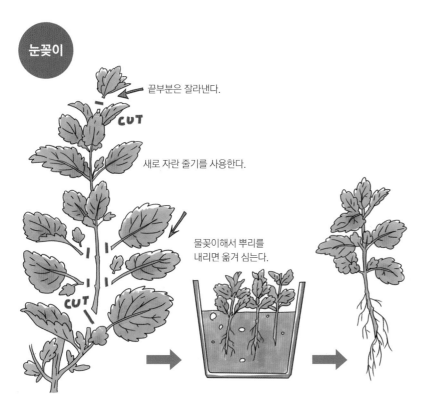

끝부분은 잘라낸다.

CUT

새로 자란 줄기를 사용한다.

물꽂이해서 뿌리를 내리면 옮겨 심는다.

CUT

금세 크게 자라므로 큰 화분에 심는 것이 좋다.

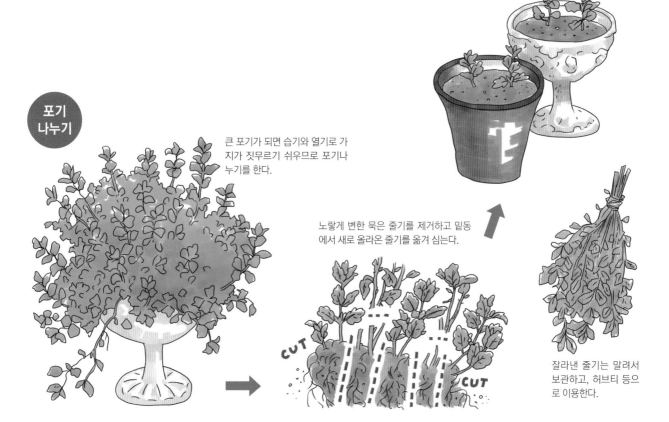

포기
나누기

큰 포기가 되면 습기와 열기로 가지가 짓무르기 쉬우므로 포기나누기를 한다.

노랗게 변한 묵은 줄기를 제거하고 밑동에서 새로 올라온 줄기를 옮겨 심는다.

CUT

CUT

잘라낸 줄기는 말려서 보관하고, 허브티 등으로 이용한다.

231

소나무처럼 가는 잎이 무성한

로즈메리

다른 이름 미질향

분류
꿀풀과
로즈메리속
늘푸른떨기나무(높이 0.3~2m)

스치기만 해도 피어오르는 강한 향기는 회춘 효과가 있다고 알려져 있다. 원산지는 지중해 연안의 건조지대이다. 줄기가 위로 자라는 직립성, 땅 위로 기듯이 자라는 포복성, 그리고 중간 성질의 로즈메리가 있다. 정원에 심기도 하지만, 잎이 소나무 잎을 닮았고 나무처럼 목질화한 줄기에도 독특한 멋이 있어서 분재로 즐겨도 좋다.

월	1월	2월	3월	4월	5월	6월	7월	8월	9월	10월	11월	12월
상태	개화									개화		
관리				심기						심기		
번식작업				꺾꽂이						꺾꽂이		
				휘묻이						휘묻이		
비료												

POINT_ 고온다습한 환경에 약하므로 화분에 심은 경우 장마철에는 비를 맞지 않는 장소로 옮기는 것이 좋다.

관 리 NOTE

심는 시기는 봄과 가을이 좋다. 물이 잘 빠지는 용토에 심고, 해가 잘 들고 통풍이 잘 되는 곳에서 살짝 건조하게 관리한다. 밝은 그늘에서도 잘 자라며 비료도 거의 필요 없다. 내한성은 있지만 고온다습한 환경에 약해서, 작은 화분에 심으면 장마철에 견디지 못하고 시들어 버리기도 한다. 비를 맞지 않는 곳으로 옮기고, 바람이 잘 통하도록 가지를 자주 솎아준다.
꺾꽂이나 휘묻이로 번식시킨다.

꺾꽂이·휘묻이의 기술

종자번식도 가능하지만 싹이 나올 때까지 시간이 걸려서 보통 꺾꽂이로 번식시킨다. 봄과 가을에 하는 것이 좋으며, 새로 자란 가지를 10~15㎝ 길이로 잘라 흙에 꽂을 부분의 잎을 제거하고 꺾꽂이모로 사용한다. 절단면을 비스듬히 잘라서 1시간 정도 물올림을 해준 뒤, 꺾꽂이 모판에 꽂는다. 1달 정도면 뿌리를 내리는데 옮겨 심는 것을 싫어하므로, 뿌리 주변의 흙이 떨어지지 않게 파내서 물이 잘 빠지는 용토에 심는다.
포복성 로즈메리는 휘묻이로도 간단하게 번식시킬 수 있다. 길게 자란 가지에 흙을 두둑하게 덮고, 1달 정도

뒤에 뿌리가 나오면 어미포기에서 떼어내 심는다. 직립
성 로즈메리도 가지를 지면에 대고 U핀 등으로 고정한
뒤 같은 방법으로 휘묻이할 수 있다.

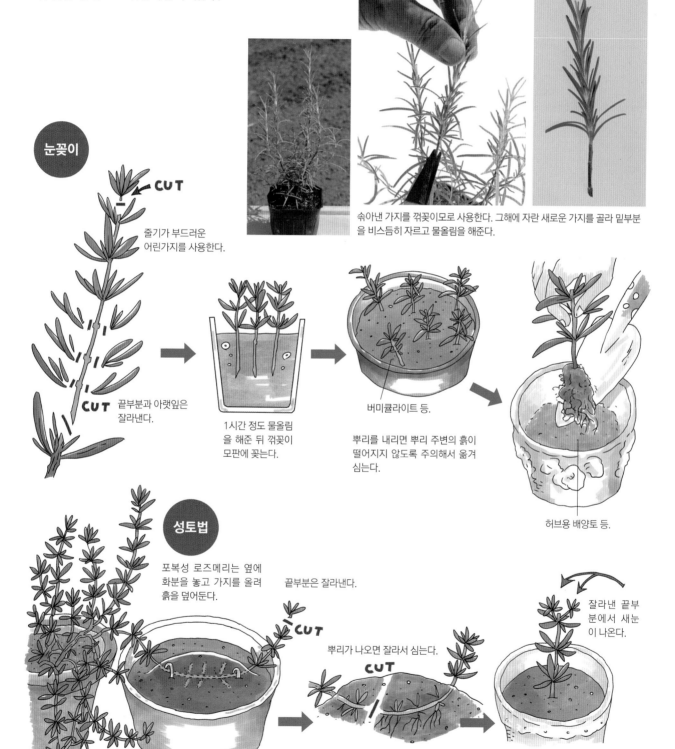

숨아낸 가지를 꺾꽂이모로 사용한다. 그해에 자란 새로운 가지를 골라 밑부분
을 비스듬히 자르고 물올림을 해준다.

눈꽂이

CUT

줄기가 부드러운
어린가지를 사용한다.

CUT 끝부분과 아랫잎은
잘라낸다.

1시간 정도 물올림
을 해준 뒤 꺾꽂이
모판에 꽂는다.

버미큘라이트 등.

뿌리를 내리면 뿌리 주변의 흙이
떨어지지 않도록 주의해서 옮겨
심는다.

허브용 배양토 등.

성토법

포복성 로즈메리는 옆에
화분을 놓고 가지를 올려
흙을 덮어둔다.

끝부분은 잘라낸다.

CUT

뿌리가 나오면 잘라서 심는다.

CUT

잘라낸 끝부
분에서 새눈
이 나온다.

233

튼튼하고 어디에서나 잘 자라는

민트

다른 이름 박하

분류
꿀풀과
박하속
내한성 여러해살이풀
(높이 0.3~0.9m)

멘톨을 함유하고 있어 청량감 있는 상쾌한 향이 특징이다. 동양종과 서양종으로 크게 나뉘며, 서양종은 정유의 성질에 따라 페퍼민트, 스피어민트, 페니로열민트 등으로 구분한다. 동양종은 일본박하라고도 하며, 잎 색깔이나 모양, 향기가 다른 품종이 많이 있다.

월	1월	2월	3월	4월	5월	6월	7월	8월	9월	10월	11월	12월
상태							개화					
관리			심기						심기			
번식작업				눈꽂이					눈꽂이			
				포기나누기					포기나누기			
비료												

POINT_ 땅속줄기가 왕성하게 자라 무성해진다. 땅에 심는 경우에는 너무 넓게 퍼지지 않도록 땅속에 틀을 묻어둔다.

관리 NOTE

심는 시기는 봄가을이 좋다. 햇빛을 좋아하지만, 튼튼해서 밝은 그늘에서도 잘 자란다.
토질도 가리지 않지만 습기가 많은 곳을 좋아해서 흙이 완전히 마르면 시들기 때문에, 물이 부족하지 않도록 주의해야 한다.
봄~가을의 생장기에는 땅속줄기가 왕성하게 자라 무성해진다. 줄기와 잎이 복잡해지면 습기가 차서 포기가 약해지므로 자주 솎아낸다. 화분에 심는 경우에는 뿌리가 꽉 차기 전에 포기나누기를 해야 한다.

눈꽂이 · 포기나누기의 기술

종자번식도 가능하지만 눈꽂이나 포기나누기가 간단하다. 생장기에 솎아낸 줄기를 꺾꽂이모로 사용한다. 물꽂이를 하면 1주일 정도 뒤에 뿌리를 내리므로 허브용 배양토에 심는다. 물을 듬뿍 주고 2~3일 동안 밝은 그늘에서 적응시킨 다음, 해가 잘 드는 곳에서 재배한다.
포기나누기는 생장기에 적당히 진행한다. 포기를 파내서 묵은 뿌리나 시든 잎과 줄기를 제거하고, 2~3포기로 나눠서 새로운 배양토에 심는다.

꺾꽂이모 만드는 방법

잎 둘레가 하얀 것이 특징인 파인애플
민트. 생장기에 솎아둔, 그해에 자란
새로운 줄기를 꺾꽂이모로 사용한다.
10~15㎝ 길이로 마디 위에서 잘라 바
로 물올림을 해준다.

눈꽂이

새로 자란 가지를
자른다.

물꽂이를 해서 뿌리를
내리면 심는다.

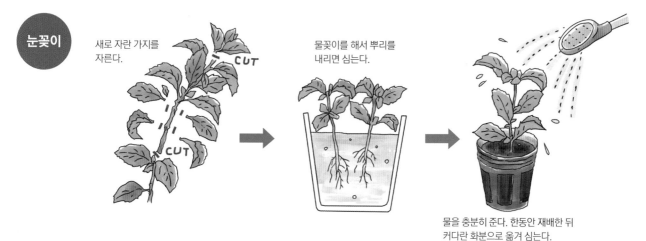

물을 충분히 준다. 한동안 재배한 뒤
커다란 화분으로 옮겨 심는다.

**포기
나누기**

땅속줄기나 필요 없는 수염뿌
리, 묵은 줄기, 윗부분에 잎이
많은 줄기를 잘라낸다.

뿌리를 펼쳐서
심는다.

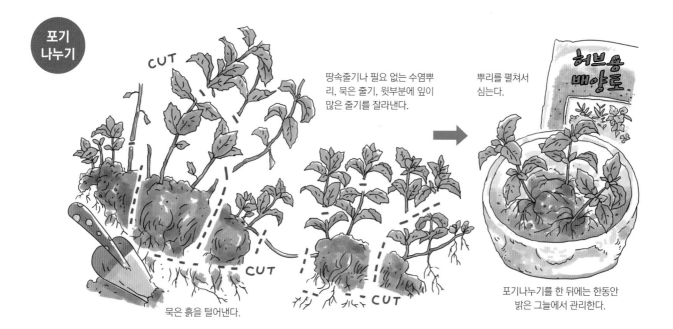

허브용
배양토

묵은 흙을 털어낸다.

포기나누기를 한 뒤에는 한동안
밝은 그늘에서 관리한다.

상쾌한 향기의 열대성 허브

바질

다른 이름 바실리코

분류
꿀풀과
바질속
비내한성 한해살이풀,
여러해살이풀(크기 0.3~1m)

토마토와 궁합이 좋고 이탈리아 요리에서 빼놓을 수 없는 허브이다. 반들거리는 달걀모양의 녹색 잎이 특징이며, 여름에는 차즈기를 닮은 꽃이삭이 달린다. 씨앗을 물에 담그면 젤리상태의 물질이 나오는데, 눈에 들어간 티를 씻어내는 데 사용했다고 한다. 향기나 잎 색깔이 다른 품종이 몇 가지 있다.

월	1월	2월	3월	4월	5월	6월	7월	8월	9월	10월	11월	12월
상태								개화				
관리				심기						옮겨심기		
번식작업					종자번식							
				눈꽂이								
비료												

POINT_ 봉긋하고 무성하게 자라게 하려면 적당한 높이로 자랐을 때 순지르기한다.

관리 NOTE

심는 시기는 봄~여름이 좋다. 물이 잘 빠지고 수분보유력도 좋은 비옥한 용토에 심고, 해가 잘 드는 곳에서 관리한다. 흙이 완전히 마르면 시들기 때문에, 물이 마르지 않도록 주의한다.

열대 아시아가 원산지이므로 따뜻한 시기에는 쑥쑥 자란다. 적당한 높이까지 자랐을 때 순지르기를 하면 겨드랑눈이 나와 봉긋한 포기가 된다.

실외에 두면 겨울에는 시들고, 실내에 두면 자람새가 약해지긴 하지만 봄까지 수확할 수 있다.

종자번식의 기술

씨앗으로 간단하게 번식시킬 수 있다. 단, 싹이 트는 적정온도가 25℃로 높아서, 따뜻해지는 5월 이후에 씨앗을 뿌리는 것이 좋다. 물이 잘 빠지고 수분보유력이 좋은 용토에 비료를 섞어준 다음 씨앗을 뿌리고, 살짝 흙을 덮어준 뒤 물을 듬뿍 준다. 마르지 않도록 주의하면서 해가 잘 드는 곳에서 관리하면, 1주일 정도 뒤에 싹이 튼다. 튼튼한 모종을 선택해 1개씩 포트에 심은 다음, 2~3일 정도 밝은 그늘에서 적응시키고 해가 잘 드는 곳에서 재배한다.

눈꽂이의 기술

봄~초가을에 하는 것이 좋다. 튼튼한 줄기를 10~15㎝
길이로 마디 아래에서 잘라 꺾꽂이모로 사용한다. 먹고
남은 바질도 눈꽂이에 사용할 수 있다. 흙에 꽂아도 뿌
리를 내리지만 물꽂이가 간단하다. 1주일 정도면 뿌리를
내리므로 허브용 배양토에 심는다. 비료를 좋아하므로
밑거름도 잊지 않고 섞어준다.

다크 오팔 바질.

종자번식

씨앗은 5월 중순부터 8월까지
뿌리는 것이 좋다.

꽉 찬다.

시기를 달리해서 여러 번 뿌
리면, 가을에도 싱싱한 바질
을 즐길 수 있다.

뿌리고 나면 흙을 살짝 덮어준다.

수확하면서 크게 키운다.

눈꽂이

8월에 눈꽂이를 하면 11월경까지
생허브를 맛볼 수 있다.

초여름~여름에 나오는 꽃이삭은
떼어낸다(꽃이 피면 포기가 시든다).

씨앗을 채취하는
시기는 가을.

물꽂이를 하면 쉽게 뿌리를 내린다.

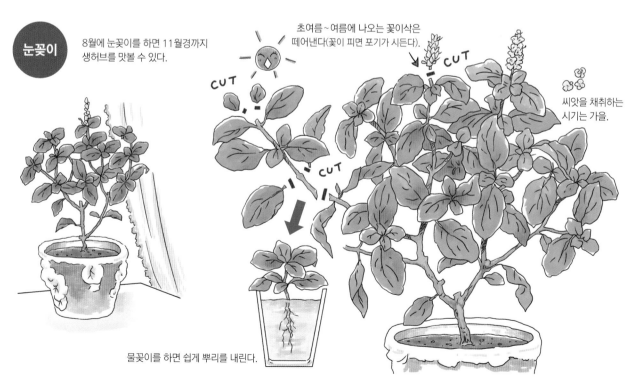

그늘의 그라운드 커버 식물로 적합한

비비추

다른 이름 호스타, 옥잠화

칼잎비비추(호스타 시에볼디)

분류
백합과
비비추(호스타)속
여러해살이풀(높이 0.2~0.5m)

야생종은 한국, 일본, 중국 등지에 분포하며, 원예종으로 다양한 품종이 개발되어 외국에서는 정원식물로 인기가 높다. 높이가 20㎝ 정도인 왜성종부터 1m 이상의 대형종까지 있으며, 무늬가 있는 것과 무늬가 없는 것이 있고, 잎 색깔이나 모양도 다양하다. 심는 장소에 맞게 원하는 종류를 선택한다. 비비추와 매우 닮은 옥잠화는 중국 원산으로 같은 비비추(호스타)속에 속한다.

월	1월	2월	3월	4월	5월	6월	7월	8월	9월	10월	11월	12월
상태							개화					
관리			옮겨심기									
번식작업			포기나누기						꺾꽂이			
비료					1달에 1번 웃거름					1달에 1번 웃거름		

POINT_ 밝은 그늘에서 마르지 않게 관리한다.

관리 NOTE

관리가 거의 필요 없는 튼튼한 식물이다. 품종에 따라 차이는 조금씩 있지만, 대부분 강한 햇빛을 싫어하므로 밝은 그늘에서 키우는 것이 좋다. 건조에 약하므로 컨테이너 재배의 경우에는 용토가 지나치게 마르지 않도록 주의한다. 또한 질소비료를 너무 많이 주면 무늬 모양이 바뀌는 경우가 있으므로 주의한다.
오래 재배하면 지나치게 무성해지거나 밑동이 물러지므로 포기를 나눠서 번식시킨다.

포기나누기의 기술

3월과 9월에 하는 것이 가장 좋지만 거의 1년 내내 가능하다. 파내서 묵은 흙을 털어버리고 시든 잎은 제거한 다음, 각각의 포기에 새눈이 남아 있게 나눈다. 잎 크기나 포기의 생장 정도에 따라 다르지만 큰 새눈을 중심으로 눈이 3~4개 정도 붙어 있게 손으로 나누고, 땅속줄기가 두꺼운 부분은 가위로 자른다. 왜성종의 경우에는 눈이 1~2개씩 붙어 있게 나눠도 좋다. 밑거름과 부엽토를 넣은 배양토에 심는다.

비비추

큰비비추(호스타 시에불디아나)

포기 나누기

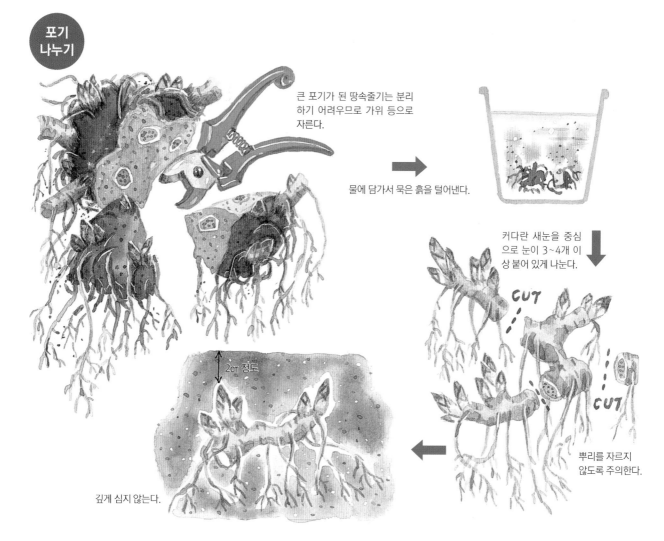

큰 포기가 된 땅속줄기는 분리하기 어려우므로 가위 등으로 자른다.

물에 담가서 묵은 흙을 털어낸다.

커다란 새눈을 중심으로 눈이 3~4개 이상 붙어 있게 나눈다.

CUT

CUT

뿌리를 자르지 않도록 주의한다.

2cm 정도

깊게 심지 않는다.

꽃 무늬가 독특한

뻐꾹나리

다른 이름 뻑꾹나리, 꼴뚝나리, 두견초

분류
백합과
뻐꾹나리속
여러해살이풀(높이 0.3~0.6m)

한국, 일본, 중국 등지에 분포하며, 흰색 바탕에 자주색 반점 무늬가 있는 꽃이 독특하다. 전국 각지의 숲에서 자생한다. 대부분은 가을에 흰 바탕의 꽃이 피지만, 여름에 피거나 노란색 꽃이 피는 종류도 있다. 어린잎은 나물로 먹기도 한다.

월	1월	2월	3월	4월	5월	6월	7월	8월	9월	10월	11월	12월
상태									개화			
관리			옮겨심기									
번식작업			포기나누기			눈꽂이						
비료			1주일에 1번 액체비료						1주일에 1번 액체비료			

POINT_ 건조에 약하므로 공중습도를 유지할 수 있는 아이디어가 필요하다.

관리 NOTE

뻐꾹나리는 건조에 약해 아랫잎이 시들어 보기 싫게 변하는 경우가 많다. 건조를 막기 위해서는 짚이나 부엽토를 깔아주는 것이 좋다. 화분에 심을 때는 화분을 두는 장소의 공기가 건조한 것도 아랫잎이 시드는 원인이 되므로, 스티로폼 상자에 젖은 모래를 넣고 그 위에 화분을 올려놓는 등 공중습도를 유지할 수 있는 아이디어가 필요하다.
물을 줄 때는 분무기 등으로 잎 뒷면에도 충분히 물을 줘야 한다.
눈꽂이나 포기나누기로 쉽게 번식시킬 수 있다.

눈꽂이·포기나누기의 기술

눈꽂이는 6~7월에 하는 것이 좋다. 2~3마디씩 잘라서 아랫잎을 1~2장 떼어낸다. 꺾꽂이모는 30분 정도 물올림을 해준 뒤에 꽂는다. 용토는 적옥토나 녹소토를 1종류만 사용하는 것이 좋다.

마디에서 뿌리를 내리므로 반드시 2번째 마디까지 꽂는다. 밝은 그늘에 두고 마르지 않게 관리한다. 1달 정도 지나 뿌리를 내리면 옮겨 심는다.

화분에 심을 때는 해마다 옮겨 심고, 정원에 심을 때는 2~3년에 1번 정도 3~4월 초순에 옮겨 심는다. 옮겨 심을 때 포기나누기를 한다. 지상부가 시든 포기를 파내

면, 오래된 뿌리 끝에 새눈이 2~3개 붙어 있다. 새눈이
상하지 않도록 주의해서 자른다. 손으로 나눠도 좋다.
야생화용 배양토에 심고 밝은 그늘에서 재배한다.

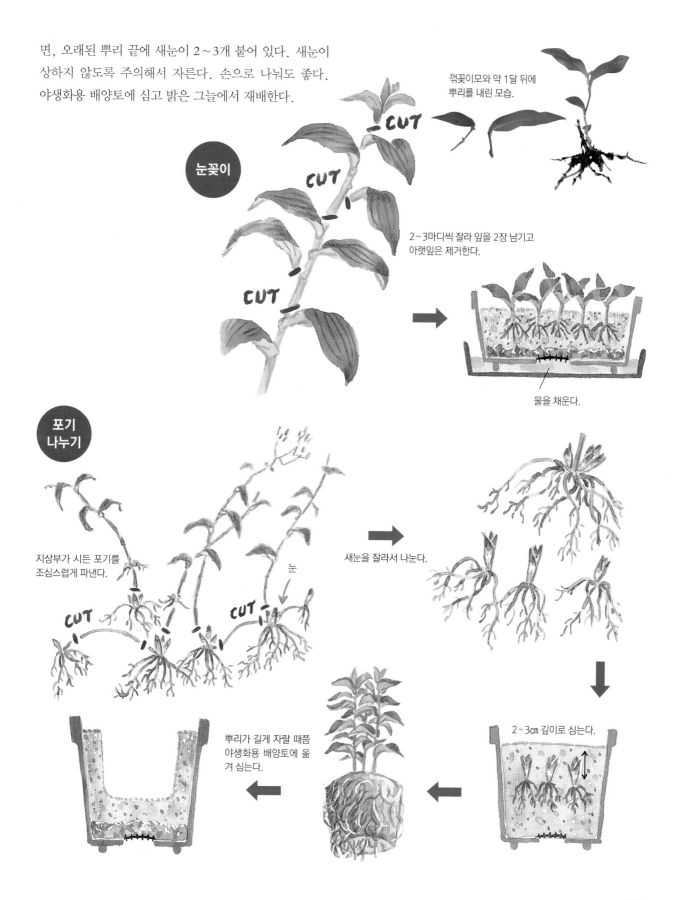

꺾꽂이모와 약 1달 뒤에
뿌리를 내린 모습.

눈꽂이

2~3마디씩 잘라 잎을 2장 남기고
아랫잎은 제거한다.

물을 채운다.

**포기
나누기**

지상부가 시든 포기를
조심스럽게 파낸다.

눈

새눈을 잘라서 나눈다.

CUT

CUT

뿌리가 길게 자랄 때쯤
야생화용 배양토에 옮
겨 심는다.

2~3cm 깊이로 심는다.

꽃도 아름다운 약용 허브

세이지

다른 이름 샐비어, 약용 살비아

분류
꿀풀과
뱀차즈기속
내한성 여러해살이풀(크기 0.4~1m)

화단에서 쉽게 볼 수 있는 샐비어와 같은 종류이다. 약품처럼 강렬한 향기와 살짝 씁쓸한 맛이 특징으로, 고기를 요리할 때 잡내를 제거하는 데 사용된다. 원산지인 지중해 연안지방에서는 약효가 있는 허브로 사용되어 「약용 살비아」라고 부르기도 한다. 꽃 색깔이나 모양, 향이 다른 품종도 많이 있다. 어느 품종이나 이삭 모양으로 피는 꽃이 매우 아름답다.

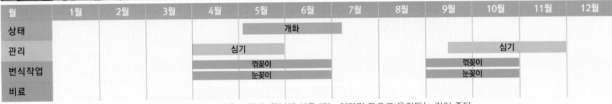

월	1월	2월	3월	4월	5월	6월	7월	8월	9월	10월	11월	12월
상태					개화							
관리				심기						심기		
번식작업				꺾꽂이					꺾꽂이			
				눈꽂이					눈꽂이			
비료												

POINT_ 고온다습한 환경에 약해서 장마철에 시드는 경우도 있다. 화분에 심을 때는 처마밑 등으로 옮겨두는 것이 좋다.

관리 NOTE

심는 시기는 봄과 가을이 좋다. 비옥하고 물이 잘 빠지는 용토에 심고, 해가 잘 들고 바람이 잘 통하는 곳에서 관리하면 크게 자란다.
튼튼하고 내한성은 있지만 고온다습한 환경에 약해서 장마철에는 시들기도 한다. 화분에 심을 때는 물을 적게 주고 살짝 건조하게 재배하는 것이 좋다.
2~3년 지나면 포기가 점점 약해져서 꽃이 잘 피지 않는다. 많이 잘라내서 새눈이 나오게 하거나, 눈꽂이 또는 휘묻이로 새로운 포기를 만든다.

눈꽂이 · 휘묻이의 기술

종자번식도 가능하지만 눈꽂이나 휘묻이가 더 간단하다. 봄과 가을의 생장기에 바람이 잘 통하도록 솎아낸 줄기를 꺾꽂이모로 사용한다. 10~15cm 길이로 마디 위에서 잘라 물꽂이를 한다. 물에 잠기는 아랫잎은 제거해 둔다. 1~2주 지나 뿌리를 내리면 허브용 배양토에 심는다. 마르지 않도록 물을 주면서 밝은 그늘에서 관리하고, 새눈이 나오면 해가 잘 드는 장소에서 재배한다.

또한 길게 자란 줄기를 지면에 붙이고 흙을 덮어두면 그 부분에서 뿌리를 내리므로, 어미포기에서 잘라내 배양토에 심는다. 휘묻이를 하는 경우에는 튼튼한 줄기를 고르는 것이 중요하다.

꺾꽂이모 만드는 방법

프루트세이지

파인애플세이지

생장기에 바람이 잘 통하도록 잘라낸 줄기를 사용하는데, 꺾꽂이모는 그해에 자란
새 줄기를 선택해야 한다. 10~15㎝ 길이로 마디 위에서 자르고, 바로 물에 담가둔다.

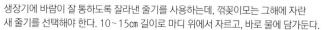

성토법

새로 자란 줄기를
사용한다.

뿌리를 내리면 잘라서
심는다.

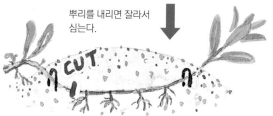
CUT

눈꽂이

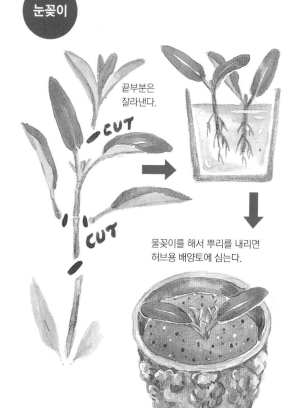

끝부분은
잘라낸다.

CUT

CUT

물꽂이를 해서 뿌리를 내리면
허브용 배양토에 심는다.

꽃 색깔이 인상적인

술패랭이꽃

다른 이름 장통구맥

분류
석죽과
패랭이꽃속
여러해살이풀(높이 0.1m ~ 0.3m)

패랭이꽃(다이안서스)속에 속하며, 외국종은 꽃 색깔이 풍부하고 강한 인상을 준다. 술패랭이꽃은 꽃잎이 잘고 깊게 갈라져 장식용 술처럼 보여서 쉽게 구분할 수 있다. 꽃잎 끝이 얕게 갈라진 「패랭이꽃」이나 여러 개의 작은 포엽이 수염처럼 보이는 「수염패랭이꽃」, 꽃이 사계절 피는 「사철패랭이꽃」 등이 있다. 카네이션도 패랭이꽃속에 속한다.

월	1월	2월	3월	4월	5월	6월	7월	8월	9월	10월	11월	12월
상태						개화						
관리		옮겨심기							옮겨심기			
번식작업					눈꽂이				종자번식 / 눈꽂이			
비료				1달에 1번 웃거름					1달에 1번 웃거름			

POINT_ 고온다습한 환경을 싫어하므로 바람이 잘 통하는 곳에서 살짝 건조하게 관리한다.

관리 NOTE

튼튼해서 재배하기 쉽다. 해가 잘 들고 물이 잘 빠지는 곳을 좋아하며 고온다습한 환경을 싫어하므로, 바람이 잘 통하게 해주고 살짝 건조하게 관리한다. 여름에는 지나치게 무성한 부분을 솎아낸다. 비료를 많이 주면 웃자라거나 말라 죽는 원인이 되므로 주의해야 한다. 길게 자라는 품종은 미리 받침대나 네트를 세워서 넘어지지 않게 받쳐준다. 종자번식과 눈꽂이로 번식시킨다. 포기가 오래되면 점점 약해져서 꽃이 잘 피지 않으므로, 잘라서 눈꽂이에 사용한다.

종자번식의 기술

9 ~ 10월에 하는 것이 좋다. 얕은 화분이나 압축 피트모스에 뿌리고 아주 살짝만 흙을 덮어준 다음, 물을 채운 용기 위에 올려서 바닥으로 물을 흡수하게 하거나, 분무기로 물을 준다. 1주일 ~ 10일 정도면 싹이 트므로 웃자라지 않도록 솎아내면서 관리한다. 본잎이 2 ~ 3장이 되면 6cm 포트로 옮기고, 본잎이 5 ~ 6장이 되면 9cm 포트로 옮겨 재배한다.

다이안서스 스포티(Dianthus 'Spotty')

종자번식

씨앗을 압축 피트모스에 뿌린다.

싹이 나오면 솎아낸다.

본잎 2~3장.

작은 포트에서 재배한 뒤 아주심기(정식)한다.

눈꽂이의 기술

5~6월과 10월에 하는 것이 좋다. 튼튼한 잎줄기를 사용해서 1~3마디가 붙어 있게 자른다. 끝쪽의 부드러운 부분은 사용하지 않는다. 잎을 2장 남기고 아랫잎은 제거한 뒤 30분~1시간 정도 물올림을 해주고 꺾꽂이모판에 꽂는다. 뿌리를 내리면 배양토를 담은 포트에 심는다.

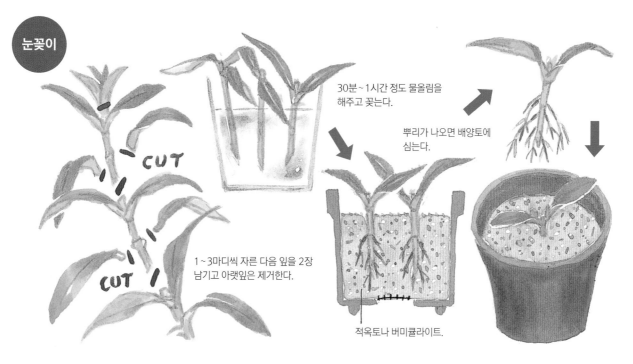

눈꽂이

CUT

CUT

30분~1시간 정도 물올림을 해주고 꽂는다.

뿌리가 나오면 배양토에 심는다.

1~3마디씩 자른 다음 잎을 2장 남기고 아랫잎은 제거한다.

적옥토나 버미큘라이트.

깊어가는 가을이 느껴지는 꽃

용담

다른 이름 초용담

분류
용담과
용담속
여러해살이풀(높이 0.1~1m)

전국 각지의 산과 들에 자생하는 여러해살이풀. 9~11월경 줄기 끝이나 잎 겨드랑이에 청자색의 원통모양 꽃이 핀다. 종류에 따라서는 흰색이나 분홍색 꽃이 피기도 한다. 또한 대부분 가을에 꽃이 피는 여러해살이풀이지만, 봄에 꽃이 피는 종류나 두해살이 품종도 있다.

월	1월	2월	3월	4월	5월	6월	7월	8월	9월	10월	11월	12월
상태										개화		
관리			옮겨심기									
			종자번식							종자번식		
번식작업					눈꽂이							
		포기나누기										포기나누기
비료				1주일에 1번 액체비료					1주일에 1번 액체비료			

POINT_ 수분을 좋아한다. 지상부가 시드는 겨울에도 마르지 않게 주의한다.

관리 NOTE

해가 잘 들고 바람이 잘 통하는 곳을 좋아하지만, 여름의 강한 햇빛에 약한 종류도 있다. 여름에는 밝은 그늘의 시원한 장소에 두는 것이 좋다. 수분을 좋아하므로 마르지 않도록 주의한다. 화분에서 재배하는 경우에는 흙 표면이 하얗게 마르면 물을 듬뿍 준다. 특히 지상부가 시드는 겨울에도 마르지 않도록 주의해야 한다.
눈꽂이, 포기나누기, 종자번식으로 번식시킨다.

눈꽂이의 기술

봄부터 자라기 시작하는 줄기는 그대로 두면 잘 자란다. 5~6월에 자란 줄기를 원래 있던 잎 2장을 남기고 잘라낸다. 잘라낸 줄기는 1~2마디씩 나눠서 꺾꽂이모를 만든다. 몇 장의 잎을 남기고 아랫잎은 제거한다.

녹소토나 적옥토를 넣은 꺾꽂이모판에 꽂는다. 2~3주 정도면 뿌리를 내리므로 4호 화분에 3~5개씩 심는다. 줄기가 자라면 순지르기(적심)해서 겨드랑눈이 자라게 하면 가을에 꽃이 핀다.

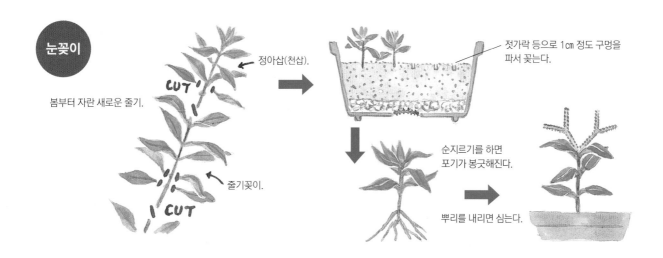

눈꽂이

정아삽(천삽).

봄부터 자란 새로운 줄기.

CUT

줄기꽂이.

CUT

젓가락 등으로 1㎝ 정도 구멍을 파서 꽂는다.

순지르기를 하면 포기가 봉긋해진다.

뿌리를 내리면 심는다.

포기나누기의 기술

12월~다음해 3월경에 포기를 파내서 흙을 전부 털어내고 오래된 줄기를 잘라낸다. 손으로 나눠서 심는다.

종자번식의 기술

가을에 꽃이 피는 종류는 종자번식으로도 싹이 잘 나온다. 가을에 열매가 갈색으로 익으면 채취한 다음, 바로 뿌리거나 이른 봄에 뿌린다. 싹이 나오고 2~3년이면 꽃이 핀다.

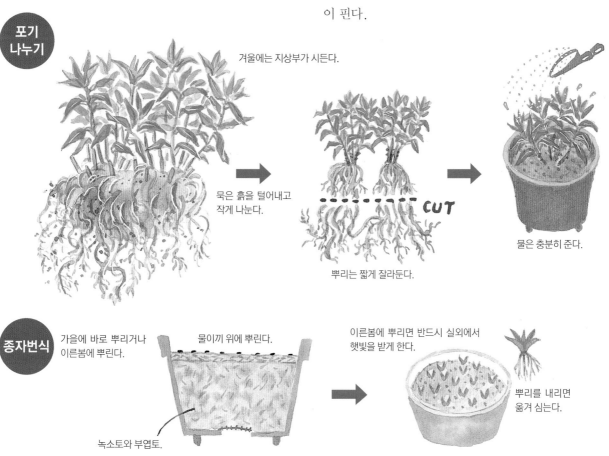

포기 나누기

겨울에는 지상부가 시든다.

묵은 흙을 털어내고 작게 나눈다.

CUT

뿌리는 짧게 잘라둔다.

물은 충분히 준다.

종자번식

가을에 바로 뿌리거나 이른봄에 뿌린다.

물이끼 위에 뿌린다.

녹소토와 부엽토.

이른봄에 뿌리면 반드시 실외에서 햇빛을 받게 한다.

뿌리를 내리면 옮겨 심는다.

요리에 널리 사용되는

타임

다른 이름 선백리향, 땅백리향

크리핑 타임

분류
꿀풀과
백리향속
늘푸른떨기나무,
여러해살이풀(높이 0.2~0.4m)

크기가 작고, 가는 줄기와 잎이 계속 자라서 지면을 덮는다. 고기나 생선과 궁합이 잘 맞아, 요리에 향기와 풍미를 더해준다. 원산지는 지중해 연안이며, 한국의 백리향도 비슷한 종류이다. 커먼 타임(선백리향)은 다간형이지만, 지면을 기듯이 자라는 크리핑 타임, 잎 색깔이 아름다운 골든 타임과 실버 타임 등도 있다.

월	1월	2월	3월	4월	5월	6월	7월	8월	9월	10월	11월	12월
상태					개화							
관리			심기							심기		
번식작업				꺾꽂이					꺾꽂이			
				휘묻이					휘묻이			
				포기나누기					포기나누기			
비료												

POINT_ 장마철에는 시드는 경우가 있으므로 자주 솎아내야 한다.

관리 NOTE

심는 시기는 한여름과 한겨울이 아니라면 언제든지 좋다. 산성이 아닌 물이 잘 빠지는 용토에 심고, 해가 잘 들고 바람이 잘 통는 장소에서 살짝 건조하게 관리한다.
내한성, 내서성은 있지만 장마철에는 습기가 차서 가지가 짓무르고 시들어 버리는 경우가 있으니, 바람이 잘 통하도록 가지를 자주 솎아낸다.
3~4년 지나면 점점 약해지므로 포기나누기나 꺾꽂이로 갱신한다. 휘묻이도 가능하다

꺾꽂이·휘묻이의 기술

3~4월에 종자번식도 할 수 있지만, 크게 자라는 데 시간이 걸리므로 꺾꽂이나 휘묻이를 하는 것이 좋다. 봄가을의 생장기에 그해에 자란 새로운 가지를 10㎝ 정도 잘라내, 흙에 꽂을 부분의 잎을 제거한다. 마디 밑에서 비스듬히 잘라 허브용 배양토에 심는다. 마르지 않도록 물을 주면서 밝은 그늘에서 관리하고, 새잎이 나오기 시작하면 해가 잘 드는 장소에서 재배한다.

휘묻이도 쉽게 할 수 있다. 지면을 기듯이 자란 가지에 흙을 덮어두면 뿌리가 나오므로, 어미포기에서 잘라내 배양토에 심는다.

포기나누기의 기술

봄가을에 하는 것이 좋다. 높이는 20~30㎝ 정도로 낮지
만 옆으로 자라 큰 포기가 되므로, 파낸 다음 2~3포기
로 나눠서 새로운 배양토에 심는다.

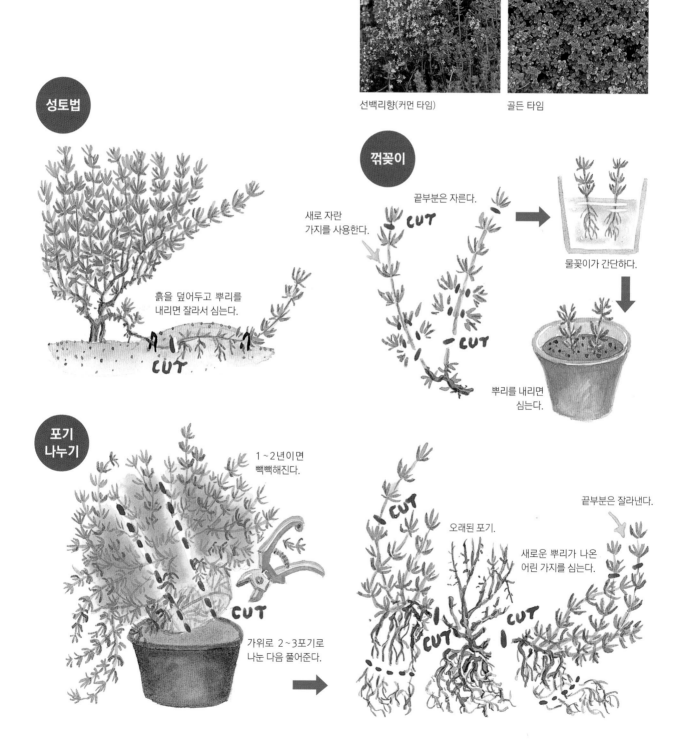

선백리향(커먼 타임)

골든 타임

성토법

흙을 덮어두고 뿌리를
내리면 잘라서 심는다.

CUT

꺾꽂이

새로 자란
가지를 사용한다.

끝부분은 자른다.

CUT

CUT

물꽂이가 간단하다.

뿌리를 내리면
심는다.

**포기
나누기**

1~2년이면
빽빽해진다.

CUT

가위로 2~3포기로
나눈 다음 풀어준다.

CUT

오래된 포기.

끝부분은 잘라낸다.

새로운 뿌리가 나온
어린 가지를 심는다.

CUT

CUT

원예용어 가이드

원예식물의 번식방법과 관련된 용어를 모아서 설명하였다.

가지솎기 필요 없는 가지나 복잡한 부분의 가지를 밑동에서 잘라 정리하는 것. 가지를 솎아주면 해가 잘 들고 바람이 잘 통한다.

건과 껍질이 수분을 잃고 말라서 나무나 가죽처럼 단단해진 열매. 익으면 갈라지는 것(나팔꽃 등)과 갈라지지 않는 것(도토리 등)이 있다. ⬅➡ 액과(다육과)

겨드랑눈(액아) 잎이 붙어 있는 곳에 생기는 눈. 줄기나 가지 끝에 생기는 눈은 끝눈(정아)이라고 한다.

공대(共臺) 접붙이기에서는 접수와 바탕나무의 친화성이 중요하며, 친화성이 좋을수록 활착이 잘 된다. 접붙이기의 친화성은 유전적으로 가까울수록 좋으므로, 기본적으로 접수와 같은 종류의 바탕나무를 사용하는 것이 좋으며 이것을 공대라고 한다.

관다발(유관속) 식물의 줄기에는 잎이나 뿌리에서 만들어진 양분의 통로인 체관과 물의 통로인 물관, 그리고 이들을 만들어 내는 부름켜(형성층)가 있는데, 이를 통틀어 관다발이라고 부른다.

광분해 파라필름 접붙이기용 테이프. 미국에서 개발된 파라필름으로, 3~4배로 늘릴 수 있고 서로 밀착하는 성질이 있다. 이 테이프를 접붙이기에 사용하면 접붙이기 작업을 쉽게 할 수 있다.

교배 식물의 암수를 인위적으로 꽃가루받이시켜서 다음 세대를 얻는 일. 꽃가루가 곤충이나 바람에 의해 전달되는 「자연교배」와 사람이 인위적으로 하는 「인공교배」가 있다.

깃꼴겹잎(우상복엽) 1장의 잎이 여러 장의 작은 잎으로 만들어진 것을 겹잎(복엽)이라고 하며, 하나의 잎자루에 3개의 낱잎이 붙어 겹을 이룬 것이 삼출겹잎(삼출복엽), 5장 이상 붙어 있는 것이 손꼴겹잎(장상복엽), 새의 깃털처럼 나란히 있는 것이 깃꼴겹잎(우상복엽), 우상복엽에 우상복엽이 붙어 있는 것이 겹깃꼴겹잎(이회우상복엽)이다.

눈따기 필요 없는 눈을 제거하는 것. 접붙이기에서는 바탕나무의 눈이 접수의 양분을 빼앗아가므로 빨리 제거한다.

다간형 밑동에서 세력이 비슷한 가지가 몇 개씩 자라 나무갓(가지와 잎이 무성한 부분) 모양을 만드는 것으로, 어느 것이 원줄기인지 알 수 없는 모습을 말한다. ⬅➡ 단간형

다른 꽃가루받이(타가수분) 서로 다른 포기의 수술과 암술로 꽃가루받이를 하는 것. ⬅➡ 제꽃가루받이(자가수분)

단간형 1개의 줄기가 자라고, 그 줄기(원줄기)에서 가지가 자라 나무갓(수관)을 이루는 것. 중국단풍, 버드나무, 사과나무, 후피향나무 등. ⬅➡ 다간형

런너 기는줄기, 또는 포복경이라고도 한다. 덩굴로 길게 자란 줄기로, 접란처럼 마디에서 뿌리나 줄기가 나온다.

마디 식물의 줄기에서 가지나 잎이 나오는 부분.

물 빠짐(배수성) / 수분보유력 필요 없는 물을 흘려보내고 유용한 물은 유지하는 성질. 원예용토로는 「물이 잘 빠지는 용토(배수성이 좋은 용토)」, 「수분보유력이 좋은 용토」가 좋다. 뿌리는 호흡을 하므로 흙속이 계속 젖어 있거나 바싹 말라 있으면 호흡을 할 수 없어서 잘 자라지 못한다. 용토가 떼알구조로 틈이 있어 물이 잘 빠지고 수분보유력도 정상이라면, 식물의 뿌리가 순조롭게 자란다. ➡ 통기성 참조

물올림 꺾꽂이 등을 할 때 잘라낸 꺾꽂이모를 물에 충분히 담가놓고 수분을 흡수시키는 것.

밑씨(배주) 암술의 씨방 안에 있는 중요 기관. 주피와 주심으로 이루어지며, 주심의 중앙에 난세포가 들어있는 배낭이 있다.

밝은 그늘 오전 중에는 해가 들지만 오후에는 해가 들지 않는 곳. 또는 나무 사이로 해가 드는 곳. 다소 애매한 표현이긴 하지만 늘푸른나무 아래처럼 항상 어두운 곳이 아니라 햇빛이 부드럽게 비치는 곳을 말한다.

비배 식물에 거름을 주면서 가꾸는 것. 단순히 비료를 많이 주는 것이 아니라 적절하게 관리하면서 재배하는 것을 말한다. 번식시킬 때는 장소, 물주기, 비료주기 등 각각의 요소가 모두 적절하게 잘 조화되어야 튼튼한 묘목(모종)을 만들 수 있다.

순지르기(적심) 생육 중에 가지의 끝부분을 따거나 잘라내는 것을 말한다. 가지가 자라는 것을 억제하거나 겨드랑눈의 발달을 촉진시켜서 가지 개수를 늘리기 위해, 주로 분화식물을 재배할 때 많이 사용하는 방법이다.

씨껍질(종피) 씨앗 바깥쪽을 감싸고 있는 껍질. 씨방의 껍질에서 발달한 것이다.

씨방(자방) 암술 아래의 부풀어오른 부분. 안에는 밑씨(배주)가 있어 수정한 뒤에는 씨방 주위의 벽이 발달하여 열매껍질이 된다.

액과(다육과) 과육에 수분을 많이 함유한 열매. 껍질과 과육에 발아 억제물질이 포함되어 있으므로 씨앗을 뿌릴 때는 껍질과 과육을 물로 씻어낸다. ⬌ 건과

액비 속효성 액체비료. 묘목에 적합한 비료로 묘목에 줄 때는 보통 2,000배로 희석해서 사용한다.

엽수 분무기로 잎에 직접 물을 뿌려주는 것. 식물은 잎을 통한 증산작용으로 체온조절을 하기 때문에, 한여름에 고온으로 약해졌을 때 엽수를 주면 온도가 내려가 기운을 회복할 수 있다. 그 밖에도 엽수에는 병충해 예방효과가 있다.

움돋이 밑동에서 자라는 가지. 슈트라고도 한다. 빨리 자라므로 필요 없는 것은 미리미리 밑동에서 잘라낸다.

웃자람(도장) 줄기나 가지가 길게 자라는 것. 햇빛이 부족하거나 고온, 비료과다 등의 재배환경과 관리방법 등 원인은 여러 가지가 있다. 필요 없는 가지는 잘라서 정리한다.

잎뎀(엽소) 잎이 화상을 입은 상태. 잎은 증산작용으로 체온조절을 하는데, 강한 햇빛을 지나치게 많이 받으면 조절이 안 되서 잎뎀현상이 일어난다. 갈색으로 변색된 잎은 원래대로 돌아가지 않는다.

자름 가지치기(자름전정) 길게 자란 가지를 중간에 잘라내 새로운 가지가 자라게 하는 것.

저면관수 화분 재배나 온실 재배에서 모세관수에 의해 밑에서부터 물을 흡수하게 하는 것을 말한다. 물을 자주 주면 토양이 단단해져서 식물의 생장을 저해하므로 이를 막기 위한 방법이다. 최근에는 화분 받침에 물을 채우고 화분 속에서 늘어뜨린 끈을 통해 물을 자동으로 흡수할 수 있는 저면관수화분도 판매되고 있다.

제꽃가루받이(자가수분) 암수한그루의 같은 꽃 안에서 이루어지는 꽃가루받이. 이와 달리 자신의 꽃가루로는 꽃가루받이가 되지 않는 성질을 「자가불친화성」이라고 하며, 씨앗이 생기지 않으므로 다른 품종을 가까이 두거나 인공꽃가루받이를 한다.
⬌ 다른꽃가루받이(타가수분)

직립성 줄기나 가지가 똑바로 위를 향해 자라는 성질. 같은 품종이라도 각각 성질이 다른 경우도 있다. ⬌ 포복성

친화성 서로 잘 맞는 것. 접붙이기에서는 접수와 바탕나무가 서로 잘 맞아야 한다. 이것을 「접붙이기 친화성」이라고 한다.

캘러스(callus) 식물이 상처를 입었을 때 그 부분을 치료하기 위해 세포가 증식하는 것.

통기성 공기가 통하는 것. 원예용토로는 「통기성이 좋은 용토」, 「공기가 잘 통하는 용토」가 좋다. 뿌리는 호흡을 하기 때문에 통기성이 나쁘면 뿌리가 썩기 쉽다. 흙의 구조가 떼알구조면 흙 알갱이 사이에 틈이 있어서 공기가 잘 통한다.
➡ 물빠짐(배수성) / 수분보유력 참조

포복성 줄기나 가지가 서지 않고 땅 위를 기듯이 자라는 성질.
⬌ 직립성

활착 뿌리를 내리고 생장하는 것을 말한다. 옮겨심기(이식)나 꺾꽂이, 접붙이기 등 번식에 성공했을 때 사용하는 용어이다.

원예용토 가이드

원예식물의 번식에 필요한 용토의 특징에 대해 설명하였다.

각종 배양토 화분 등으로 식물을 재배할 때 쓰는 용토를 배양토라고 한다. 원래는 각각의 재배환경에 맞춰서 각 용토의 성격을 고려해 만들어서 사용했지만, 지금은 분화식물용, 관엽식물용, 허브용, 선인장용 등 각각의 식물에 적합한 배양토가 시판되고 있다. 이런 배양토를 사용하면 배합하는 수고를 덜 수 있고, 여러 가지 용토를 구입하지 않아도 돼서 식물재배가 간단해진다.

강모래 각 지역의 강에서 구할 수 있는 모래. 보통 경질이고 각이 져서 물이 잘 빠지고 공기가 잘 통하기 때문에 번식용으로 좋다.

녹소토 도치기현 가누마(녹소) 지방에서 산출되는 약산성 토양. 공기가 잘 통하고, 물이 잘 빠지며, 가볍다. 마르면 하얗게 변해서 화분 흙의 마른 정도를 쉽게 구분할 수 있다.

물이끼 습지나 늪지에서 자란 이끼를 채취해서 건조시킨 것. 공기가 잘 통하고, 수분보유력이 뛰어나서 휘묻이 등에 꼭 필요하다.

버미큘라이트 질석을 고온으로 가열처리한 인공용토. 무균으로 매우 가볍고, 수분보유력이 뛰어나며, 물이 잘 빠지고 공기가 잘 통해서 번식용 용토로 적합하다.

부엽토 넓은잎나무의 나뭇잎이나 작은 가지 등을 미생물로 부패, 분해시켜서 만든 흙. 뭉그러질 정도로 썩어서 숙성된 것이 좋다. 공기가 잘 통하고, 수분보유력이 뛰어나며, 보비성이 좋다.

압축 피트모스 피트모스를 압축해서 판으로 만든 것. 보통 미세한 씨앗을 뿌릴 때나 빛을 좋아하는 씨앗을 뿌릴 때 사용한다.

적옥토 화산회토의 하층에 있는 적토를 분쇄해서 입자 상태로 만든 것. 공기가 잘 통하고, 물이 잘 빠지며, 수분보유력과 보비성이 뛰어나, 가장 많이 사용하는 기본적인 용토이다. 번식에도 반드시 필요하며, 화분용으로는 소립 또는 중립이 적합하다.

펄라이트 진주암을 고온, 고압으로 처리한 백색 인공용토. 깨끗하고 매우 가벼우며, 수분보유력이 뛰어나고, 물이 잘 빠지며, 공기가 잘 통한다. 번식용 혼합용토에서 빼놓을 수 없는 용토 중 하나이다.

피트모스 습지의 식물이 퇴적, 분해되어 만들어진 흙. 캐나다 등에서 수입한 제품이 대부분이다. 산성이 강하지만 무균이며 수분보유력이 좋고, 물이 잘 빠지며, 공기가 잘 통해서 꺾꽂이용 혼합용토로 적합하다.

적옥토　녹소토　배양토　버미큘라이트　피트모스

부엽토　물이끼　고토석회_ 산성을 싫어하는 식물을 심을 때 용토에 추가한다.

INDEX

굵은 글씨로 표시된 것이 정식명칭 또는 추천명칭이다.

다카야나기 요시오[高柳 良夫] 지음

1936년 니가타현 출생. 고쿠가쿠인 대학 졸업. 출판사에 근무하며 월간지 『자연과 분재』의 편집기자 등을 거쳐 프리랜서가 되었다. 저서로 『플렌터와 화분으로 즐기는 꽃 재배 입문』, 『수종별·분재배양 가이드』, 『잡목분재』, 『첫 번째 정원수』, 『한눈에 이해하는 분재 만들기의 기본과 요령』 등이 있다.

야바타 기쿠오[矢端 亀久男] 감수

1942년 군마현 출생. 도쿄농업대학 농학부 농업척식학과 졸업. 71년부터 나카노조 고교, 후지오카키타 고교에서 교편을 잡았다. 90년부터 안나카 실업고교, 오이즈미 고교, 이세사키코요 고교에서 교감을, 97년부터는 도네 실업고교, 후지오카키타 고교에서 교장을 역임하고 2003년에 정년퇴임했다. 현재 비닐하우스가 있는 농장에서 「청경우경(晴耕雨耕)」하는 나날을 보내고 있다.

김현정 옮김

동아대학교 원예학과를 졸업하고 일본 니가타 국립대학 원예학 석사·박사 취득. 건국대학교 원예학과 박사 후 연구원, 학부 및 대학원 강사를 거쳐 부산 경상대 플로리스트학과 겸임교수, 인천문예전문학교 식공간연출학부 플라워디자인과 교수 역임. 현재 (사)푸르네정원문화센터 센터장.

※ 식물 신품종 보호법에 의해 보호되는 품종은 해당 품종의 육성자가 상업적인 이용에 있어서 배타적인 권리를 갖지만,
가정에서 개인적으로 즐기는 정도는 문제가 되지 않습니다.

내 손으로 직접 번식시키는

꺾꽂이 접붙이기 휘묻이

펴낸이 | 유재영
펴낸곳 | 그린홈
지은이 | 다카야나기 요시오
감　수 | 야바타 기쿠오
옮긴이 | 김현정

기　획 | 이화진
편　집 | 박선희
디자인 | 정민애

1판 1쇄 | 2021년 1월 8일
출판등록 | 1987년 11월 27일 제10-149

ISBN 978-89-7190-763-4 13480

주소 | 04083 서울 마포구 토정로 53(합정동)
전화 | 324-6130, 324-6131 · 팩스 | 324-6135
E-메일 | dhsbook@hanmail.net
홈페이지 | www.donghaksa.co.kr, www.green-home.co.kr
페이스북 | www.facebook.com/greenhomecook

• 이 책은 실로 꿰맨 사철제본으로 튼튼합니다.
• 잘못된 책은 구매처에서 교환하시고, 출판사 교환이 필요할 경우에는 사유를 적어 도서와 함께 위의 주소로 보내주세요.
• 이 책의 내용과 사진의 저작권 문의는 주식회사 동학사(그린홈)로 해주십시오.